"十二五"职业教育国家规划教材
经全国职业教育教材审定委员会审定
全国高职高专院校机电类专业规划教材

# MCS-51系列单片机及汇编编程
## （第三版）

王彰云　凌艺春　主　编
王彰凡　孙洪民　黄　飞　副主编

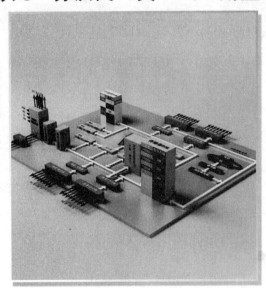

中国铁道出版社
CHINA RAILWAY PUBLISHING HOUSE

# 内 容 简 介

本书结合当前最新的职业教育教学改革要求，以任务驱动为导向，主要介绍 MSC-51 系列单片机的硬件系统、汇编语言指令、定时与中断系统、独立按键以及矩阵按键控制技术、显示接口技术、A/D 与 D/A 转换接口、串行口通信技术、单片机系统扩展、应用系统设计及开发等内容。

本书较全面地涵盖了 MCS-51 系列单片机的基本知识，特别是介绍了一种有规律、移植性好的汇编编程方法，使读者能很快将其应用于解决大型汇编编程问题上。

本书适合作为高等职业院校电子信息类和自动化类工科专业的教材，也可作为爱好单片机技术的广大读者的参考书。

## 图书在版编目（CIP）数据

MCS-51 系列单片机及汇编编程/王彰云，凌艺春主编. —3 版. —北京：中国铁道出版社，2019.1
"十二五"职业教育国家规划教材 全国高职高专院校机电类专业规划教材
ISBN 978-7-113-24927-4

Ⅰ.①M… Ⅱ.①王… ②凌… Ⅲ.①单片微型计算机-高等职业教育-教材 Ⅳ.①TP368.1

中国版本图书馆 CIP 数据核字（2018）第 270722 号

书　　名：MCS-51 系列单片机及汇编编程（第三版）
作　　者：王彰云　凌艺春　主编

策　　　划：何红艳　　　　　　　　　　读者热线：（010）63550836
责任编辑：何红艳　绳　超
封面设计：付　巍
封面制作：刘　颖
责任校对：张玉华
责任印制：郭向伟

出版发行：中国铁道出版社（100054，北京市西城区右安门西街 8 号）
网　　址：http://www.tdpress.com/51eds/
印　　刷：三河市宏盛印务有限公司
版　　次：2011 年 8 月第 1 版　2019 年 1 月第 3 版　2019 年 1 月第 1 次印刷
开　　本：787mm×1092mm　1/16　印张：15.25　字数：350 千
书　　号：ISBN 978-7-113-24927-4
定　　价：42.00 元

# 出版说明

IMPRINT

　　随着我国高等职业教育改革的不断深入，我国高等职业教育的发展进入了一个新的阶段。教育部下发的《关于全面提高高等职业教育教学质量的若干意见》教高〔2006〕16号文件，旨在阐述社会发展对高素质技能型人才的需求，以及如何推进高职人才培养模式改革，提高人才培养质量。

　　教材的出版工作是整个高等职业院校教育教学工作中的重要组成部分，教材是课程内容和课程体系的载体，对课程改革和建设具有推动作用，所以提高课程教学水平和教学质量的关键在于出版高水平、高质量的教材。

　　出版面向高等职业教育的"以就业为导向，以能力为本位"的优质教材一直是中国铁道出版社的一项重要工作。我社本着"依靠专家、研究先行、服务为本、打造精品"的出版理念，于2007年成立了"中国铁道出版社高职机电类课程建设研究组"，并经过多年的充分调查研究，策划编写、出版了本系列教材。

　　本系列教材主要涵盖高职高专机电类的公共课、专业基础课，以及电气自动化专业、机电一体化专业、生产过程自动化专业、数控技术专业、模具设计与制造专业、数控设备应用与维护专业等六个专业的专业课。本系列教材作者包括高职高专自动化教指委委员、国家级教学名师、国家级和省级精品课负责人、知名专家教授、职教专家、一线骨干教师。他们针对相关专业的课程，结合多年教学中的实践经验，吸取了高等职业教育改革的最新成果，因此无论教学理念的导向、教学标准的开发、教学体系的确立、教材内容的筛选、教材结构的设计，还是教材素材的选择都极具特色和先进性。

　　本系列教材的特点归纳如下：

　　（1）围绕培养学生的职业技能这条主线设计教材的结构，理论联系实际，从应用的角度组织编写内容，突出实用性，并同时注意将新技术、新成果纳入教材。

　　（2）根据机电类课程的特点，对基本理论和方法的讲述力求简单、易于理解，以缓解繁多的知识内容与偏少的学时之间的矛盾。同时，增加了相关技术在实际生产、生活中的应用实例，从而激发学生的学习热情。

　　（3）将"问题引导式""案例式""任务驱动式""项目驱动式"等多种教学方法引入教材体例的设计中，融入启发式的教学方法，力求好教、好学、爱学。

　　（4）注重立体化教材的建设。本系列教材通过主教材、配套光盘、电子教案等教学资源的有机结合，来提高教学服务水平。

　　总之，本系列教材在策划出版过程中得到了教育部高职高专自动化技术类专业教学指导委员会以及广大专家的指导和帮助，在此表示深深的感谢。希望本系列丛书的出版能为我国高等职业院校教育改革起到良好的推动作用，欢迎使用本系列教材的老师和同学们提出宝贵的意见和建议。书中如有不妥之处，敬请批评指正。

中国铁道出版社

2014年8月

# 第三版前言

　　"互联网+"时代，传统纸质教材与数字化教学资源融合形成的新形态教材，已成为教材建设的一种新趋势。本书将纸质部分作为新形态教材的信息承载基础骨架，侧重阐述基本理论、基本知识。诸多抽象复杂的程序控制过程以动画、图片、虚拟仿真、视频等形式通过深入浅出、简明清晰的风格生动形象地呈现出来，帮助读者从多层面了解单片机运行规律，降低学习难度，激发学生学习热情。本书以项目为载体，每个项目都体现了基于工作过程的特点；从通用性的角度来考虑教材的编写，选取单片机控制的电子广告牌、温度测控、数控电源这3类典型的应用项目作为载体。在教材所传递的知识和技能内容编写上，将3个项目设计成递进关系，即第1章、第2章、第3章、第4章和第10章构成电子广告牌学习情境，形成单片机汇编编程的入门学习（学习单片机最小应用系统）；在电子广告牌学习情境的基础上加上第5章和第6章构成数控电源学习情境，以及在电子广告牌学习情境的基础上加上第5章和第7章构成温度测控学习情境，形成单片机汇编编程的提高学习（学习单片机包含键盘、显示、D/A和A/D转换的应用系统）；在电子广告牌、温度测控、数控电源等学习情境的基础上加上第8章、第9章和第11章形成单片机汇编编程的高级学习（学习单片机包含键盘、显示、D/A转换、A/D转换、扩展和通信的应用系统及单片机应用系统设计）。

　　通过这些内容的学习将单片机的基本知识、汇编编程知识及应用中的各种能力融合在一起。读者在学习中可根据这3种项目设计自己的学习情境。为了体现课程与工程的紧密联系，在每章的开头都插有一幅与该章内容相关的电路实物图，其目的就是让学生在学习时能够将自己所学的知识与知识应用的目标对象相联系，从而提高学生的学习兴趣。每章都包括数量不等的小知识、小问答、小训练、小建议模块。为了突出技能这一内容，在部分章节穿插了小技能模块和任务训练模块。书中大量电路图为软件的截屏图，其图形符号与国家标准中相关符号不一致，二者对照关系参见附录B。

　　众所周知，汇编语言在编程上非常灵活，没有统一的模式，移植性差，初学者难以在短时间内掌握，为此，本书在介绍汇编编程知识时，从汇编程序结构标准化、子程序模型标准化方面入手，给出一种有规律、移植性好的汇编编程方法，使读者能很快掌握汇编编程知识并能将其应用于解决大型汇编编程问题上。

本书与第二版相比，在以下 3 个方面做了修改：

（1）更新了部分例题。

（2）对第二版中发现的错漏和不合理的内容进行了修改和调整，使之更加完善。

（3）对部分章节的难点、重点增加了视频、Flash 动画、PPT 等内容，学生可通过扫描二维码进行学习。

本书共分为 11 章：第 1 章为 MCS-51 系列单片机的基本知识；第 2 章为 MCS-51 系列单片机的组成；第 3 章为MCS-51 系列单片机汇编语言及程序设计；第 4 章为 MCS-51 系列单片机的中断系统及计数定时器；第 5 章为MCS-51 系列单片机的键盘和显示的汇编编程；第 6 章为MCS-51 系列单片机的数-模（D/A）转换的汇编编程；第 7 章为MCS-51 系列单片机的模-数（A/D）转换的汇编编程；第 8 章为MCS-51 系列单片机资源扩展的汇编编程；第 9 章为 MCS-51 系列单片机串行通信的汇编编程；第 10 章为MCS-51 系列单片机实用开发工具；第 11 章为 MCS-51 系列单片机应用系统设计及开发。

本书由广西工业职业技术学院王彰云、凌艺春任主编；北滘职业技术学校王彰凡，广西工业职业技术学院孙洪民、黄飞任副主编。具体编写分工如下：第 1 章由黄飞编写，第 2 章和第 6 章由王彰凡编写、第 7 章由孙洪民编写，第 8 章由凌艺春编写，第 3 章至第 5 章、第 9 章至第 11 章由王彰云编写，全书由王彰云负责总体策划及全书统稿。

由于时间仓促，加之编者水平有限，书中难免存在疏漏及不足之处，殷切希望广大读者批评指正。

编　者

2018 年 8 月

# 第一版前言

本书根据教育部有关高等职业院校人才培养要求编写而成，以项目为载体，每一项目都体现了基于工作过程的特点。教材编写的理念和思路是从通用性的角度考虑，选取单片机控制的电子广告牌、温度测控、数控电源三类典型的单片机应用项目作为载体，通过这些项目将单片机的基本知识、汇编编程知识及应用中的各种能力融合在一起。读者在学习中可根据这三种项目设计学习情境，一个项目对应一个综合学习情境。教材在编写上力求突出高职特色，以应用为目的，理论以必需、够用为度，把握适用性、科学性、先进性、应用性。为了体现课程与工程的紧密联系，在每一章的开头都有一幅与该章节内容相同的电路实物图，其目的就是让学生在学习时能够将自己所学的知识与知识应用的目标对象相联系，从而提高学生学习的兴趣。在使用文字语言和插图上尽量做到活泼，每一章都含有数量不等的小知识、小问答、小训练和小建议模块。为了突出技能这一内容，在部分章节穿插了小技能模块。

众所周知，汇编语言在编程上非常灵活，没有统一的模式，移植性差，初学者难以在短时间内掌握，为此本书在介绍汇编编程知识时，从汇编程序结构标准化、子程序模型标准化方面入手，给出一种有规律、移植性好的汇编编程方法，使读者能很快掌握汇编编程知识并能应用于解决大型汇编编程问题。

本书共分为 11 章，第 1 章为 MCS-51 系列单片机的基本知识；第 2 章为 MCS-51 系列单片机的组成；第 3 章为 MCS-51 系列单片机汇编语言及程序设计；第 4 章为 MCS-51 系列单片机的中断系统及计数定时器；第 5 章为 MCS-51 系列单片机的键盘和显示的汇编编程；第 6 章为 MCS-51 系列单片机的输出控制（D/A 转换）的汇编编程；第 7 章为 MCS-51 系列单片机的数据采集（A/D 转换）汇编编程；第 8 章为 MCS-51 系列单片机资源扩展的汇编编程；第 9 章为 MCS-51 系列单片机串行通信的汇编编程；第 10 章为 MCS-51 系列单片机实用开发工具；第 11 章为 MCS 系列单片机应用系统设计及开发。另外，附录中还给出了各项目的源代码及 Proteus 仿真软件中使用的图形符号与国际图形符号的对照表。

本书由广西工业职业技术学院凌艺春担任第一主编，南通大学电气工程学院刘惠娟担任第二主编，广西工业职业技术学院吴尚庆、翟红云、王彰云、孙洪民担任副主编。第 1 章由广西工业职业技术学院黄飞编写，第 2 章、第 3 章、第 5 章由广西工业职业技术学院凌艺春编写，第 4 章由广西工业职业技术学院陈登义编写，第 6 章由广西工业职业技术学院孙洪民编写，第 7 章由广西工业职业技术学院翟红云编写，第 8 章、第 10 章由广西工业职业技术学院吴尚庆编写，第 9 章由广西工业职业技术学院王彰云编写，第 11 章由南通大学电气工程学院刘惠娟编写。

本书由教育部高职高专自动化技术类专业教学指导委员会主任委员、天津中德职业技术学院吕景泉教授主审，吕教授对书稿进行了详细的审阅，并提出了许多宝贵意见，在此表示衷心的感谢。

由于编者水平有限，时间仓促，书中必有疏漏及错误之处，殷切希望使用本书的师生和读者批评指正。

编 者

2011 年 6 月

# 第1章

 MCS-51 系列单片机的基本知识

**导读**

学习一门知识或一门技术，首先要了解它的背景。本章通过介绍单片机技术发展的历史和现状以及不同类型的单片机，让读者初步了解单片机技术的历史沿革和应用领域。

**知识目标**

① 了解单片机技术的应用领域。
② 了解不同类型的单片机。

**技能目标**

会快速判断单片机的好坏。

**实物图示例**

MCS-51 系列单片机芯片实物图如图 1-1 所示。

图 1-1　MCS-51 系列单片机芯片实物图

# 1.1 单片机的历史与应用

单片机其实就是微型计算机的一种，是把计算机中的中央处理单元（Central Processing Unit，CPU）、随机存取存储器（Random Access Memory，RAM）、只读存储器（Read Only Memory，ROM）、定时器/计数器以及输入/输出（Input/Output，I/O）接口电路等主要计算机部件，集成在一块电路芯片上的微机。其结构框图如图 1-2 所示。

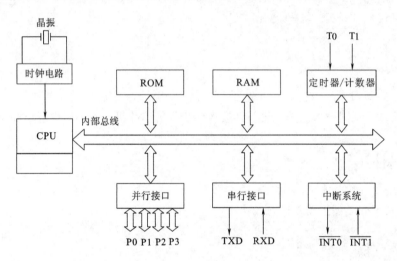

图 1-2　单片机结构框图

## 1.1.1 单片机的历史

以 8 位单片机的推出为起点，单片机的发展历史大致可分为以下几个阶段：

**1. 第一阶段**（1976—1978）

单片机的探索阶段。以 Intel 公司的 MCS-48 为代表。MCS-48 的推出是在工控领域的探索，参与这一探索的公司还有 Motorola、Zilog 等，都取得了满意的效果。这就是 SCM（Single Chip Microcomputer）的诞生年代，"单片机"一词即由此而来。

**2. 第二阶段**（1978—1982）

单片机的完善阶段。Intel 公司在 MCS-48 基础上推出了完善的、典型的单片机系列 MCS-51。它在以下几个方面奠定了典型的通用总线形单片机体系结构：

① 完善的外部总线。MCS-51 系列单片机设置了经典的 8 位单片机的总线结构，包括 8 位数据总线，16 位地址总线、控制总线以及具有很多通信功能的串行通信接口。

② CPU 外围功能单元的集中管理模式。

③ 体现工控特性的位地址空间及位操作方式。

④ 指令系统趋于丰富和完善，并且增加了许多突出控制功能的指令。

**3. 第三阶段**（1982—1990）

8 位单片机的巩固发展及 16 位单片机的推出阶段。此阶段也是单片机向微控制器发展的阶段。Intel 公司推出的 MCS-96 系列单片机，将一些用于测控系统的 A/D（模-数）转换器、程序运行监视器、脉宽调制器等纳入芯片中，体现了单片机的微控制器特征。

随着 MCS-51 系列单片机的广泛应用，许多电气厂商竞相使用 80C51 为内核，将许多测控系统中使用的电路技术、接口技术、多通道 A/D 转换部件、可靠性技术等应用到单片机中，增强了外围电路功能，强化了智能控制的特征。

**4．第四阶段**（1990 年至今）

微控制器的全面发展阶段。随着单片机在各个领域全面深入的发展和应用，出现了高速、大寻址范围、强运算能力的 8/16/32 位通用型单片机，以及小型廉价的专用型单片机。

## 1.1.2 单片机的应用

随着单片机的不断改进和发展，单片机在现代社会的各个方面得到了广泛应用，大致有以下几个领域：

**1．单片机在传感器领域中的应用**

传感器，可实现电压、功率、频率、湿度、温度、流量、速度、厚度、角度、长度、硬度、元素、压力等物理量的测量。采用单片机控制使得仪器仪表数字化、智能化、微型化，且功能比采用电子或数字电路更强大。例如，精密的测量设备（功率计、示波器等各种分析仪）。

**2．单片机在工业控制领域中的应用**

用单片机可以构成形式多样的控制系统、数据采集系统。例如，工厂流水线的智能化管理、电梯智能化控制、各种报警系统，与计算机联网构成二级控制系统等。

**3．单片机在家用电器中的应用**

现在的家用电器基本上都采用了单片机控制，从电饭锅、洗衣机、电冰箱、空调机，到电视机、音响及视频器材，再到电子秤等设备，无所不在。

**4．单片机在计算机网络和通信领域中的应用**

现代的单片机普遍具备通信接口，可以很方便地与计算机进行数据通信，为在计算机网络和通信设备间的应用提供了极好的物质条件。现在的通信设备基本上都实现了单片机智能控制，例如，从手机、电话机、小型程控交换机、楼宇自动通信呼叫系统、列车无线通信，到日常工作中随处可见的移动电话、集群移动通信、无线电对讲机等。

**5．单片机在医用设备领域中的应用**

单片机在医用设备中的用途亦相当广泛，例如，医用呼吸机、各种分析仪、监护仪、超声诊断设备及病床呼叫系统等。

**6．单片机在各种大型电器中的模块化应用**

某些专用单片机的设计用于实现特定功能，从而在各种电路中进行模块化应用，而不要求使用人员了解其内部结构。例如，音乐集成单片机，看似功能简单，微缩在纯电子芯片中（有别于磁带机的原理），却需要复杂的类似于计算机的原理。再如，音乐信号以数字的形式存于存储器中（类似于 ROM），由微控制器读出，转化为模拟音乐电信号（类似于声卡）。

在大型电路中，这种模块化应用极大地缩小了体积，简化了电路，降低了损坏、错误率，也方便更换。

此外，单片机在工商、金融、科研、教育、国防、航空航天等领域都有着十分广泛的应用。

# 1.2 不同类型的单片机介绍

目前世界上单片机的生产公司有多家，常用的单片机主要是由 Intel 公司、Microchip 公司、凌阳公司和 Atmel 公司生产的。

常用的单片机产品实物图外形如图 1-3 所示。

（a）AT89 系列　　　　　（b）AVR 单片机　　　　　（c）PIC 系列单片机

（d）PIC 小型化单片机　　　　　（e）凌阳系列单片机

图 1-3　常用的单片机产品实物外形图

**小技能**

**快速判断单片机芯片的好坏**

为了验证单片机芯片是否有质量问题，可把它插入一个工作正常的单片机系统中（如最小系统）。若系统能正常运行，则这块芯片是好的；否则，是坏的。

# 习　题

1. 什么是单片机？它有哪些主要特点？
2. 单片机主要应用在哪些方面？

# 第②章

## MCS-51 系列单片机的组成

**导读**

本章从常用的 MCS-51 系列单片机封装外形入手,论述 MCS-51 系列单片机各引脚的功能,讨论单片机最小工作电路和最小应用电路的构成,并对 MCS-51 系列单片机内部结构和 MCS-51 系列单片机的时序、工作方式进行详细说明。

**知识目标**

① 掌握 MCS-51 系列双列直插式单片机的引脚名称及功能。
② 掌握 MCS-51 系列单片机最小系统和最小应用系统的组成。
③ 理解 MCS-51 系列单片机的内部结构。

**技能目标**

① 会识图。
② 能画类似书中所示最小系统和最小应用系统。

**实物图示例**

单片机内部 3D 结构图如图 2-1 所示。

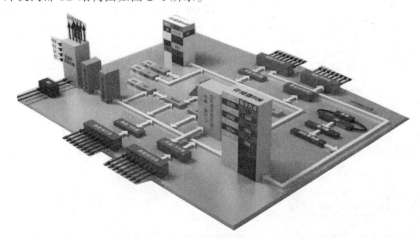

图 2-1　单片机内部 3D 结构图

# 2.1 MCS-51 系列单片机外部结构

目前，常用 MCS-51 系列单片机封装形式有塑料双列直插式封装（PDIP）和塑料方形扁平封装（PQFP）两种，如图 2-2 所示。

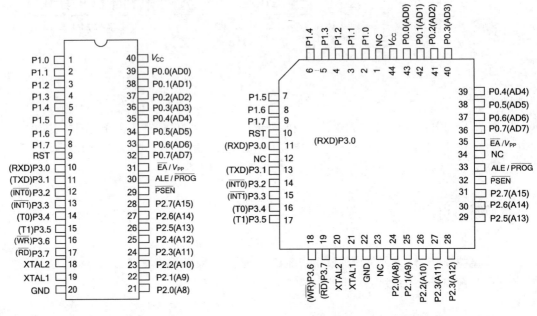

（a）塑料双列直插式封装（PDIP）　　　（b）塑料方形扁平封装（PQFP）

图 2-2　MCS-51 系列单片机封装形式

## 1. 引脚说明

以 AT89C51 为例，其 PDIP 封装有 40 个引脚，PQFP 封装有 44 个引脚，本书只讨论 PDIP 封装双列直插式 AT89C51。

双列直插式 AT89C51 的引脚说明见表 2-1。

表 2-1　双列直插式 AT89C51 的引脚说明

| 引脚号 | 引脚名称 | 引脚描述 | |
|---|---|---|---|
| | | 第一功能 | 第二功能 |
| 1 | P1.0 | P1 口（P1.0~P1.7）：该端口为漏极开路的 8 位准双向口 | 无 |
| 2 | P1.1 | | |
| 3 | P1.2 | | |
| 4 | P1.3 | | |
| 5 | P1.4 | | |
| 6 | P1.5 | | |
| 7 | P1.6 | | |
| 8 | P1.7 | | |

续表

| 引 脚 号 | 引 脚 名 称 | 引 脚 描 述 | |
|---|---|---|---|
| | | 第一功能 | 第二功能 |
| 9 | RST | 复位信号输入端 | 备用电源 $V_{pp}$ 输入端 |
| 10 | P3.0 | P3 口（P3.0～P3.7）：该端口为一个内部带上拉电阻器的 8 位准双向 I/O 端口 | 串行输入口 RXD |
| 11 | P3.1 | | 串行输出口 TXD |
| 12 | P3.2 | | 外部中断 0 $\overline{INT0}$ |
| 13 | P3.3 | | 外部中断 1 $\overline{INT1}$ |
| 14 | P3.4 | | 记时器 0 外部输入 T0 |
| 15 | P3.5 | | 记时器 1 外部输入 T1 |
| 16 | P3.6 | | 外部数据存储器写选通 $\overline{WR}$ |
| 17 | P3.7 | | 外部数据存储器读选通 $\overline{RD}$ |
| 18 | XTAL2 | 反向放大器的输出 | 无 |
| 19 | XTAL1 | 反向放大器的输入 | 无 |
| 20 | GND | 电源地 | 无 |
| 21 | P2.0 | P2 口（P2.0～P2.7）：该端口为一个内部带上拉电阻器的 8 位准双向 I/O 端口 | 无 |
| 22 | P2.1 | | |
| 23 | P2.2 | | |
| 24 | P2.3 | | |
| 25 | P2.4 | | |
| 26 | P2.5 | | |
| 27 | P2.6 | | |
| 28 | P2.7 | | |
| 29 | $\overline{PSEN}$ | 外部程序存储器读选通信号 | 无 |
| 30 | ALE/ $\overline{PROG}$ | 锁存允许 ALE | 片内 EPROM 编程的编程脉冲输入端 $\overline{PROG}$ |
| 31 | $\overline{EA}/V_{pp}$ | 访问外部程序存储器控制信号 | 片内 EPROM 的 21 V 编程电源输入端 $V_{pp}$ |
| 32 | P0.7 | P0 口（P0.0～P0.7）：该端口为一个内部带上拉电阻器的 8 位准双向 I/O 端口 | 无 |
| 33 | P0.6 | | |
| 34 | P0.5 | | |
| 35 | P0.4 | | |
| 36 | P0.3 | | |
| 37 | P0.2 | | |
| 38 | P0.1 | | |
| 39 | P0.0 | | |
| 40 | $V_{CC}$ | 电源端（接 +5 V） | 无 |

　　由于 P0～P3 口、RST、$\overline{EA}/V_{pp}$、XTAL2、XTAL1 等引脚在后续内容中都将逐步介绍，在这里着重说明 $\overline{PSEN}$、ALE/ $\overline{PROG}$ 两引脚的使用。

　　$\overline{PSEN}$——当访问外部 ROM 时，$\overline{PSEN}$ 产生负脉冲作为 ROM 的选通信号；在访问外

部 RAM 或片内 ROM 时，不会产生有效的 $\overline{PSEN}$ 信号。$\overline{PSEN}$ 可驱动 8 个 LSTTL 门电路输入端。

ALE/$\overline{PROG}$——在访问外部 ROM 时，ALE/$\overline{PROG}$ 用来锁存 P0 口送出的低 8 位地址信号。在不访问外部存储器时，ALE/$\overline{PROG}$ 也可以时钟振荡频率的 1/6 的固定速率输出，因而它又可以作为外部定时脉冲源或其他需要。ALE/$\overline{PROG}$ 可驱动 8 个 LSTTL 门电路输入端。

### 2. MCS-51 系列单片机的最小系统

MCS-51 系列单片机是一种集成了 CPU、RAM、ROM、多功能 I/O 端口等基本功能部件的芯片级计算机。在应用上它必须配置部分外围电路组成单片机系统，单片机系统的核心是单片机芯片，单片机系统可大可小，非常灵活，视具体的应用而定。

单片机最小系统是指单片机能正常工作的最少配置电路，主要包括单片机、复位电路和振荡电路。

图 2-3 为最常见的通电复位式单片机最小系统典型电路原理图。

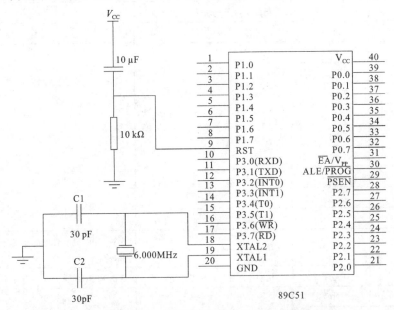

图 2-3　通电复位式单片机最小系统典型电路原理图

（1）时钟电路

实际上单片机电路是由单元独立的多种数字电路组成，这些数字电路需要统一的时钟进行控制，共同完成不同的指令功能，这个统一的时钟可由时钟电路或外部时钟提供。这个统一的时钟也可看成单片机的主频，一般从时钟电路获得。MCS-51 系列单片机时钟电路结构如图 2-4 所示。

单片机片内有一个高增益反相放电器，其输入端（XTAL1 和 XTAL2）用于外接石英晶振和微调电容器，构成振荡器，电容器 C1、C2 对频率有微调作用，电容器容量的选择范围一般为（30±10）pF。石英晶振振荡频率的选择范围为 1.2～12 MHz。石英晶振和电容器的安装应尽可能靠近单片机芯片，以减少寄生电容，更好地保证时钟电路稳定可靠地工作。

在使用外部时钟时，XTAL2 端用来输入外部时钟信号，而 XTAL1 接地。

（2）复位电路

单片机在执行程序方式状态下工作，执行的是用户编写好并存放在程序存储器（ROM）中的程序。在程序执行过程中有时会碰到程序执行"死循环"（又称"死机"），为了摆脱死机，要让单片机以及其他功能部件都恢复到一个确定的初始状态，并从这个状态开始工作，这就是复位。

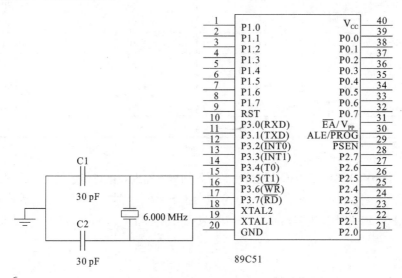

图 2-4　MCS-51 系列单片机时钟电路结构

为了保证 CPU 在需要时重新开始工作，单片机安排了复位电路。复位电路有多种，这里只介绍通电复位、手动复位和自动复位 3 种电路，如图 2-5 所示。

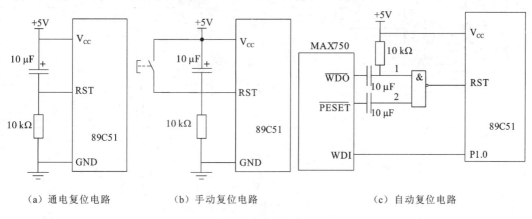

（a）通电复位电路　　　　（b）手动复位电路　　　　（c）自动复位电路

图 2-5　复位电路

无论是通电复位电路、手动复位电路还是自动复位电路，要实现可靠复位，都要求 RST 复位端保持 2 个机器周期（24 个时钟周期）以上的高电平。

复位后程序计数器 PC=0000H，指向程序存储器 0000H 地址单元，使 CPU 从首地址 0000H 单元开始重新执行程序。

单片机复位后，其片内 RAM 中的内容不变，而 21 个特殊寄存器的状态改变为初始状态，各寄存器初始状态如表 2-2 所示（×为不确定）。

表 2-2　各寄存器初始状态

| 寄存器名称 | 复位值 | 寄存器名称 | 复位值 |
|---|---|---|---|
| PC | 0000H | ACC | 00H |
| SP | 07H | B | 00H |
| P0～P3 | FFH | PSW | 00H |
| IE | 0×× 00000B | DPTR | 0000H |
| TCON | 00H | IP | ×× ×00000B |
| TL0 | 00H | TMOD | 00H |
| TL1 | 00H | TH0 | 00H |
| SBUF | 不确定 | TH1 | 00H |
| PCON | 0×× ×0000B | SCON | 00H |

（3）单片机最小应用系统

单片机最小应用系统是指单片机最小系统外加接口输出和接口指示的电路，图 2-1 中的实物电路就是一种单片机最小应用系统，它包含了单片机、通电复位电路、振荡电路、P0～P1 口输出、P0～P1 口上拉电阻器和 P0～P1 口发光二极管指示等 5 部分电路，原理图如图 2-6 所示。

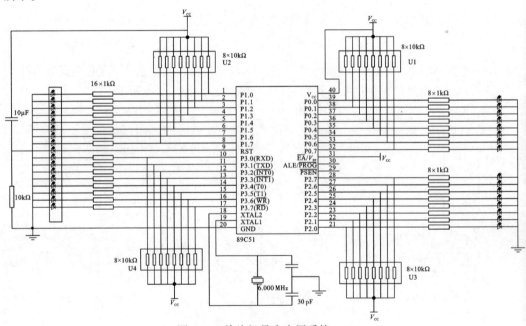

图 2-6　单片机最小应用系统

 小知识

**自己构造单片机最小应用系统**

在国内，目前许多公司都推出了自己的单片机仿真系统，这些系统的电路都比较多，初学者面对这些电路往往不知如何下手，实际上，初学者可利用这些仿真系统来构造自己的最小应用系统，即在仿真系统上先挑出复位电路、晶振电路，接口输出、接口发光二极管指示等电路，然后根据自己的需要组成最小应用系统。

## 2.2　MCS-51 系列单片机内部结构

MCS-51 系列
单片机内部机构

### 1. MCS-51 系列单片机内部结构简介

MCS-51 系列单片机在一块芯片上集成了 CPU、RAM、ROM、定时器/计数器和多功能 I/O 端口等电路，对应的内部简化结构框图如图 2-7 所示。

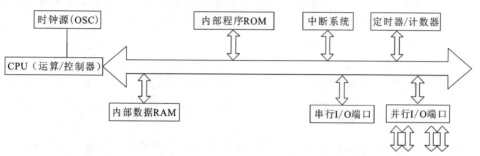

图 2-7　MCS-51 系列单片机内部简化结构框图

将上述内部简化结构进一步细化，MCS-51 系列单片机包含了 1 个 8 位 CPU、1 个片内振荡器及时钟电路、4 KB 程序存储器、128 B 数据存储器、可寻址外部数据存储器和外部程序存储空间的控制电路、32 条可编程的线、2 个 16 位的定时器/计数器，1 个可编程全双工串行口、5 个中断源、2 个优先级嵌套中断结构，相对应的结构图如图 2-8 所示。

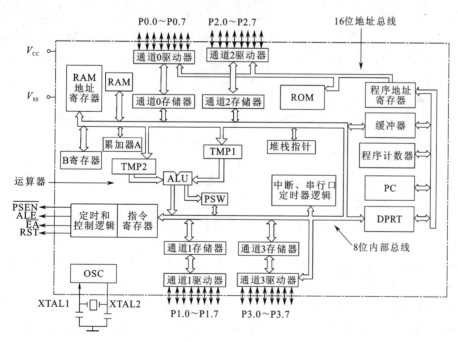

图 2-8　MCS-51 系列单片机内部结构详细框图

### 2. 中央处理单元（CPU）

CPU 是单片机的核心部件。如图 2-8 所示，各方框表示功能部件，可以看出 MCS-51 系列单片机是 8 位数据宽度的处理器，能处理 8 位二进制代码，CPU 负责控制、指挥和调度整个单元系统协调工作，完成各种运算，实现对单片机各功能部件的指挥和控制，它由运算器和控制器等部件组成。各功能部件实际上是 CPU 的有机组成部分，它们通过运行程序相联系，很难用语言描述其工作过程。注意，各部分通过内部总线相联系，各部件的联系用箭头表示。

（1）运算器

运算器的功能是进行算术运算和逻辑运算，它还包含一个布尔处理器，用来处理位的操作。运算器模块包括算术和逻辑运算部件 ALU、布尔处理器、累加器 ACC（简称累加器 A）、B 寄存器、暂存器 TMP1 和 TMP2、程序状态字寄存器 PSW 和十进制数调整电路等。

累加器 ACC 是一个最常用的专用寄存器（寄存器 A）。大部分单操作数据指令的操作数取自累加器。很多双操作数据指令中的一个操作数也取自累加器。加、减、乘、除算术运算指令的运算结果都存放在累加器 A 或 AB 组成的寄存器对中。指令系统中用 A 作为累加器的助记符。

B 寄存器又称乘法寄存器。在乘除操作中，乘法指令的两个操作数分别取自 A 和 B，其结果存放在 B（高 8 位）和 A（低 8 位）寄存器中。除法指令中，被除数取自 A，除数取自 B，商数存放于 A，余数存放于 B。

程序状态字寄存器 PSW 用于记录程序状态信息，反映程序运算结果的特征，是一个 8 位寄存器。其中 PSW 的 1 位未用，格式如下（按 D7 ~ D0 顺序排列）：

| D7 | D6 | D5 | D4 | D3 | D2 | D1 | D0 |
|----|----|----|----|----|----|----|----|
| Cy | AC | F0 | RS1 | RS0 | — | OV | P |

Cy（PSW.7）——进位标志位。在执行某些算术和逻辑指令时，当运算结果的最高位有进位或借位时，Cy 将被硬件置位；否则就被清 0。不同的是在布尔处理机制中，它被认为是位累加器，可由软件置位或清 0。

AC（PSW.6）——辅助进位标志位。在进行加法或减法操作中，当低 4 位数向高 4 位数有进位或借位时，AC 将被硬件置位；否则就被清 0。AC 用于十进制数调整。

F0（PSW.5）——用户定义标志位。可由用户让其记录程序状态，用作标记，即用软件使其置位或复位。

RS1、RS0（PSW.4、PSW.3）——工作寄存器组选择控制位。可以用软件置位或清 0，以确定当前工作寄存器组。

OV（PSW.2）——溢出标志位。在对有符号数进行加减运算时，用 C6 表示 D6 位向 D7 位的进位或借位，用 C7 表示 D7 位向更高位的进位或借位，则 OV 标志可由下式求得：

OV =C6⊕C7。OV=1 表示加减运算的结果超出了目的寄存器 A 所能表示的带符号数的范围（−128 ~ +127）。

无符号数乘法指令 MUL 的执行结果也会影响溢出标志位。若置于 A 和 B 的两个数的乘积超过 255 时（8 位数），OV=1；否则 OV=0。此积的高 8 位放在 B 内，低 8 位放在 A 内。因此，OV=0 时，只要从 A 中取得乘积即可，否则还要从 B 中取得乘积的高 8 位。

除法指令 DIV 也会影响溢出标志位，当除数为 0 时，OV=1，可判断除法运算除数是否为零；除数不为零，则 OV=0。

P（PSW.0）——奇偶标志位。每个指令周期都由硬件来置位或清 0，以表示累加器 A 中有 1 的个数的奇偶性。若 1 的个数为奇数，则 P 置位；否则清 0。该标志位对串行通信中的数据传输有重要意义。这和数学中的数据本身的奇偶性有区别。当 A=10101000B 时，数中有 3 个 1 使 P 置位。在数据传输时，当把一批数的 P 位和原位放在一起构成 9 位数时，这批 9 位数中 1 的个数应全为偶数。接收端如收到的数没有偶数个 1，则认为出错。

（2）控制器

控制器件是由指令寄存器、程序计数器（PC）、定时与控制电路等组成的。

① 指令寄存器：指令寄存器用来存放指令代码。

② 程序计数器：程序计数器用来存放即将要执行的指令地址，共 16 位，可对 64KB 程序存储器直接寻址。

③ 定时与控制电路：定时与控制电路是用来产生 CPU 操作时序的，它是单片机的心脏，可控制各种操作的时间。

MCS-51 系列单片机芯片内部有一个反向放大器所构成的振荡电路，XTAL1 和 XTAL2 分别为振荡电路的输入端和输出端。放大器可以产生自激振荡，此时时钟由内部方式产生。当 XTAL1 接地，XTAL2 接外部振荡器时，时钟由外部方式产生。

对 CPU 的操作或命令是通过对指令和寄存器编程来完成的，要学好 CPU 的操作或命令，首先应学好存储器（寄存器）和指令编程。

**3．存储器**

存储器是单片机的重要硬件，MCS-51 系列单片机采用哈佛结构，其程序存储器和数据存储器分开编址，各自有自己的寻址方式和控制系统。

存储器是用来存放数据的地方。其数据形式是简单的二进制，用电平的高低来表示既可。存储器的结构可与旅馆相比较，为了方便寻找每个房间，或者住在房间的某位人，须给房间分配地址号码，这些地址号码的分配有一定的复杂性，要求能区分房间是办公室、工作间还是不同的客房等，甚至更详细到能区分房间里的人是不同的领导、一般工作人员还是客人。

MCS-51 系列单片机存储器

存储器在使用时也出现了地址，也使用了别名，如程序存储器、数据存储器、特殊功能寄存器等名称，其目的是让人们直接从名称上初步了解其作用。

（1）程序存储器

一个微处理器能够执行某种任务，除了强大的硬件外，还需要软件。它们是完全按照人们预先编写的程序执行的。设计人员编写的程序就存放在微处理器的程序存储器中，程序存储器俗称只读存储器（ROM）。程序相当于给微处理器处理问题的一系列命令。其实程序和数据一样，都是由机器码组成的代码串，只是程序代码存放于程序存储器中。

MCS-51 系列单片机具有 64KB 程序存储器寻址空间，用于存放用户程序、数据和表格等信息。对于内部无 ROM 的 8031 单片机，它的程序存储器必须外接，空间地址为 64KB，此时单片机的 $\overline{EA}$ 端必须接地。强制 CPU 从外部程序存储器读取程序。对于内部有 4KB 的程序存储单元 ROM 的 8051 等单片机，其地址为 0000H ~ 0FFFH，正常运行时，$\overline{EA}$ 则须接高电平，使 CPU 先从内部的程序存储器中读取程序，当 PC 值超过内部 ROM 的容量时，才会转向外部的程序存储器读取程序。存储器工作路径图如图 2-9 所示。

单片机启动复位后，PC 为 0000H，所以系统将从 0000H 单元开始执行程序。但在程序存储中有些特殊的单元，在使用中应加以注意。

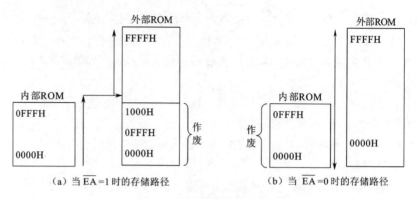

(a) 当 $\overline{EA}=1$ 时的存储路径       (b) 当 $\overline{EA}=0$ 时的存储路径

图 2-9 存储器工作路径图

其中一组特殊单元是 0000H～0002H，系统复位后，PC 为 0000H，单片机从 0000H 单元开始执行程序，如果程序不是从 0000H 单元开始，则应在这 3 个单元中存放一条无条件转移指令，让 CPU 直接去执行用户指定的程序；另一组特殊单元是 0003H～002AH，这 40 个单元各有用途，主要用于单片机的 5 个中断，其定义和用途在第 4 章再加以论述。

 **小问答**

当使用 89C51，且 $\overline{EA}=1$，程序存储器地址小于 4 KB 时，访问的是片内还是片外？

（2）数据存储器

数据存储器又称随机存取数据存储器。MCS-51 系列单片机的数据存储器在物理上和逻辑上都分为两个地址空间：一个是内部数据存储区；另一个是外部数据存储区。MCS-51 系列单片机内部 RAM 有 128 B 或 256 B 的用户数据存储器（不同的型号有分别），它们是用于存放执行的中间结果和过程数据的。MCS-51 系列单片机的数据存储器均可读写，部分单元还可以位寻址。

MCS-51 系列单片机内部 RAM 共有 256 个单元，这 256 个单元共分为两部分：一是地址从 00H～7FH 单元（共 128 B）为用户数据 RAM；二是地址从 80H～FFH 单元（共 128 B）为特殊寄存器（SFR）单元。从图 2-10 中可清楚地看出 RAM 的结构分布。

| 地址 | 区域 | 寻址说明 |
|---|---|---|
| FFH ~ 80H | 特殊功能寄存器区（SFR） | 可字节寻址亦可位寻址 |
| 7FH ~ 30H | 数据缓冲区堆栈区工作单元 | 只能字节寻址 |
| 2FH ~ 20H | 位寻址区 00H～7FH | 全部可位寻址，共16B，128位 |
| 1FH | 3区 | |
| | 2区 | 4组通用寄存器 R0～R7也可作 RAM使用，R0、R1亦可位寻址 |
| | 1区 | |
| 00H | 0区 | |

图 2-10 MCS-51 系列单片机 RAM 结构分布

　　00H～1FH 共 32 个单元被均匀地分为 4 块，每块包含 8 个 8 位寄存器，均以 R0～R7 来命名，通常称这些寄存器为通用寄存器。这 4 块中的寄存器都称为 R0～R7，那么在程序中怎么区分和使用它们呢？聪明的 Intel 工程师们又安排了一个寄存器——程序状态字寄存器（PSW）来管理它们。

　　前面已经讨论过程序状态字寄存器，CPU 只要定义它的第 3 位和第 4 位（RS0 和 RS1），即可选中这 4 组通用寄存器。对应的编码关系如表 2-3 所示。

表 2-3　通用寄存器编码关系

| PSW.4(RS1) | PSW.3(RS0) | 工作寄存器区 |
|---|---|---|
| 0 | 0 | 0 区 00H～07H |
| 0 | 1 | 1 区 08H～1FH |
| 1 | 0 | 2 区 10H～17H |
| 1 | 1 | 3 区 18H～1FH |

　　内部 RAM 的 20H～2FH 单元为位寻址区，既可作为一般单元用字节寻址，也可对它们的位进行寻址。位寻址区共有 16 B，128 位，位地址为 00H～7FH。位地址分配如表 2-4 所示，CPU 能直接寻址这些位，执行例如置 1、清 0、求反、转移、传送和逻辑等操作。通常称 MCS-51 系列单片机具有布尔处理功能，布尔处理的存储空间指的就是这些位寻址区。

表 2-4　位地址分配

| 单元地址 | MSB | | | 位　　地　　址 | | | | LSB |
|---|---|---|---|---|---|---|---|---|
| 2FH | 7FH | 7EH | 7DH | 7CH | 7BH | 7AH | 79H | 78H |
| 2EH | 77H | 76H | 75H | 74H | 73H | 72H | 71H | 70H |
| 2DH | 6FH | 6EH | 6DH | 6CH | 6BH | 6AH | 69H | 68H |
| 2CH | 67H | 66H | 65H | 64H | 63H | 62H | 61H | 60H |
| 2BH | 5FH | 5EH | 5DH | 5CH | 5BH | 5AH | 59H | 58H |
| 2AH | 57H | 56H | 55H | 54H | 53H | 52H | 51H | 50H |
| 29H | 4FH | 4EH | 4DH | 4CH | 4BH | 4AH | 49H | 48H |
| 28H | 47H | 46H | 45H | 44H | 43H | 42H | 41H | 40H |
| 27H | 3FH | 3EH | 3DH | 3CH | 3BH | 3AH | 39H | 38H |
| 26H | 37H | 36H | 35H | 34H | 33H | 32H | 31H | 30H |
| 25H | 2FH | 2EH | 2DH | 2CH | 2BH | 2AH | 29H | 28H |
| 24H | 27H | 26H | 25H | 24H | 23H | 22H | 21H | 20H |
| 23H | 1FH | 1EH | 1DH | 1CH | 1BH | 1AH | 19H | 18H |
| 22H | 17H | 16H | 15H | 14H | 13H | 12H | 11H | 10H |
| 21H | 0FH | 0EH | 0DH | 0CH | 0BH | 0AH | 09H | 08H |
| 20H | 07H | 06H | 05H | 04H | 03H | 02H | 01H | 00H |

（3）特殊功能寄存器

　　特殊功能寄存器（SFR）又称专用寄存器，特殊功能寄存器反映了 MCS-51 系列单片机的运行状态。很多功能也通过特殊功能寄存器来定义和控制程序的执行。

　　MCS-51 系列单片机有 21 个特殊功能寄存器，它们被离散地分布在内部 RAM 的 80H～FFH 地址中，这些寄存的功能已进行了专门的规定，用户不能修改其结构。表 2-5 为特殊功能寄存器在 RAM 中分布一览表，同时也包含了前面介绍的 RAM 用户使用区，其中累加器 ACC、B 寄存器、程序状态字寄存器（PSW）和程序计数器（PC）等特殊功能寄存器前面已经介绍过，下面再介绍几个常用的特殊功能寄存器，其他没有介绍的特殊功能寄存器将在后续章节中陆续介绍。

① 数据指针 DPTR。数据指针为 16 位寄存器。在编程时，既可以按 16 位寄存器来使用，也可以按两个 8 位寄存器来使用，即高位字节寄存器 DPH 和低位字节寄存器 DPL。

② 堆栈指针 SP。堆栈是一种数据结构，它是一个 8 位寄存器，它指示堆栈顶部在内部 RAM 中的位置。系统复位后，SP 的初始值为 07H，使得堆栈实际地址上是从 08H 开始。图 2-11 为堆栈结构示意图，从 RAM 的结构分布中可知，08H ~ 1FH 隶属第 1 ~ 3 组通用寄存器区，若编程时需要用到这些数据单元，必须对 SP 进行初始化，原则上设在任何一个区域均可，但一般设在 30H ~ 1FH 之间较为适宜。

表 2-5　特殊功能寄存器在 RAM 中分布

| 分区 | 寄存器功能 | 寄存器符号 | 寄存器各位 | | | | | | | | 地址 |
|---|---|---|---|---|---|---|---|---|---|---|---|
| 特殊功能寄存器区 | B 寄存器 | *B | F7H | F6H | F5H | F4H | F3H | F2H | F1H | F0H | F0H |
| | 累加器 ACC | *ACC | ACC.7 | ACC.6 | ACC.5 | ACC.4 | ACC.3 | ACC.2 | ACC.1 | ACC.0 | E0H |
| | 程序状态字寄存器 | *PSW | CY | AC | F0 | RS1 | RS0 | OV | F1 | P | D0H |
| | 中断优先控制寄存器 | *IP | — | — | — | PS | PT1 | PX1 | PT0 | PX0 | B8H |
| | I/O 端口 3 寄存器 | *P3 | P3.7 | P3.6 | P3.5 | P3.4 | P3.3 | P3.2 | P3.1 | P3.0 | B0H |
| | 中断允许控制寄存器 | *IE | EA | — | — | ES | ET1 | EX1 | ET0 | EX0 | A8H |
| | I/O 端口 2 寄存器 | *P2 | P2.7 | P2.6 | P2.5 | P2.4 | P2.3 | P2.2 | P2.1 | P2.0 | A0H |
| | 串行数据缓冲寄存器 | SBUF | | | | | | | | | 99H |
| | 串行口控制寄存器 | *SCON | SM0 | SM1 | SM2 | REN | TB8 | RB8 | TI | RI | 98H |
| | I/O 端口 1 寄存器 | *P1 | P1.7 | P1.6 | P1.5 | P1.4 | P1.3 | P1.2 | P1.1 | P1.0 | 90H |
| | 定时器 1 高 8 位 | TH1 | | | | | | | | | 8DH |
| | 定时器 1 低 8 位 | TL1 | | | | | | | | | 8CH |
| | 定时器 0 高 8 位 | TH0 | | | | | | | | | 8BH |
| | 定时器 0 低 8 位 | TL0 | | | | | | | | | 8AH |
| | 定时器方式选择寄存器 | TMOD | | | | | | | | | 89H |
| | 定时器控制寄存器 | *TCON | TF1 | TR1 | TF0 | TR0 | IE1 | IT1 | IE0 | IT0 | 88H |
| | 电源控制及波特率选择寄存器 | PCON | SMOD | — | — | — | GF1 | GF0 | PD | IDL | 87H |
| | 数据指针高位 | DPH | | | | | | | | | 83H |
| | 数据指针低位 | DPL | | | | | | | | | 82H |
| | 堆栈指针 | SP | | | | | | | | | 81H |
| | I/O 端口 0 寄存器 | *P0 | P0.7 | P0.6 | P0.5 | P0.4 | P0.3 | P0.2 | P0.1 | P0.0 | 80H |

续表

| 分区 | 寄存器功能 | 寄存器符号 | 寄存器各位 | | | | | | | | 地址 |
|---|---|---|---|---|---|---|---|---|---|---|---|
| 用户使用区 | | 一般使用区 | | | | | | | | | 7FH |
| | | | | | | | | | | | 30H |
| | | 位寻址区 | 7FH | 7EH | 7DH | 7CH | 7BH | 7AH | 79H | 78H | 2FH |
| | | | 07H | 06H | 05H | 04H | 03H | 02H | 01H | 00H | 20H |
| | 第 3 组通用寄存器 | 通用寄存器区 | | | | | | | | | 1FH |
| | | | | | | | | | | | 18H |
| | 第 2 组通用寄存器 | | | | | | | | | | 17H |
| | | | | | | | | | | | 10H |
| | 第 1 组通用寄存器 | | | | | | | | | | 0FH |
| | | | | | | | | | | | 08H |
| | 第 0 组通用寄存器 | | | | | | | | | | 07H |

注：标有*的寄存器既可字节寻址，也可位寻址。

数据写入堆栈称为入栈（PUSH，有些文献又称插入运算或压入），从堆栈中取出数据称为出栈（POP，有些文献又称删除运算或弹出），堆栈的最主要特征是"后进先出"，即最先入栈的数据放在堆栈的底部，而最后入栈的数据放在堆栈的顶部，因此，最后入栈的数据最先出栈。这和往一个箱子里存放书本一样，需要将最先放入箱底部的书取出，必须先取走最上层的书。

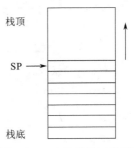

图 2-11　堆栈结构示意图

堆栈的设立是为了执行中断操作和子程序的调用而保存数据的，即常说的断点保护和现场保护。微处理器无论是在转入子程序和中断服务程序的执行，执行完后，还是要回到主程序中来，在转入子程序和中断服务程序前，必须先将现场的数据保存起来，否则返回时，CPU 并不知道原来的程序执行到哪一步，原来的中间结果如何。所以，在转入执行其他子程序前，先将需要保存的数据压入堆栈中保存。以备返回时，再复原当时的数据，供主程序继续执行。

### 4．并行输出/输入口

MCS-51 系列单片机中有 4 个双向的 8 位 I/O 端口 P0 ~ P3，在无片外存储器的系统中，这 4 个 I/O 端口的每一位都可以作为准双向通用 I/O 端口使用。在具有片外存储器的系统中，P0 口作为地址总线的低 8 位以及双向数据总线，P2 口作为高 8 位地总址线。

（1）I/O 端口的特点

① 4 个并行 I/O 端口都是双向的。P0 口为漏极开路驱动，可驱动 8 个 LSTTL 门电路输入端。P1、P2、P3 口均具有内部上拉电阻器驱动，可驱动 4 个 LSTTL 门电路输入端。原则上 P1、P2、P3 不需要再外接上拉电阻器，但实际应用上最好外接 10 kΩ 电阻器，这样可以增大带负载的能力。

② 所有 32 条并行 I/O 线都能独立地用作输入或输出，还可以进行位操作。

③ 当并行 I/O 端口作为输入时，该口的锁存器必须先写入"1"；否则，读入的数据出现错误。

 **小技能**

### 读端口实例

如图 2-12 所示，要将与 P2 口相接的开关状态读入累加器 ACC，如何编程？

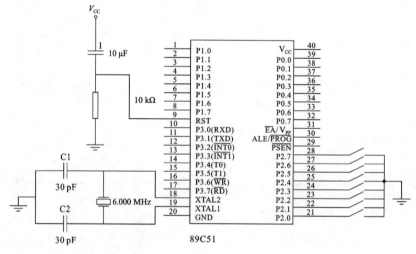

图 2-12　读端口实例图

**解**：不要忘记，要给 P2 口先置"1"，再读入 P2 口。参考程序如下：

```
ORG  0000H        ;定位程序存放的位置（从 0000H 单元开始存放）
MOV  P2,#0FFH     ;P2 置"1"
MOV  A,P2         ;将与 P2 口相接的开关状态读入累加器 ACC
END
```

（2）各端口说明

① P0 口。P0 口是三态双向 I/O 端口，可作为通用 I/O 端口使用，也可以作为系统扩展时的低 8 位地址 /8 位数据总线使用。当单片机系统需要扩展片外存储器或者需要扩展具有数据/地址线的芯片时，P0 口只能作为低 8 位地址/数据总线使用，不能再作为通用 I/O 端口使用。

MCS-51 系列单片机的 P0 口每位内部结构图如图 2-13 所示，从图中可看出，当 P0 口输出地址/数据信息时，此时控制信号为高电平"1"；模拟开关 MUX 将地址/数据总线与场效应管 T2 接通，同时与门输出有效，于是输出的地址/数据信息通过与门后将去驱动 T1，同时通过反相器后驱动 T2。若地址/数据总线为"1"，则 T1 导通，T2 截止，P0 口输出为"1"；反之 T1 截止，T2 导通，P0 口输出为"0"。

当数据从 P0 口输入时，读引脚使三态缓冲器打开，端口上的数据经缓冲器后送到内部总线。由于在 P0 口作输入时，锁存器的 $\overline{Q}$ 引脚与 T2 相连，若该接口此前刚锁存过数据"0"，则 $\overline{Q}=1$，T2 是导通的，T2 的输出被钳位在"0"电平，此时输入的"1"无法读入，所以当 P0 口作为通用 I/O 端口时，在输入数据前，必须向端口写"1"，使 T2 截止。

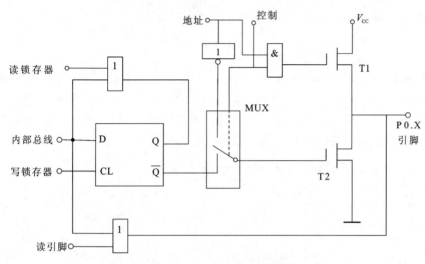

图 2-13　P0 口每位内部结构图

P0 口作为低 8 位地址/数据总线使用时，无须外接上拉电阻器，在 ALE 信号的控制下分别输出低 8 位地址和 8 位数据信号；P0 口用作通用 I/O 端口使用时，必须外接上拉电阻器来提高驱动能力。

② P1 口。P1 口是一个准双向 I/O 端口，它只能作为通用 I/O 端口使用，没有第二功能。MCS-51 系列单片机的 P1 口每位内部结构图如图 2-14 所示，从图中可看出，同 P0 口一样，当作输入时，必须先向对应的锁存器写"1"，使场效应管截止。

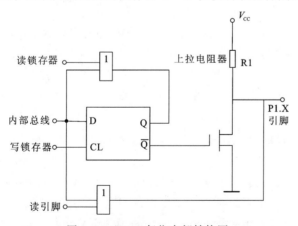

图 2-14　P1 口每位内部结构图

③ P2 口。P2 口是一个准双向 I/O 端口，MCS-51 系列单片机的 P2 口每位内部结构如图 2-15 所示，从图中可看出，其位结构也与 P0 口相似。

当系统外接片外存储器时，它输出高 8 位地址，此时 MUX 在 CPU 的控制下接通地址

信号，P2 口只能作为地址线使用，而不
能作为其他信号线使用。

④ P3 口。P3 口是一个准双向 I/O 端
口，除作为通用 I/O 端口使用外，还具有第
二功能，如表 2-6 所示。P3 口作为 I/O 端
口时，其使用方法与 P1 口相同。P3 口的
第二功能可以单独使用，即不用的第二功
能的引脚仍可以作为通用 I/O 端口使用。

MCS-51 系列单片机的 P3 口每位内
部结构图如图 2-16 所示，从图中可看出，

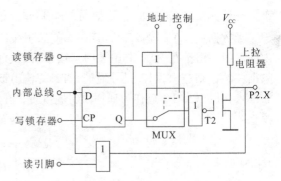

图 2-15　P2 口每位内部结构图

对于输出而言，此时相应位的锁存器必须输出为"1"，这样才能有效输出第二功能。对
于输入而言，无论该位是作为通用输入口还是作为第二功能输入口，相应的锁存器和选
择输出功能端都应置"1"，这个工作在开机或复位时完成。

表 2-6　P3 口第二功能

| 引 脚 | 第二功能 | 功 能 说 明 |
|---|---|---|
| P3.0 | RXD | 串行输入端 |
| P3.1 | TXD | 串行输出端 |
| P3.2 | $\overline{INT0}$ | 外部中断 0 输入 |
| P3.3 | $\overline{INT1}$ | 外部中断 1 输入 |
| P3.4 | T0 | 定时器/计数器 0 外部输入 |
| P3.5 | T1 | 定时器/计数器 1 外部输入 |
| P3.6 | WR | 外部 RAM 写选通输出 |
| P3.7 | RD | 外部 RAM 读选通输出 |

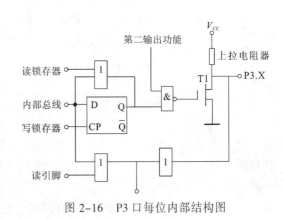

图 2-16　P3 口每位内部结构图

# 2.3　MCS-51 系列单片机的时序和工作方式

单片机实现指令功能的各种数字电路的工作秩序有先有后，在什么时刻发出什么控
制信号，去启动何种电路工作，这就是单片机的时序。

MCS-51 系列单片机是智能型芯片，通过程序设置可使单片机进入不同的工作方式。
目前常用的工作方式有：程序执行方式、省电方式。

**1. 时序**

MCS-51 系列单片机的时序是利用分频技术将主频进行分频而建立起来的。

时钟周期（$T_{osc}$）：若石英晶振频率为 $f_{osc}$，则 $T_{osc}=1/f_{osc}$。如 $f_{osc}=6$ MHz，则 $T_{osc}=1/6$ μs。

机器周期：单片机完成一个基本操作的时间称为一个机器周期，一个机器周期包含
12 个时钟周期。若石英晶振频率为 $f_{osc}=6$ MHz，则机器周期=（$12×1/6$）μs=2 μs。

一个机器周期分为 6 个状态（S1～S6），每个状态又分为 2 拍（P1、P2），因此可用
状态和节拍来表示机器周期，即一个机器周期可用 S1P1、S1P2、S2P1、S2P2、S3P1、S3P2、
S4P1、S4P2、S5P1、S5P2、S6P1、S6P2 来表示。

指令周期：单片机完成指令操作的周期称为指令周期。在 MCS-51 系列单片机指令系

统中，有单字节指令、双字节指令和三字节指令。每条指令的执行时间要占一个或几个机器周期。单字节指令和双字节指令都可能是单周期和双周期，而三字节指令都是双周期，只有乘法指令占四周期。

不同的指令在执行时，其工作时序不尽相同，但每条指令的执行都可以包括取指和执行两个阶段。在取指阶段，CPU 从程序存储器 ROM 中取出指令操作码及操作数，然后再执行这条指令的逻辑功能。不同的指令在执行时其工作时序不尽相同，对于绝大部分指令，在整个指令执行过程中，ALE 和 $\overline{\text{PSEN}}$ 是周期性的信号。在每个机器周期中，ALE 和 $\overline{\text{PSEN}}$ 信号出现两次。ALE 和 $\overline{\text{PSEN}}$ 信号同时出现，但 ALE 和 $\overline{\text{PSEN}}$ 的有效宽度不一样，ALE 为一个 S 状态，$\overline{\text{PSEN}}$ 为一个半 S 状态，每出现一次 ALE 和 $\overline{\text{PSEN}}$ 信号，CPU 就进行一次取指操作。另外，相对 $\overline{\text{RD}}$ 和 $\overline{\text{WR}}$，有些指令在执行过程中没有 $\overline{\text{RD}}$ 和 $\overline{\text{WR}}$ 信号。图 2-17 所示为 CPU 执行指令 MOVX @DPTR,A（或 MOVX A,@DPTR）的时序图，首先，第 1 个机器周期，P0 口输出低 8 位地址，P2 口输出高 8 位地址，并利用 ALE 信号将其锁存起来；第 2 个机器周期，写信号 $\overline{\text{WR}}$（与读信号 $\overline{\text{RD}}$ 同时出现）有效时，便将单片机 A 中数据写入外部 RAM（或将外部 RAM 数据读入 A 中）。

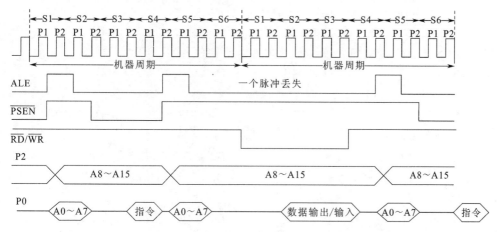

图 2-17 执行指令 MOVX @DPTR,A（或 MOVX A,@DPTR）的时序图

## 2. 工作方式

AT89C51 单片机有两种工作方式：待机方式和掉电方式。这两种工作方式都是省电工作方式，电源保持与 $V_{CC}$ 和 GND 两端相接。相关控制寄存器是电源控制寄存器 PCON，其各位如表 2-7 所示。

表 2-7 PCON 各位（87H）

| D7 | D6 | D5 | D4 | D3 | D2 | D1 | D0 |
| --- | --- | --- | --- | --- | --- | --- | --- |
| SMOD | — | — | — | GF1 | GF0 | PDWN | IDLE |

SMOD：波特率倍增位，在串行口的工作方式 1、2、3 下，当 SMOD=1 时，波特率倍增。

D6 ~ D4：保留位。

GF1 和 GF0：通用标志位，可由软件置位或清 0，可用作用户标志。

PDWN：掉电方式位。当 PDWN=1 时，进入掉电方式。

IDLE：待机方式位。当 IDLE=1 时，进入待机方式。如果 PDWN 和 IDLE 同时等于 1，则先进入掉电方式。复位时 PCON 中有定义的位都清 0，即 0×××00000B。

在待机方式下，$V_{CC}$=5 V，电流由大约 20 mA 降为 2 mA 左右，提供给 CPU 的时钟被切断，但其寄存器 SP、PC、PSW、ACC、Rn 等状态被保留，时钟继续供给中断、串行口和定时器。可由中断终止待机方式。CPU 接着执行待机方式前未能完成的指令。

掉电方式：当用一条指令使位 PDWN=1 时，单片机进入掉电方式，此时时钟停止工作，所有功能全部停止，只有片内 RAM 和特殊功能寄存器的内容不变。电源电压可以降到 2 V，耗电电流仅为 50 μA，退出掉电方式的唯一办法是复位。

# 习　题

## 一、选择题

1. 当 MCS-51 系列单片机复位时，下面说法正确的是（　　）。

　　A. PC=0000H　　　　　　　　　　　B. SP=00H

　　C. SBUF=00H　　　　　　　　　　　D.（30H）=00H

2. PSW=18H 时，则当前工作寄存器是（　　）。

　　A. 0 组　　　　　　B. 1 组　　　　　　C. 2 组　　　　　　D. 3 组

3. MCS-51 系列单片机复位后，SP 的内容应是（　　）。

　　A. 00H　　　　　　B. 07H　　　　　　C. 60H　　　　　　D. 70H

4. （　　）不是 CPU 的指令部件。

　　A. PC　　　　　　B. IR　　　　　　C. PSW　　　　　　D. ID

5. P1 口的每一位能驱动（　　）。

　　A. 2 个 TTL 低电平负载　　　　　　B. 4 个 TTL 低电平负载

　　C. 8 个 TTL 低电平负载　　　　　　D. 10 个 TTL 低电平负载

6. PC 的值是（　　）。

　　A. 当前指令前一条指令的地址　　　　B. 当前正在执行指令的地址

　　C. 下一条指令的地址　　　　　　　　D. 控制器中指令寄存器的地址

7. MCS-51 系列单片机的 CPU 是（　　）的。

　　A. 4 位　　　　　　B. 8 位　　　　　　C. 16 位　　　　　　D. 32 位

8. 在 MCS-51 系列单片机中，唯一一个可供用户使用的 16 位寄存器是（　　）。

　　A. PWS　　　　　　B. ACC　　　　　　C. DPTR　　　　　　D. PC

9. 8051 的内部 RAM 中常用作堆栈保护区的是（　　）。

　　A. 00H ～ FFH　　　　　　　　　　B. 00H ～ 1FH

　　C. 20H ～ 2FH　　　　　　　　　　D. 30H ～ 7FH

10. 在堆栈中压入一个数据时（　　）中。

　　A. 先压栈，再令 SP+1　　　　　　　B. 先令 SP+1，再压栈

　　C. 先压栈，再令 SP-1　　　　　　　D. 先令 SP-1，再压栈

11. 单片机应用程序一般存放在（　　）中。

　　A. RAM　　　　　　B. ROM　　　　　　C. 寄存器　　　　　　D. CPU

## 二、问答题

1. 数据存储器有何用处？MCS-51 系列单片机内部存储器有多大？

2. MCS-51 系列单片机内部数据存储器如何划分？

3. 什么是通用寄存器？什么样的寄存器可以位寻址？什么是特殊寄存器？

4. 单片机哪个接口具有双功能？

5. MCS-51 系列单片机读口操作有什么特殊性？

6. 什么是单片机的机器周期、时钟周期和指令周期？它们之间是什么关系？

# 第3章

## MCS-51系列单片机汇编语言及程序设计

### 导读

　　单片机最初的应用就是学会使用单片机最小应用系统。本章通过引入项目——单片机最小应用系统的使用，引出单片机最小系统的概念，讨论单片机最小应用系统的组成，利用Protues仿真软件给出一个简单例子的仿真，引出单片机指令和程序的概念，围绕MCS-51系列单片机指令系统进行详细分析和讨论，并通过一些具体的实例来论述MCS-51系列单片机的程序设计。

### 知识目标

　　① 理解指令的基本概念。
　　② 在单片机执行单条指令后，能分析出 RAM 上哪些单元数据发生变化，哪些单元数据不发生变化。
　　③ 掌握汇编语言程序设计。

### 技能目标

　　① 学会使用 Keil 或伟福等通用单片机编程软件对项目给出的程序进行编辑，生成扩展名为 hex 的烧录文件。
　　② 能使用 Proteus 仿真软件构造项目电路和进行仿真。

图 3-1　单片机最小应用系统
电路实物外形图

### 实物图示例

　　单片机最小应用系统电路实物外形图如图 3-1 所示。

## 3.1　项目引入：单片机最小应用系统的使用

#### 1. 项目功能

　　霓虹灯在日常生活中随处可见，许多小店铺都会在自己的招牌上用一圈不断重复亮灭的灯来吸引行人的注意，这就是流水灯。本项目要应用单片机最小应用系统实现简单的流水灯显示。具体的实现是通过单片机控制 P1 口，让 P1 口的 8 只发光二极管轮流循环发光。

### 2. 设备与器件

设备：计算机、单片机烧入器、自制单片机最小应用电路板或实验设备构成的单片机最小应用系统、5 V 稳压电源。

器件：AT89C51 或 AT89C52 单片机。

### 教学目标

通过项目，让初学者对单片机的指令和程序有初步的了解，进一步熟悉单片机的使用，为学习编写与调试单片机应用程序打下基础。

### 工作任务

① 使用 Keil 或伟福等通用单片机编程软件对项目给出的程序进行编辑，生成扩展名为 hex 的烧录文件，再利用 Proteus 仿真软件进行仿真演示。

② 利用单片机烧录软件将 hex 文件烧入单片机，使用单片机最小应用电路或由单片机实验设备构成的单片机最小应用系统实现项目既定要求。

流水灯控制实例

### 相关资料

本项目给出参考电路原理图和源程序，其中参考电路原理图如图 3-2 所示。

参考源程序如下：

```
LED_PORT   EQU   P1                    ;将 P1 命名为 LED_PORT
  ORG   0000H
  LJMP   START
  ORG   0100H
START: MOV LED-PORT, #00H              ;关灯
  MOV   A, #01H                        ;送显示模式字
NEXT:
  MOV   LED_PORT, A                    ;点亮连接的发光二极管
  LCALL DELAY
  RL A                                 ;左移 1 位，改变显示模式字
  SJMP   NEXT
;------------------------------------
;延时子程序
;输入：无；输出：无；中间变量：Z1=R3, Z2=R4
;------------------------------------
DELAY:
  MOV   R3, #0FFH                      ;延时子程序开始
DEL2:
  MOV   R4, #0FFH
DEL1:
  NOP
    NOP
    NOP
  DJNZ   R4, DEL1
```

```
DJNZ    R3，DEL2
RET
END
```

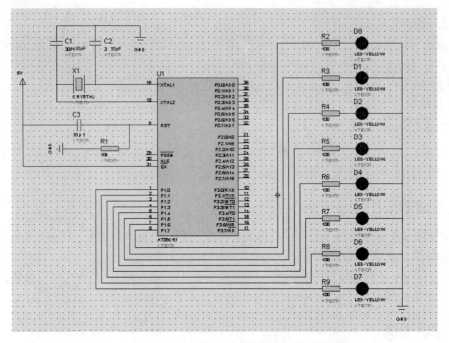

图 3-2　单片机最小应用系统的使用参考电路原理图

**项目实施**

① 使用伟福 6000 通用单片机编程软件对项目给出的程序进行编辑，其界面如图 3-3 所示。

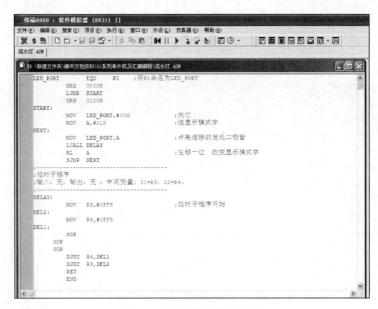

图 3-3　汇编程序编辑界面

② 生成扩展名为 hex 的烧录文件，界面如图 3-4 所示。

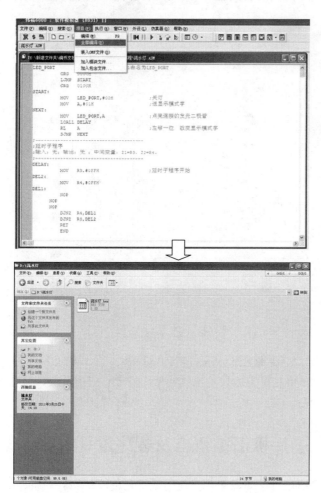

图 3-4　生成扩展名为 hex 的烧录文件界面

③ 利用 Proteus 仿真软件建立仿真电路，如图 3-5 所示。

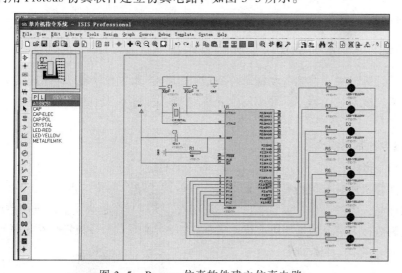

图 3-5　Proteus 仿真软件建立仿真电路

④ 利用 Proteus 仿真软件对建立好的图 3-5 所示电路进行仿真，仿真效果如图 3-6 所示。

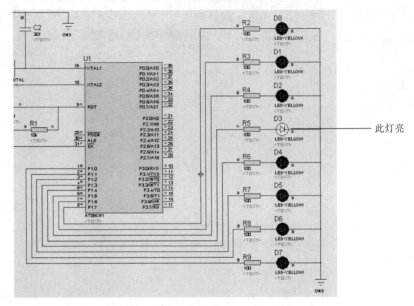

图 3-6  仿真效果

⑤ 利用单片机烧录软件将 hex 文件烧入 AT89C51 单片机，然后将该单片机装入单片机最小应用电路或由单片机实验设备构成的单片机最小应用系统，通电观察 P1 口所接的 8 个发光二极管的亮灭。

# 3.2  单片机汇编语言及程序设计的相关知识

通过上面的应用项目可知，单片机应用系统是由硬件和软件组成的，硬件是应用系统的基础，软件则在硬件的基础上对其资源进行合理调配和使用，从而完成应用系统所要求的任务，二者相互依赖，缺一不可。前面介绍的是单片机的硬件部分，从本节开始介绍单片机的软件部分。

## 3.2.1  MCS-51 系列单片机汇编语言基础

指令是计算机用于控制各功能部件完成某一指定动作的命令，而完成某一功能的指令的有序组合就构成了程序。要编写满足一定要求的程序，就必须非常熟悉单片机的指令系统。

### 1. 指令的基本概念

（1）指令概述

一台计算机所具有的所有指令的集合，就构成了指令系统。指令系统越丰富，说明 CPU 的功能越强。由于计算机只能识别二进制数，所以指令也必须用二进制数形式表示，这种二进制数称为指令的机器码或机器指令。MCS-51 系列单片机指令系统共有 33 种功能，42 种助记符，111 条指令。

（2）指令格式

汇编语言程序的每一条语句都与计算机的某一条指令对应。指令=操作码+操作数。

操作码——表示了该指令所能执行的操作功能。

操作数——表示参加操作的数的本身或操作数所在的地址。

MCS-51 系列单片机汇编指令格式：

［标号：］操作码助记符　［第一操作数］，［第二操作数］；［注释］

标号：是程序员根据编程需要给指令设定的符号地址，可有可无；标号由 1 ~ 8 个字符组成，第一个字符必须是英文字母，不能是数字或其他符号；标号后必须用冒号。

操作码助记符：表示指令的操作种类，如 MOV 表示数据传送操作，ADD 表示加法操作等，不能空缺。

操作数：表示参加运算的数据或数据的有效地址。

操作数一般有以下几种形式：

① 没有操作数项，操作数隐含在操作码中，如应用实例中的 RETI 指令；

② 只有 1 个操作数项，如 CPL　A 指令；有 2 个操作数项，如 MOV P3, A 指令，操作数之间以逗号相隔；

③ 有 3 个操作数项，如 CJNE A, #10, NEXT 指令，操作数之间也以逗号相隔。

注释：是对指令的解释说明，不属于语句的功能部分，用以提高程序的可读性；注释前必须加分号。

（3）指令的表现形式

指令的表现形式是识别指令的标志，也是人们用来编写和阅读程序的基础。通常指令有 3 种表现形式：二进制、十六进制和助记符这 3 种形式。

**小知识**

指令的二进制形式是可以直接为计算机识别和执行的形式，故又称指令的机器码或汇编语言源程序的目标代码。指令的二进制形式难读、难写、难记、难改，一般不用来编写程序。十六进制形式虽然读写方便，但仍不易为人们所识别和修改，也不用来编写程序。

实际上十六进制的程序代码输入机器后，仍由计算机的监控程序转换成二进制。

指令的助记符形式又称指令的汇编语言形式，是一种用英文单词或缩写字母形象表征指令功能的形式。这种形式不仅为人们识别和读写，而且记忆和交流极为方便，常常被人们用来进行程序设计。但必须通过人工或机器码形式才能执行。

（4）指令中操作数的描述符号

Rn——工作寄存器 R0 ~ R7；

@Ri——间接寻址寄存器 R0、R1；

Direct——直接地址，包括内部 128B RAM 单元地址、26 个 SFR 地址；

#data——8 位常数；

#data 16——16 位常数；

addr 16——16 位目的地址；

addr 11——11 位目的地址；

rel——8 位带符号的偏移地址；

DPTR——16 位外部数据指针寄存器；

bit——可直接位寻址的位；

 A——累加器；

 B——通用寄存器；

 C——进、借位标志位，或位累加器；

 @——间接寄存器或基址寄存器的前缀；

 /——指定位求反；

 x——地址单元；

（x）——x 地址单元中的内容；

((x))——x 地址单元中的内容为地址的单元中的内容；

 $——当前指令的地址。

### 2．寻址方式

操作数是指令的重要组成部分，指出了参与操作的数据或数据的地址。如何区分操作数是一个数据还是数据的地址十分关键。寻找数据地址的方式称为寻址方式。一条指令采用什么样的寻址方式，是由指令的功能决定的。寻址方式越多，指令功能就越强。

MCS-51 系列单片机指令系统共使用了 7 种寻址方式，包括寄存器寻址、直接寻址、立即数寻址、寄存器间接寻址、变址寻址、相对寻址和位寻址。

（1）寄存器寻址（用于 RAM）

寄存器寻址是指将数据存放于寄存器中，或在寄存器中找寻数据。寄存器包括工作寄存器 R0 ~ R7、累加器 A、通用寄存器 B、数据指针寄存器 DPTR 等。例如，指令 MOV R1,A 的操作是把累加器 A 中的数据传送到寄存器 R1 中，其数据存放在累加器 A 中，所以寻址方式为寄存器寻址。

如果程序状态寄存器 PSW 的 RS1:RS0=01（选中 1 组工作寄存器，对应地址为 08H ~ 0FH），设累加器 A 的内容为 20H，则执行指令 MOV R1,A 后，内部 RAM 09H 单元的值就变为 20H，如图 3-7 所示。

（2）直接寻址（用于 RAM）

直接寻址是指把存放数据的 RAM 内存单元的地址直接写在指令中。在内存单元找寻数据。

例如，指令 MOV A,3AH 执行的操作是将内部 RAM 中地址为 3AH 的单元内容传送到累加器 A 中，其操作数 3AH 就是存放数据的单元地址，因此该指令是直接寻址。

设内部 RAM 3AH 单元的内容是 88H，那么指令 MOV A,3AH 的执行过程如图 3-8 所示。

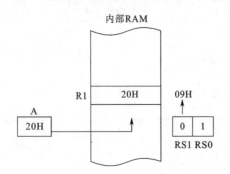

图 3-7　寄存器寻址示意图

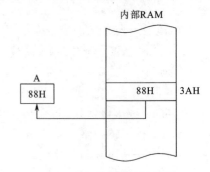

图 3-8　直接寻址示意图

采用直接寻址的指令如下：

MOV　P1, 20H　　　　　;将20H单元的内容传送到P1口

（3）立即数寻址（用于RAM）

立即数寻址是指将数据直接写在指令中。

例如，指令 MOV A,#3AH 执行的操作是将立即数 3AH
送到累加器 A 中，该指令就是立即数寻址。注意：立即数前
面必须加 "#" 号，以区别立即数和直接地址。该指令的执
行过程如图 3-9 所示。

图 3-9　立即数寻址示意图

（4）寄存器间接寻址（用于RAM）

寄存器间接寻址是指将存放数据的内存单元的地址放在寄存器中，指令中只给出该
寄存器。执行指令时，首先根据寄存器的内容，找到所需要的数据地址，再由该地址找
到数据并完成相应操作。

在 MCS-51 系列单片机指令系统中，用于寄存器间接寻址的寄存器有 R0、R1 和 DPTR，
称为间接寻址寄存器。

注意：间接寻址寄存器前面必须加上符号 "@"。例如，指令 MOV A,@R0 执行的操作
是将 R0 的内容作为内部 RAM 的地址，再将该地址单元中的内容取出来送到累加器 A 中。

例：设 R0=3AH，内部 RAM 3AH 中的值是 65H，则指令 MOV A,@R0 的执行结果是
累加器 A 的值为 65H，该指令的执行过程如图 3-10 所示。

（5）变址寻址（用于ROM）

变址寻址是指将基址寄存器与变址寄存器的内容相加，结果作为数据的地址。DPTR
或 PC 是基址寄存器，累加器 A 是变址寄存器。该类寻址方式主要用于查表操作。

例如，指令 MOVC A,@A+DPTR 执行的操作是将累加器 A 和基址寄存器 DPTR 的内容
相加，相加结果作为数据在程序存储区存放的地址，再将数据取出来送到累加器 A 中。
该指令的执行过程如图 3-11 所示。

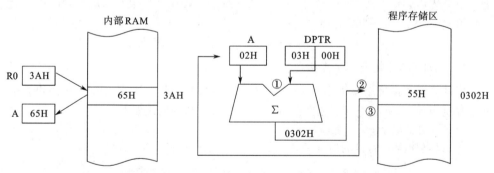

图 3-10　寄存器间接寻址示意图　　　　图 3-11　变址寻址示意图

（6）相对寻址（用于ROM）

相对寻址是指程序计数器 PC 的当前数据与指令中的数据相加，其结果作为跳转指令
的转移地址（又称目的地址）。该类寻址方式主要用于跳转指令。

例如，指令 SJMP 54H 执行的操作是将 PC 当前的数据与 54H 相加，结果再送回 PC
中，成为下一条将要执行指令的地址。

设指令 SJMP 54H 的机器码 80H，54H 存放在 2000H 处，当执行到该指令时，先从 2000H
和 2001H 单元取出指令，PC 自动变为 2002H；再把 PC 的内容与操作数 54H 相加，形成目标地

址 2056H，再送回 PC，使得程序跳转到 2056H 单元继续执行。该指令的执行过程如图 3-12 所示。

（7）位寻址（用于 RAM）

位寻址是指按位进行的寻址操作，而上述介绍的指令都是按字节进行的寻址操作。MCS-51 系列单片机中，操作数不仅可以按字节进行操作，也可以按位进行操作。当把某一位作为操作数时，这个操作数的地址称为位地址。

位寻址区包括专门安排在内部 RAM 中的两个区域：一是内部 RAM 的位寻址区，地址范围是 20H ~ 2FH，共 16 个 RAM 单元，位地址为 00H ~ 7FH；二是特殊功能寄存器 SFR 中有 11 个寄存器可以位寻址，参见第 2 章的 2.2 节中位地址分配。

例如，指令 SETB 3DH 执行的操作是将内部 RAM 位寻址区中的 3DH 位置 1。

设内部 RAM 27H 单元的内容是 00H，执行 SETB 3DH 后，由于 3DH 对应内部 RAM 27H 的第 5 位，因此该位变为 1，也就是 27H 单元的内容变为 20H。该指令的执行过程如图 3-13 所示。

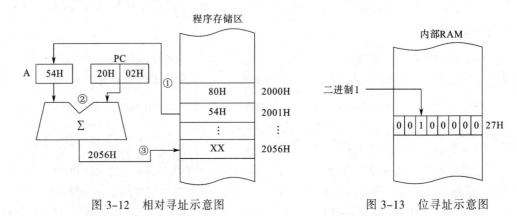

图 3-12　相对寻址示意图　　　　　　　　图 3-13　位寻址示意图

### 3.2.2　数据传送类指令

数据传送类指令是 MCS-51 系列单片机汇编语言程序设计中使用最频繁的指令，包括内部 RAM、寄存器、外部 RAM 以及程序存储器之间的数据传送。

数据传送操作是指把数据从源地址传送到目的地址，源地址内容不变。

**1. 内部 RAM 数据传送类指令**（16 条）

内部 8 位数据传送类指令共 15 条，16 位数据传送类指令 1 条，主要用于 MCS-51 系列单片机内部 RAM 与寄存器之间的数据传送。指令基本格式如下：

MOV　<目的操作数>，<源操作数>

① 以累加器 A 为目的地址的传送类指令（4 条），如表 3-1 所示。

表 3-1　以累加器 A 为目的地址的传送类指令

| 指 令 类 型 | CPU 完成的指令操作 | 例 子<br>设：(R4)=08H<br>(3AH)=A6H<br>(R1)=01H，(01H)=89H | CPU 完成的指令操作 | 结 果 |
|---|---|---|---|---|
| MOV A，Rn | A←(Rn) | MOV A，R4 | A←(R4) | (A)=08H |
| MOV A，direct | A←(direct) | MOV A，3AH | A←(3AH) | (A)=A6H |
| MOV A，@Ri | A←((Rn)) | MOV A，@R1 | A←((R1)) | (A)=89H |
| MOV A，#data | A←#data | MOV A，#0D6H | A←#0D6H | (A)=D6H |

② 以 Rn 为目的地址的传送类指令（3 条），如表 3-2 所示。

表 3-2　以 Rn 为目的地址的传送类指令

| 指 令 类 型 | CPU 完成的指令操作 | 例　子<br>设：(A)=08H<br>(3AH)=A6H | CPU 完成的指令操作 | 结　果 |
|---|---|---|---|---|
| MOV Rn, A | Rn←(A) | MOV R3, A | R3←(A) | (R3)=08H |
| MOV Rn, direct | Rn←(direct) | MOV R6, 3AH | R6←(3AH) | (R6)=A6H |
| MOV Rn, #data | Rn←#data | MOV R5, #0D6H | R5←#0D6H | (R5)= D6H |

③ 以 direct 为目的地址的传送类指令（5 条），如表 3-3 所示。

表 3-3　以 direct 为目的地址的传送类指令

| 指 令 类 型 | CPU 完成的指令操作 | 例　子<br>设：(A)=08H<br>(06H)=A6H<br>(R0)=06H,(R3)=89H | CPU 完成的指令操作 | 结　果 |
|---|---|---|---|---|
| MOV direct, A | direct←(A) | MOV 67H, A | 67H←(A) | (67H)=08H |
| MOV direct, Rn | direct←(Rn) | MOV 56H, R3 | 56H←(R3) | (56H)=89H |
| MOV direct, direct | direct←direct | MOV 38H, 00H | 38H←(00H) | (38H)=A6H |
| MOV direct, @Ri | direct←((Ri)) | MOV 41H, @R0 | 41H←((R0)) | (41H)=A6H |
| MOV direct, #data | direct←#data | MOV 28H, #0F6H | 28H←#0F6H | (28H)=F6H |

④ 以寄存器间接地址为目的地址的传送类指令（3 条），如表 3-4 所示。

表 3-4　以寄存器间接地址为目的地址的传送类指令

| 指 令 类 型 | CPU 完成的指令操作 | 例　子<br>设：(A)=28H<br>(3AH)=A6H<br>(R0)=68H,(R1)=89H | CPU 完成的指令操作 | 结　果 |
|---|---|---|---|---|
| MOV @Ri, A | (Ri)←(A) | MOV @R0, A | 68H←(A) | (68H)=28H |
| MOV @Ri, direct | (Ri)←(direct) | MOV @R1, 3AH | 89H←(3AH) | (89H)=A6H |
| MOV @Ri, #data | (Ri)←#data | MOV @R0, #0D6H | 68H←#0D6H | (68H)= 0D6H |

⑤ 16 位数据传送类指令，如表 3-5 所示。

表 3-5　16 位数据传送类指令

| 指 令 类 型 | CPU 完成的指令操作 | 例　子 | CPU 完成的指令操作 | 结　果 |
|---|---|---|---|---|
| MOV DPTR, #data16 | (DPTR)←#data | MOV DPTR, #02D0H | (DPTR)←#02D0H | (DPTR)=02D0H |

## 2．外部 RAM 数据传送类指令（4 条）

外部 RAM 数据传送类指令（4 条），如表 3-6 所示。

表 3-6　外部 RAM 数据传送类指令

| 指 令 类 型 | CPU 完成的指令操作 | 例　子<br>设：(A)=28H<br>(68H)外部 RAM =A6H<br>(DPTR)=2030H<br>(2030H)外部 RAM =78H<br>(R0)=68H,(R1)=89H | CPU 完成的<br>指令操作 | 结　　果 |
|---|---|---|---|---|
| MOVX A, @Ri | A←((Ri))外部 RAM | MOVX　A, @R0 | A←(68H)外部 RAM | (A)=A6H |
| MOVX A, @DPTR | A←((DPTR))外部 RAM | MOVX　A, @DPTR | A←(2030H)外部 RAM | (A)=78H |
| MOVX @Ri, A | (Ri)外部 RAM←(A) | MOVX　@R1, A | 89H 外部 RAM←(A) | (89H)外部 RAM=28H |
| MOVX @DPTR, A | (DPTR)外部 RAM←(A) | MOVX　@DPTR, A | 2030H 外部 RAM←(A) | (2030H)外部 RAM=28H |

### 3. 交换与查表类指令（7 条）

① 字节交换指令（5 条），如表 3-7 所示。

表 3-7　交换与查表类指令指令表

| 指 令 类 型 | CPU 完成的指令操作 | 例　子<br>设：(A)=28H<br>(R5)=A6H<br>(5DH)=30H<br>(R0)=78H<br>(78H)=6CH | CPU 完成的指令操作 | 结　　果 |
|---|---|---|---|---|
| XCH A, Rn | (A)↔(Rn) | XCH A,R5 | (A)↔(R5) | (A)=A6H, (R5)=28H |
| XCH A, direct | (A)↔(direct) | XCH A,5DH | (A)↔(5DH) | (A)=30H, (5DH)=30H |
| XCH A, @Ri | (A)↔((Ri)) | XCH A,@R0 | (A)↔((R0)) | (A)=6CH, (78H)=28H |
| XCHD A, @Ri | (A)低 4 位↔(Ri) 低 4 位 | XCHD A,@R0 | (A)低 4 位↔((R0)) 低 4 位 | (A)=2CH, (78H)=68H |
| SWAP A | (A)高 4 位↔(A) 低 4 位 | SWAP A | (A)高 4 位↔(A) 低 4 位 | (A)=82H |

② 查表指令（2 条），如表 3-8 所示。

表 3-8　查表指令指令表

汇编语言查表
指令

| 指令类型<br>（与 ROM 之间的<br>数据传送） | CPU 完成的指令操作<br>[在 (PC)+1 为中心上、<br>下 256B 范围] | 例　子<br>设：(A)=28H<br>(DPTR)=00A6H<br>(00CEH)=30H<br>(PC)=BD78H<br>(BDA0H)=6CH | CPU 完成的指令操作 | 结　　果 |
|---|---|---|---|---|
| MOVC A, @A + DPTR | (A)←((A)+(DPTR)) | MOVC A,@A + DPTR | (A)←((A)+(DPTR))<br>=(28H+00A6H)<br>=(00CEH) | (A)=30H |
| MOVC A, @A + PC | (A)←((A)+(PC)) | MOVC A,@A + PC | (A)←((A)+(PC)<br>=(28H+BD78H)<br>=(BDA0H) | (BDA0H)=<br>6CH |

### 4. 堆栈操作指令（2 条）

堆栈操作指令，如表 3-9 所示。

表 3-9　堆栈操作指令

| 指 令 类 型 | CPU 完成的指令操作 | 例 子<br>设：(SP)=60H<br>(61H)=D8H<br>(A)=28H,(76H)=A6H | CPU 完成的<br>指令操作 | 结 果 |
|---|---|---|---|---|
| PUSH　direct | （1）SP←(SP)+1；<br>（2）(SP)←(direct) | PUSH　76H | （1）SP← #61H；<br>（2）61H←(76H)； | (SP)=61H；<br>(61H)=A6H |
| POP　direct | （1）(SP)←(direct)；<br>（2）SP←(SP)-1 | POP　A | （1）60H←(A)；<br>（2）SP←#59H | (60H)=28H；<br>(SP)=59H |

**例 3-1**　设(10H) = 01H, (20H) = 1AH。将内部 RAM 的 10H 与 20H 两单元的内容交换。

**解：**　PUSH　　10H
　　　　PUSH　　20H
　　　　POP　　10H
　　　　POP　　20H

### 3.2.3　算术运算类指令

算术运算类指令包括：加、减、乘、除；加 1、减 1。

**1. 加法指令**

① 不带进位加法指令，如表 3-10 所示。

表 3-10　不带进位加法指令指令表

| 指 令 类 型 | CPU 完成的指令操作 | 例 子<br>设：(A)=60H<br>(R3)=D8H<br>(R0)=76H,(76H)=96H | CPU 完成的指令操作 | 结 果 |
|---|---|---|---|---|
| ADD　A,Rn | A←(A)+(Rn) | ADD　A, R3 | A←(A)+(R3) | (A)=38H,(C)=1 |
| ADD　A,direct | A←(A)+(direct) | ADD　A, 76H | A←(A)+(76H) | (A)=F6H,(C)=0 |
| ADD　A,@Ri | A←(A)+((Ri)) | ADD　A, @R0 | A←(A)+((R0)) | (A)=F6H,(C)=0 |
| ADD　A,#data | A←(A)+#data | ADD　A, #4EH | A←(A)+#4EH | (A)=AEH,(C)=0 |

② 带进位加法指令，如表 3-11 所示。

表 3-11　带进位加法指令指令表

| 指 令 类 型 | CPU 完成的指令操作 | 例 子<br>设：(A)=60H<br>(R3)=D8H,(C)=1<br>(R0)=76H,(76H)=96H | CPU 完成的<br>指令操作 | 结 果 |
|---|---|---|---|---|
| ADDC A,Rn | A←(A)+(Rn)+(C) | ADDC A, R3 | A←(A)+(R3)+(C) | (A)=39H,(C)=1 |
| ADDC A,direct | A←(A)+(direct)+(C) | ADDC A, 76H | A←(A)+(76H)+(C) | (A)=F7H,(C)=0 |
| ADDC A,@Ri | A←(A)+((Ri))+(C) | ADDC A, @R0 | A←(A)+((R0))+(C) | (A)=F7H,(C)=0 |
| ADDC A,#data | A←(A)+#data+(C) | ADD A, #4EH | A←(A)+#4EH+(C) | (A)=AFH,(C)=0 |

③ 加 1 指令，如表 3-12 所示。

表 3-12　加 1 指令指令表

| 指 令 类 型 | CPU 完成的指令操作 | 例　子 设：(A)=60H (DPTR)=0300H (R0)=76H,(76H)=96H | CPU 完成的 指令操作 | 结　果 |
|---|---|---|---|---|
| INC　A | A←(A)+ 1 | INC A | A←(A)+ 1 | (A)=61H |
| INC　Rn | Rn←(Rn)+ 1 | INC R0 | R0←(R0)+ 1 | (R0)=77H |
| INC　direct | direct←(direct)+ 1 | INC 76H | 76H←(76H)+ 1 | (76H)=97H |
| INC　@Ri | (Ri)←((Ri))+ 1 | INC @R0 | 76H←((76H))+ 1 | (76H)=97H |
| INC　DPTR | DPTR←(DPTR)+ 1 | INC DPTR | DPTR ←(DPTR)+ 1 | (DPTR)=0301H |

④ 十进制调整指令，如表 3-13 所示。

表 3-13　十进制调整指令指令表

| 指 令 类 型 | CPU 完成的指令操作 | 例　子 设：设 A=56H 为 56 的压缩的 BCD 码数，R3= 67H，CY=1 | CPU 完成的指令操作 | 结　果 |
|---|---|---|---|---|
| DA　A | 执行过程中,CPU 能根据加法运算后累加器中的值和 PSW 中的 AC 及 C 标志位的状况自动选择一个修正值(00H、06H、60H、66H)与原运算结果相加，进行二–十进制调整 | 执行：<br>ADDC　A，R3<br>DA　A | A←(A)+(R3)+(C)=BEH<br>A←(A)+66H(修正值)=24H<br>C←#1 | (A)=24H<br>(C)=1 |

注意：

a. DA 指令只能跟在加法指令后面使用；

b. 调整前参与运算的两数是 BCD 码数；

c. DA 指令不能与减法指令配对使用，但可以实现对 A 中压缩 BCD 码进行减 1 操作。

## 2. 减法指令

① 带进位减法指令，如表 3-14 所示。

表 3-14　带进位减法指令指令表

| 指 令 类 型 | CPU 完成的指令操作 | 例　子 设：(A)=60H (R3)=24H，(C)=1 (R0)=76H,(76H)=96H | CPU 完成的指令操作 | 结　果 |
|---|---|---|---|---|
| SUBB　A，Rn | A←(A)-(Rn)-(C) | SUBB　A，R3 | A←(A)-(R3)-(C) | (A)=3BH,(C)=0 |
| SUBB　A，direct | A←(A)-(direct)-(C) | SUBB　A，76H | A←(A)-(76H)-(C) | (A)=C9H,(C)=1 |
| SUBB　A，@Ri | A←(A)-((Ri))-(C) | SUBB　A，@R0 | A ←(A)-((R0))-(C) | (A)=C9H,(C)=1 |
| SUBB　A，#data | A ←(A)+#data-(C) | SUBB　A，#4EH | A ←(A)-#4EH-(C) | (A)=10H,(C)=0 |

② 减 1 指令，如表 3-15 所示。

表 3-15　减 1 指令指令表

| 指 令 类 型 | CPU 完成的指令操作 | 例　子 设：(A)=60H (DPTR)=0300H (R0)=76H，(76H)=96H | CPU 完成的指令操作 | 结　果 |
|---|---|---|---|---|
| DEC　A | A←(A)−1 | DEC　A | A←(A)−1 | (A)=5FH |
| DEC　Rn | Rn←(Rn)−1 | DEC　R0 | R0←(R0)−1 | (R0)=75H |
| DEC　direct | direct←(direct)−1 | DEC　76H | 76H←(76H)−1 | (76H)=95H |
| DEC　@Ri | (Ri)←((Ri))−1 | DEC　@R0 | 76H←((76H))−1 | (76H)=95H |

设 R0=7FH，在内 RAM 中，(7EH)=00H，(7FH)=40H

执行：　DEC　@R0

　　　　DEC　R0

　　　　DEC　@R0

结果为：(7FH)=3FH，(R0)=7EH，(7EH)=0FFH。

### 3．乘法和除法指令

乘法和除法指令，如表 3-16 所示。

表 3-16　乘法和除法指令指令表

| 指 令 类 型 | CPU 完成的指令操作 | 例　子 设：(A)=61H (B)=03H，(OV)=1 | CPU 完成的 指令操作 | 结　果 |
|---|---|---|---|---|
| MUL　AB | (A)×(B)积的低 8 位在 A 中，积的高 8 位在 B 中，(OV)=1 | MUL　AB | (A)×(B) | (A)=23H,(B)=01H, (OV)=0 |
| DIV　AB | (A)÷(B)商在 A 中，余数在 B 中；若(B)=0，则结果不定，(OV)=1 | DIV AB | (A)÷(B) | (A)=20H,(B)=01H, (OV)=0 |

## 3.2.4　逻辑运算类指令

逻辑运算类指令共分两大类：单字节逻辑运算类，双字节逻辑运算类，共 24 条。

### 1．单字节逻辑运算类指令

单字节逻辑运算类指令，如表 3-17 所示。

表 3-17　单字节逻辑运算类指令指令表

| 指令类型 | CPU 完成的 指令操作 | 例　子 设：(A)=28H，(C)=1 | CPU 完成的指令操作 | 结　果 |
|---|---|---|---|---|
| CLR A | A 清 0 | CLR　A | A 清 0 | (A)=00H |
| CPL A | A 中 8 位按位求反 | CPL　A | (A)=00011000H $\overline{(A)}$ =11100111H | (A)=E7H |

| 指令类型 | CPU 完成的<br>指令操作 | 例　子<br>设：(A)=28H,<br>(C)=1 | CPU 完成的指令操作 | 结　果 |
|---|---|---|---|---|
| RL A | A 左移 1 位 | RL　A | `0 0 1 0 1 0 0 0` | (A)=50H |
| RR A | A 右移 1 位 | RR　A | `0 0 1 0 1 0 0 0` | (A)=14H |
| RLC A | A 带进位左移<br>1 位 | RLC　A | `1` C　`0 0 1 0 1 0 0 0` | (A)=51H |
| RRC A | A 带进位右移<br>1 位 | RRC　A | `0 0 1 0 1 0 0 0` → `1` C | (A)=94H |

### 2. 双字节逻辑运算类指令

① 逻辑"与"运算指令（6 条），如表 3-18 所示。

**例 3-2**　(P1)= 35H，使其高 4 位输出 0，低 4 位不变。

**解：** `ANL P1,#0FH`

此作法称为"屏蔽"位。

表 3-18　逻辑"与"运算指令指令表

| 指 令 类 型 | CPU 完成的<br>指令操作 | 例　子<br>设：(A)=08H,(45H)=A6H<br>(R0)=45H,(R3)=89H | CPU 完成的<br>指令操作 | 结　果 |
|---|---|---|---|---|
| ANL　A, Rn | A←(A) ∧ ( Rn) | ANL　A, R3 | A←(A) ∧ ( R3) | (A)=08H |
| ANL　A, @Ri | A←(A) ∧ ((Ri)) | ANL　A, @R0 | A←(A) ∧ ((R0)) | (A)=00H |
| ANL　A, #data | A←(A) ∧ data | ANL　A, #5CH | A←(A) ∧ #5CH | (A)=08H |
| ANL　A, direct | A←(A) ∧ (direct) | ANL　A, 45H | A←(A) ∧ (45H) | (A)=00H |
| ANL　direct, A | direct←(A) ∧ (direct) | ANL　45H, A | 45H←A ∧ (45H) | (45H)= 00H |
| ANL　direct, #data | direct←(direct) ∧ #data | ANL　45H, #0D6H | 45H←(45H) ∧ #0D6H | (45H)= 86H |

② 逻辑"或"运算指令（6 条），如表 3-19 所示。

表 3-19　逻辑"或"运算指令指令表

| 指 令 类 型 | CPU 完成的<br>指令操作 | 例　子<br>设：(A)=08H,(45H)=A6H<br>(R0)=45H,(R3)=89H | CPU 完成的<br>指令操作 | 结　果 |
|---|---|---|---|---|
| ORL A,Rn | A ←(A) ∨ (Rn) | ORL　A,R3 | A←(A) ∨ (R3) | (A)=89H |
| ORL A,@Ri | A ←(A) ∨ ((Ri)) | ORL　A,@R0 | A←(A) ∨ ((R0)) | (A)=AEH |
| ORL A,#data | A ←(A) ∨ data | ORL　A,#5CH | A←(A) ∨ #5CH | (A)=5CH |
| ORL A,direct | A←(A) ∨ (direct) | ORL　A,45H | A←(A) ∨ (45H) | (A)=AEH |
| ORL direct,A | direct←(A) ∨ (direct) | ORL　45H,A | 45H←A ∨ (45H) | (45H)= AEH |
| ORL direct,#data | direct←(direct) ∨ #data | ORL　45H,#0D6H | 45H←(45H) ∨ #0D6H | (45H)= F6H |

**例 3-3**　将 A 中的低 3 位送入 P1 中，并且保持 P1 中高 5 位不变。

**解：**

```
ANL  A, #07H
ANL  P1, #0F8H
ORL  P1, A    ;（P1）=P7P6P5P4P3A2A1A0
```

③ 逻辑"异或"运算指令（6 条），如表 3-20 所示。

表 3-20　逻辑"异或"运算指令指令表

| 指令类型 | CPU 完成的指令操作 | 例　子<br>设：(A)=08H,(45H)=A6H<br>(R0)=45H,(R3)=89H | CPU 完成的指令操作 | 结　果 |
|---|---|---|---|---|
| XRL　A, Rn | A←(A)⊕(Rn) | XRL　A, R3 | A←(A)⊕(R3) | (A)=81H |
| XRL　A, @Ri | A←(A)⊕((Ri)) | XRL　A, @R0 | A←(A)⊕((R0)) | (A)=AEH |
| XRL　A, #data | A←(A)⊕data | XRL　A, #5CH | A←(A)⊕#5CH | (A)=54H |
| XRL　A, direct | A←(A)⊕(direct) | XRL　A, 45H | A←(A)⊕(45H) | (A)=AEH |
| XRL　direct, A | direct←(A)⊕(direct) | XRL　45H, A | 45H←A⊕(45H) | (45H)=AEH |
| XRL　direct, #data | direct←(direct)⊕#data | XRL　45H, #0D6H | 45H←(45H)⊕#0D6H | (45H)=70H |

**例 3-4**　设 P1= 0B4H = 10110100B，执行 XRL　P1, #00110001B。

**解：** 结果按 # 0011 000 1 取反，即 P1= 10000101B =85H

这称为"指定位取反"。

## 3.2.5　控制转移类指令

控制程序转移类指令共 17 条，分为无条件转移指令、条件转移指令、子程序调用和返回指令、空操作指令 4 类。主要功能是控制程序转移到新的 PC 地址上，从而改变程序执行方向。

### 1. 无条件转移指令

无条件转移指令如表 3-21 所示。

表 3-21　无条件转移指令指令表

| 指令类型 | CPU 完成的指令操作 | 使　　　　用 |
|---|---|---|
| LJMP　addr16 | PC←addr16 | LJMP　addr16 称为长转移指令，功能是把指令码中的 16 位地址：addr16 送入程序计数器 PC，使机器执行下条指令时无条件转移到 addr16 处执行程序。addr16 是 16 位二进制数，所以允许转移的目标地址在 64 KB 空间范围内 |
| AJMP　addr11 | PC←(PC)+2<br>PC10~PC0←addr11 | AJMP addr11 称为绝对转移指令，执行此指令分两步：第一步取指令操作，PC 被加 1 两次；第二步把 PC 加 2 后的高 5 位地址 PC15~PC11 和指令中的 11 位地址构成目标转移地址：<br>PC15~PC11　A10 A9 A8 A7 A6 A5 A4 A3 A2 A1 A0<br>PC 高 5 位　　addr11 |
| SLMP　rel | PC←(PC)+2+ rel | PC 的高 5 位 PC15~PC11，取值范围为 00000~11111 共 32 种组合，把 64 KB 的存储空间划分为 32 页，每页 2 KB。A10~A0 取值为 0000000000~1111111111，2 KB |

| 指令类型 | CPU 完成的指令操作 | 使用 |
|---|---|---|
| JMP   @A+DPTR | PC←(A)+(DPTR) | SLMP   rel 称为短转移指令，功能是先使程序计数器 PC 加 1 两次（即取出指令码），然后把加 2 后的 PC 地址和 rel 相加作为目标地址。rel 的取值范围是-128～+127，可在 256 个存储单元内转移。负数用补码表示。<br><br>JMP   @A+DPTR 称为变址寻址转移指令，单片机把 DPTR 中基地址和 A 中地址偏移量相加，形成新的目标转移地址送入 PC。本指令不影响标志位。常用于多分支程序结构中，可在程序运行过程中动态地决定程序分支走向。<br><br>LJMP、AJMP、SLMP 这 3 条指令在使用中，更多的是使用标号，不需要给出地址数或偏移量，如：<br>LJMP    START<br>⋮<br>LJMP    INT_T0<br>⋮<br>SJMP    $ |

#### 2. 条件转移指令

实现按照一定条件决定转移的方向，分 3 类：判零转移指令、比较转移指令、循环转移指令。

① 判零转移指令如表 3-22 所示。

表 3-22   判零转移指令表

| 指令类型 | CPU 完成的指令操作 | 使用 |
|---|---|---|
| JZ     rel | 若(A)=0，则转移，否则顺序执行 | 这两条指令的转移目的地址 = PC+ 2 + rel，不影响任何标志位。同样，在使用中更多的是使用标号。<br><br>例：将片外 RAM 的一个数据块（首地址为 DATA1）传送到内部数据 RAM（首地址为 DATA2），遇到传送的数据为零时停止传送，试编程。 |
| JNZ    rel | 若(A)≠0，则转移，否则顺序执行 | 解：          MOV     R0,#DATA2<br>              MOV     DPTR,#DATA1<br>LOOP1:    MOVX    A,@DPTR<br>              JZ      LOOP2<br>              MOV     @R0,A<br>              INC     R0<br>              INC     DPTR<br>              SJMP    LOOP1<br>LOOP2:    SJMP    LOOP2 |

② 比较转移指令如表 3-23 所示。

表 3-23   比较转移指令指令表

| 指令类型 | CPU 完成的指令操作 |
|---|---|
| CJNE A,#data,rel | 若(A)≠#data，则 PC←(PC)+(3)+ rel；否则顺序执行。若( A)<#data，则(C)=1；否则(C)=0。 |
| CJNE A,direct,rel | 若(A)≠(direct)，则 PC←(PC)+(3)+ rel；否则顺序执行。若(A)<(direct)，则(C)=1；否则(C)=0。 |
| CJNE @Ri,#data,rel | 若((Ri))≠#data，则 PC←(PC)+(3)+ rel；否则顺序执行。若((Ri))<#data，则(C)=1；否则(C)=0。 |
| CJNE Rn,#data,rel | 若(Rn)≠#data，则 PC←(PC)+(3)+ rel；否则顺序执行。若(Rn)<#data，则(C)=1；否则(C)=0。<br>同样，这类指令在使用中更多的是使用标号 |

该类指令具有比较和判断双重功能。若第一操作数内容小于第二操作数内容，则 C=1；否则 C=0。

该类指令可产生 3 种分支程序：相等分支、大于分支、小于分支，如图 3-14 所示。

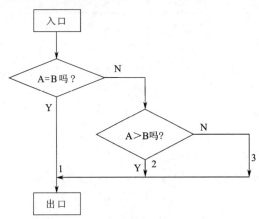

图 3-14　比较转移指令流程图

③ 循环转移指令如表 3-24 所示。

表 3-24　循环转移指令指令表

| 指令类型 | CPU 完成的指令操作 | 使用 |
|---|---|---|
| DJNZ　Rn, rel | Rn←(Rn)−1，若(Rn)≠0，则 PC←(PC)+2+rel；否则顺序执行。 | 例：将 8031 内部 RAM 的 40H~4FH 单元置初值#A0H~#AFH。 |
| DJNZ　direct, rel | (direct)←(direct)−1，若(direct)≠0，则 PC←(PC)+3+rel；否则顺序执行。<br>同样，这类指令在使用中更多的是使用标号 | 解：　　　MOV　R0, #40H<br>　　　　　MOV　R2, #10H<br>　　　　　MOV　A, #0A0H<br>LOOP: MOV　@R0, A<br>　　　　INC　R0<br>　　　　INC　A<br>　　　　DJNZ　R2, LOOP |

### 3. 子程序调用与返回指令

子程序调用与返回指令如表 3-25 所示。

表 3-25　子程序调用与返回指令指令表

| 指令类型 | CPU 完成的指令操作 |
|---|---|
| LCALL　addr16<br><br>ACALL　addr11 | LCALL　addr16 为长调用，转移范围 64 KB，不影响标志位。<br>ACALL　addr11 为绝对调用，转移范围与(PC)+2 在同一个 2 KB 内，不影响任何标志位。<br>同样，这类指令在使用中更多的是使用标号 |
| RET | 调用子程序返回 |
| RETI | 中断子程序返回 |

### 4. 空操作指令

空操作指令如表 3-26 所示。

表 3-26 空操作指令指令表

| 指 令 类 型 | CPU 完成的指令操作 |
|---|---|
| NOP | 空操作，执行此指令仅使 PC 加 1，不进行任何操作，消耗 12 个时钟周期，用作延时 |

### 3.2.6 位操作类指令

位操作类指令包括：位传送指令、位状态控制指令、位逻辑操作指令、位转移指令，共有 17 条 4 类。

位地址的 3 种表示：

① 使用直接位地址表示，如 20H、30H、33H 等；

② 使用位寄存器名来表示，如 C、OV、F0 等；

③ 用字节寄存器名后加位数来表示，如 PSW.4、P0.5、ACC.3 等。

#### 1. 位传送指令

位传送指令如表 3-27 所示。

表 3-27 位传送指令指令表

| 指 令 类 型 | CPU 完成的指令操作 | 例 子 设：(45H)=1 (38H)=1,(C)=0 | CPU 完成的指令操作 | 结 果 |
|---|---|---|---|---|
| MOV C, bit | C ←(bit) | MOV C,38H | C ←(38H) | (C)=1 |
| MOV bit, C | bit ←(C) | MOV 45H,C | 45H ←(C) | (45H)=0 |

#### 2. 位状态控制指令

位状态控制指令如表 3-28 所示。

表 3-28 位状态控制指令指令表

| 指 令 类 型 | CPU 完成的指令操作 | 例 子 设：(45H)=1 (38H)=1,(C)=0 | CPU 完成的指令操作 | 结 果 |
|---|---|---|---|---|
| CLR C | C←#0 | CLR C | C←#0 | (C)=0 |
| CLR bit | bit←#0 | CLR 38H | 38H←#0 | (38H)=0 |
| CPL C | C←/(C) | CPL C | C←/(C) | (C)=1 |
| CPL bit | bit←/(bit) | CPL 45H | 45H←/(45H) | (45H)=0 |
| SEBT C | C← 1 | SEBT C | C←1 | (C)= 1 |
| SEBT bit | bit← 1 | SEBT 38H | 38H←1 | (38H)= 1 |

#### 3. 位逻辑操作指令

位逻辑操作指令如表 3-29 所示。

表 3-29　位逻辑操作指令指令表

| 指 令 类 型 | CPU 完成的<br>指令操作 | 例　　子<br>设：(45H)=1<br>(38H)=1,(C)=0 | CPU 完成的<br>指令操作 | 结　　果 |
|---|---|---|---|---|
| ANL C, bit | C←(C)∧(bit) | ANL C, 45H | C←(C)∧(45H) | (C)=0 |
| ANL C, /bit | C←(C)∧/(bit) | ANL C, /45H | C←(C)∧/(45H) | (C)=0 |
| ORL C, bit | C←(C)∨(bit) | ORL C, 38H | C←(C)∨(38H) | (C)=1 |
| ORL C, /bit | C←(C)∨/(bit) | ORL C, /38H | C←(C)∨/(38H) | (C)=0 |

#### 4．位转移指令

位转移指令有 5 条，分别对 C 和直接位地址进行测试，并根据其状态执行转移。

① 判 C 转移指令如表 3-30 所示。

表 3-30　判 C 转移指令表

| 指 令 类 型 | CPU 完成的指令操作 | 使　　　　用 |
|---|---|---|
| JC　rel | (C)=1，转移，否则顺序<br>执行 | 这两条指令，不影响任何标志位。同样，在使用中更多的是使用标号，不用偏移量。<br>例：比较内部 RAM 的 30H 和 40H 单元中的两个无符号数的大小，将大数存入 20H 单元，小数存入 21H 单元，若两数相等，则使内部 RAM 的第 127 位置 1。<br>解：　　　　　MOV　　A,30H<br>　　　　　　　CJNE　　A,40H,LOOP1<br>　　　　　　　SETB　　7FH<br>　　　　　　　SJMP　　$ |
| JNC　rel | (C)=0，转移，否则顺序<br>执行 | LOOP1:　JC　　LOOP2<br>　　　　　MOV　　20H,A<br>　　　　　MOV　　21H,40H<br>　　　　　SJMP　　$<br>LOOP2:　MOV　　20H,40H<br>　　　　　MOV　　21H,A<br>　　　　　SJMP　　$ |

② 判位变量转移指令如表 3-31 所示。

表 3-31　判位变量转移指令表

| 指 令 类 型 | CPU 完成的指令操作 | 使　　　　用 |
|---|---|---|
| JB　　bit, rel | (bit)=1，则转移，否则<br>顺序执行 | 这 2 条指令的转移目的地址 = PC+ 2 + rel，不影响任何标志位。同样，在使用中更多的是使用标号，不用偏移量。 |
| JBC　bit, rel | (bit)=1，则转移，否则<br>顺序执行；且无论(bit)是<br>否等于 1，均使该位清 0 | 例：试判断 A 中的正负，若为正数，存入 20H 单元；若为负数则存入 21H 单元。<br>解：　　　　　JB　　ACC.7,LOOP<br>　　　　　　　MOV　　20H,A<br>　　　　　　　SJMP　　$ |
| JNB　bit, rel | (bit)=0，则转移，否则<br>顺序执行 | LOOP:　MOV　　21H,A<br>　　　　　SJMP　　$ |

### 3.2.7　伪指令

伪指令并不是真正的指令，而是一种假指令。虽然它具有和真指令类似的形式，但不会在汇编时产生可供机器直接执行的机器码，也不会直接影响存储器中代码和数据的分布。

伪指令是在机器汇编时供汇编程序识别和执行的命令，可以用来对机器的汇编过程进行某种控制，令其进行一些特殊的操作。如规定汇编生成和目标代码在内存中存放区域，给源程序中的符号和标号赋值，批示汇编结束等。

在 MCS-51 系列单片机的汇编语言中，常用的伪指令共 8 条。

### 1. 起始地址伪指令 ORG

```
ORG    addr16
```
用于规定目标程序段或数据块的起始地址，设置在程序开始处。

### 2. 汇编结束伪指令 END

告诉汇编程序，对源程序的汇编到此结束。一个程序中只出现一次，在末尾。

### 3. 赋值伪指令 EQU

告诉汇编程序，将汇编语句操作数的值赋予本语句的标号。

格式：标号名称　　　EQU　　　数值或汇编符号

"标号名称"在源程序中可以作为数值使用，也可以作为数据地址、位地址使用。先定义后使用，放在程序开头。

试分析下面实例程序中各条指令的功能意义。

```
TCOUNT  EQU   30H
R_CNT   EQU   31H
NUMB    EQU   32H
```

### 4. 定义字节伪指令 DB

告诉汇编程序从指定的地址单元开始，定义若干字节存储单元并赋初值。

格式：[标号：]　　DB　　字节数据或字节数据表

试分析实例程序中

```
TAB: DB    0FEH,0FDH,0FBH,0F7H,0EFH,0DFH,0BFH,07FH
NUB: DB    00H,00H,3EH,41H,41H,41H,3EH,00H
     DB    00H,00H,00H,00H,21H,7FH,01H,00H
     …
```

诸定义字节伪指令的功能意义。

### 5. 定义字伪指令 DW

从指定地址开始，定义若干个 16 个位数据，高 8 位存入低地址；低 8 位存入高地址。

```
ORG 1000H
PIOI: DW  7654H,40H,12,'AB'
```

### 6. 数据地址赋值伪指令 DATA

将表达式指定的数据地址赋予规定的字符名称。

格式：字符名称　　DATA　　表达式

注：该指令与 EQU 指令相似，只是可先使用后定义，放于程序开头、结尾均可。

### 7. 定义空间伪指令 DS

从指定地址开始，保留由表达式指定的若干字节空间作为备用空间。

格式：[标号：]　　　　DS　　表达式

例如：ORG　　1000H

　　　DS　　0AH

　　　DB　　71H,11H,11H　　;从 100BH 开始存放 71H、11H、11H

注：DB、DW、DS 只能用于程序存储器，而不能用于数据存储器。

### 8. 位地址赋值伪指令 BIT

将位地址赋予规定的字符名称。

格式：字符名称　　　BIT　　位地址

例如：　X1　BIT　P12

相当于　X1　EQU　92H

# 任务训练：32 盏流水灯的编程

### 1. 任务描述

应用单片机最小应用系统实现 32 盏流水灯显示，用 Proteus 软件构造仿真电路并仿真实现。

### 2. 任务提示

（1）可借助 8 盏流水灯的程序编写目标程序。

（2）单片机 P0、P1、P2、P3 这 4 个口各控制 8 只发光二极管。

（3）在构造仿真电路时 P0 口必须接上拉电阻器，电阻值不能选太大。

MCS-51 系列单片机指令表如表 3-32 所示。

表 3-32　MCS-51 系列单片机指令表

| 十六进制代码 | 助 记 符 | 功　能 | 对标志位影响 | | | | 字节数 | 周期数 |
|---|---|---|---|---|---|---|---|---|
| | | | P | OV | AC | CV | | |
| 算术运算指令 | | | | | | | | |
| 28-2F | ADD　A, Rn | A+ Rn→A | √ | √ | √ | √ | 1 | 1 |
| 25 | ADD　A, direct | A+(direct)→A | √ | √ | √ | √ | 2 | 1 |
| 26, 27 | ADD　A, @Ri | A+(Ri)→A | √ | √ | √ | √ | 1 | 1 |
| 24 | ADD　A, #data | A+data→A | √ | √ | √ | √ | 2 | 1 |
| 38～3F | ADDC A, Rn | A+Rn+CY→A | √ | √ | √ | √ | 1 | 1 |
| 35 | ADDC A, direct | A+(direct)+CY→A | √ | √ | √ | √ | 2 | 1 |
| 36, 37 | ADDC A, @Ri | A+(Ri)+CY→A | √ | √ | √ | √ | 1 | 1 |
| 34 | ADDC A, #data | A+data+CY→A | √ | √ | √ | √ | 2 | 1 |
| 98～9F | ADD　A, Rn | A−Rn−CY→A | √ | √ | √ | √ | 1 | 1 |
| 95 | ADD　A, direct | A−(direct)+CY→A | √ | √ | √ | √ | 2 | 1 |
| 96, 97 | ADD　A, @Ri | A−(Ri)−CY→A | √ | √ | √ | √ | 1 | 1 |
| 94 | ADD　A, #data | A−dara−CY→A | √ | √ | √ | √ | 2 | 1 |

续表

| 十六进制代码 | 助 记 符 | 功 能 | 对标志位影响 | | | | 字节数 | 周期数 |
|---|---|---|---|---|---|---|---|---|
| | | | P | OV | AC | CV | | |
| 04 | INC A | A+1→A | √ | × | × | × | 1 | 1 |
| 08～0F | INC Rn | Rn+1→Rn | × | × | × | × | 1 | 1 |
| 05 | INC direct | (direct)+1→(direct) | × | × | × | × | 2 | 1 |
| 06, 07 | INC @Ri | (Ri)+1→(Ri) | × | × | × | × | 1 | 1 |
| A3 | INC DPTR | DPTR+1→DPTR | | | | | 1 | 2 |
| 14 | DEC A | A−1→A | √ | × | × | × | 1 | 1 |
| 18～1F | DEC Rn | Rn−1→Rn | × | × | × | × | 1 | 1 |
| 15 | DEC direct | (direct)−1→(direct) | × | × | × | × | 2 | 1 |
| 16, 17 | DEC @Ri | (Ri)−1→(Ri) | × | × | × | × | 1 | 1 |
| A4 | MUL AB | A*B→BA | √ | √ | × | 0 | 1 | 4 |
| 84 | DIV B | A/B→A⋯B | √ | √ | × | 0 | 1 | 4 |
| D4 | DA A | 对 A 进行十进制调整 | √ | × | √ | √ | 1 | 1 |
| 逻辑运算指令 | | | | | | | | |
| 58～5F | ANL A, Rn | A∧Rn→A | √ | × | × | × | 1 | 1 |
| 55 | ANL A, direct | A∧(direct)→A | √ | × | × | × | 2 | 1 |
| 56, 57 | ANL A, @Ri | A∧(Ri)→A | √ | × | × | × | 1 | 1 |
| 54 | ANL A, #data | A∧data→A | √ | × | × | × | 2 | 1 |
| 52 | ANL direct, A | (direct)∧A→(direct) | × | × | × | × | 2 | 1 |
| 53 | ANL direct, #data | (direct)∧data→(direct) | × | × | × | × | 3 | 2 |
| 48～4F | ORL A, Rn | A∨Rn→A | √ | × | × | × | 1 | 1 |
| 45 | ORL A, direct | A∨(direct)→A | √ | × | × | × | 2 | 1 |
| 46, 47 | ORL A, @Ri | A∨(Ri)→A | √ | × | × | × | 1 | 1 |
| 44 | ORL A, #data | A∨data→A | √ | × | × | × | 2 | 1 |
| 42 | ORL direct, A | (direct)∨A→(direct) | × | × | × | × | 2 | 1 |
| 43 | ORL direct, #data | (direct)∨data→(direct) | × | × | × | × | 3 | 2 |
| 68～6F | XRL A, Rn | A⊕Rn→A | √ | × | × | × | 1 | 1 |
| 65 | XRL A, direct | A⊕(direct)→A | √ | × | × | × | 2 | 1 |
| 66, 67 | XRL A, @Ri | A⊕(Ri)→A | √ | × | × | × | 1 | 1 |
| 64 | XRL A, #data | A⊕data→A | √ | × | × | × | 2 | 1 |
| 62 | XRL direct, A | (direct)⊕A→(direct) | × | × | × | × | 2 | 1 |
| 63 | XRL direct, #data | (direct)⊕data→(direct) | × | × | × | × | 3 | 2 |
| E4 | CLR A | 0→A | √ | × | × | × | 1 | 1 |
| F4 | CPL A | $\overline{A}$→A | × | × | × | × | 1 | 1 |
| 23 | RL A | A 循环左移一位 | × | × | × | × | 1 | 1 |
| 33 | RLC A | A 带进位位循环左移一位 | √ | × | × | √ | 1 | 1 |

续表

| 十六进制代码 | 助 记 符 | 功 能 | 对标志位影响 | | | | 字节数 | 周期数 |
|---|---|---|---|---|---|---|---|---|
| | | | P | OV | AC | CV | | |
| 03 | RR　A | A 循环右移一位 | × | × | × | × | 1 | 1 |
| 13 | RRC　A | A 带进位位循环右移一位 | √ | × | × | √ | 1 | 1 |
| C4 | SWAP A | A 半字节交换 | × | × | × | × | 1 | 1 |
| 数据传送指令 | | | | | | | | |
| E8～EF | MOV　A, Rn | Rn→A | √ | × | × | × | 1 | 1 |
| E5 | MOV　A, direct | (direct)→A | √ | × | × | × | 2 | 1 |
| E6, E7 | MOV　A, @Ri | (Ri)→A | √ | × | × | × | 1 | 1 |
| 74 | MOV　A, #data | data→A | √ | × | × | × | 2 | 1 |
| F8～FF | MOV　Rn, A | A→Rn | × | × | × | × | 1 | 1 |
| A8～AF | MOV　Rn, direct | (direct)→Rn | × | × | × | × | 2 | 2 |
| 78～7F | MOV　Rn, #data | data→Rn | × | × | × | × | 2 | 1 |
| F5 | MOV　direct, A | A→(direct) | × | × | × | × | 2 | 1 |
| 88～8F | MOV　direct, Rn | Rn→(direct) | × | × | × | × | 2 | 2 |
| 85 | MOV　direct, direct2 | (direct2)→(direct1) | × | × | × | × | 3 | 2 |
| 86, 87 | MOV　direct, @Ri | (Ri)→(direct) | × | × | × | × | 2 | 2 |
| 75 | MOV　direct, #data | data→(direct) | × | × | × | × | 3 | 2 |
| F6, F7 | MOV　@Ri, A | A→(Ri) | × | × | × | × | 1 | 1 |
| A6, A7 | MOV　@Ri, direct | (direct)→(Ri) | × | × | × | × | 2 | 2 |
| 76, 77 | MOV　@Ri, #data | data→(Ri) | × | × | × | × | 2 | 1 |
| 90 | MOV　DPTR, #data16 | Data16→DPTR | × | × | × | × | 3 | 2 |
| F0 | MOVX @DPTR, A | (A)→((DPTR)) | × | × | × | × | 3 | 2 |
| E0 | MOVX A, @DPTR | ((DPTR))→(A) | × | × | × | × | 3 | 2 |
| F2, F3 | MOVX @Ri, A | (A)→((Ri)) | √ | × | × | × | 3 | 2 |
| E2, E3 | MOVX A, @Ri | ((Ri))→(A) | √ | × | × | × | 3 | 2 |
| 93 | MOVC A, @A+DPTR | A+DPTR→A | √ | × | × | × | 1 | 2 |
| 83 | MOVC A, @A+PC | A+PC→A | √ | × | × | × | 1 | 2 |
| E2, E3 | MOVC A, @ Ri | (Ri)→A | √ | × | × | × | 1 | 2 |
| E0 | MOVC A, @ DPTR | (DPTR)→A | √ | × | × | × | 1 | 2 |
| F2, F3 | MOVC @ Ri, A | A→(Ri) | × | × | × | × | 1 | 2 |
| F0 | MOVC @DPTR, A | A→(DPTR) | × | × | × | × | 1 | 2 |
| C0 | PUSH direct | SP+1→SP(direct)→SP | × | × | × | × | 2 | 2 |
| D0 | POP　direct | SP→(direct)SP-1→SP | × | × | × | × | 2 | 2 |
| C8～CF | XCH　A, Rn | A<=>Rn | √ | × | × | × | 1 | 1 |
| C5 | XCH　A, direct | A<=>(direct) | √ | × | × | × | 2 | 1 |
| C6, C7 | XCH　A, @Ri | A<=>(Ri) | √ | × | × | × | 1 | 1 |
| D6, D7 | XCHD A, @Ri | $A_0 \sim A_4 <=> (Ri)_{0 \sim 4}$ | √ | × | × | × | 1 | 1 |

| 十六进制代码 | 助 记 符 | 功 能 | 对标志位影响 | | | | 字节数 | 周期数 |
|---|---|---|---|---|---|---|---|---|
| | | | P | OV | AC | CV | | |
| 位操作指令 | | | | | | | | |
| C3 | CLR C | $0 \rightarrow Cy$ | × | × | × | √ | 1 | 1 |
| C2 | CLR bit | $0 \rightarrow bit$ | × | × | × | | 2 | 1 |
| D3 | SETB C | $1 \rightarrow Cy$ | × | × | × | √ | 1 | 1 |
| D2 | SETB bit | $1 \rightarrow bit$ | × | × | × | | 2 | 1 |
| B3 | CPL C | $\overline{Cy} \rightarrow Cy$ | × | × | × | √ | 1 | 1 |
| B2 | CPL bit | $\overline{bit} \rightarrow bit$ | × | × | × | | 2 | 1 |
| 82 | ANL C, bit | $Cy \wedge bit \rightarrow Cy$ | × | × | × | √ | 2 | 2 |
| B0 | ANL C, /bit | $Cy \wedge \overline{bit} \rightarrow Cy$ | × | × | × | √ | 2 | 2 |
| 72 | ORL C, bit | $Cy \vee bit \rightarrow Cy$ | × | × | × | √ | 2 | 2 |
| A0 | ORL C, /bit | $Cy \vee \overline{bit} \rightarrow Cy$ | × | × | × | √ | 2 | 2 |
| A2 | MOV C, bit | $bit \rightarrow Cy$ | × | × | × | √ | 2 | 1 |
| 92 | MOV bit, C | $Cy \rightarrow bit$ | × | × | × | | | |
| 控制转移指令 | | | | | | | | |
| *1 | ACALL addr11 | $PC+2 \rightarrow PC, SP+1 \rightarrow SP(PC)_{0 \sim 7} \rightarrow (SP),$ $SP+1 \rightarrow (SP)(PC)_{0 \sim 15} \rightarrow (SP)adr11 \rightarrow (PC)_{10 \sim 0}$ | × | × | × | × | 2 | 2 |
| 12 | LCALL addr16 | $PC+3 \rightarrow PC, SP+1 \rightarrow SP(PC)_{0 \sim 7} \rightarrow (SP),$ $SP+1 \rightarrow SP(PC)_{0 \sim 15} \rightarrow (SP)addr16 \rightarrow PC$ | × | × | × | × | 3 | 2 |
| 22 | RET | $SP \rightarrow (PC)_{0 \sim 15}, SP-1 \rightarrow SP$ $SP \rightarrow (PC)_{0 \sim 7}, SP-1 \rightarrow SP$ | × | × | × | × | 1 | 2 |
| 32 | RERI | $SP \rightarrow (PC)_{0 \sim 15}, SP-1 \rightarrow SP$ $SP \rightarrow (PC)_{0 \sim 7}, SP-1 \rightarrow SP$ 中断返回 | × | × | × | × | 1 | 2 |
| *1 | AJMP addr11 | $PC+2 \rightarrow PC$ $adde11 \rightarrow (PC)_{10 \sim 0}$ | × | × | × | × | 2 | 2 |
| 02 | LJMP addr16 | $addr16 \rightarrow PC$ | × | × | × | × | 3 | 2 |
| 80 | SJMP rel | $PC+2 \rightarrow PC, rel \rightarrow PC$ | × | × | × | × | 2 | 2 |
| 73 | JMP @A+DPTR | $A+ DPTR \rightarrow PC$ | √ | × | × | × | 1 | 2 |
| 60 | JZ rel | $A=0, rel \rightarrow PC$ $A \neq 0, PC+2 \rightarrow PC$ | × | × | × | × | 2 | 2 |
| 70 | JNZ rel | $A \neq 0, rel \rightarrow PC$ $A=0, PC+1 \rightarrow PC$ | × | × | × | × | 2 | 2 |
| 40 | JC rel | $Cy=1, rel \rightarrow PC$ $Cy=0, PC+2 \rightarrow PC$ | × | × | × | × | 2 | 2 |
| 50 | JNC rel | $Cy=0, rel \rightarrow PC$ $Cy=1, PC+2 \rightarrow PC$ | × | × | × | × | 2 | 2 |

续表

| 十六进制代码 | 助 记 符 | 功 能 | 对标志位影响 | | | | 字节数 | 周期数 |
|---|---|---|---|---|---|---|---|---|
| | | | P | OV | AC | CV | | |
| 20 | JB　　bit,rel | bit=1,rel→PC<br>bit=0,PC+3→PC | × | × | × | × | 3 | 2 |
| 30 | JNB　　bit,rel | bit=0,rel→PC<br>bit=1,PC+3→PC | × | × | × | × | 3 | 2 |
| 10 | JBC　　bit,rel | bit=1,rel→PC,0→bit<br>bit=0,PC+3→PC | × | × | × | × | 3 | 2 |
| B5 | CJNE　A,direct,rel | A≠(direct),rel→PC<br>A=(direct),PC+3→PC | × | × | × | √ | 3 | 2 |
| B4 | CJNE　A,# data,rel | A≠data,rel→PC<br>A=data,PC+3→PC | × | × | × | √ | 3 | 2 |
| B8～BF | CJNE Rn,#data,rel | Rn≠data,rel→PC<br>Rn=data,PC+3→PC | × | × | × | √ | 3 | 2 |
| B6～B7 | CJNE @ Ri,#data,rel | (Ri)≠data,rel→PC<br>(Ri)=data,PC+3→PC | × | × | × | √ | 3 | 2 |
| D8～DF | DJNZ Rn,rel | Rn-1≠0,rel→PC<br>Rn-1=0,PC+2→PC | × | × | × | × | 2 | 2 |
| D5 | DJNZ direct,rel | (direct)-1≠0,rel→PC<br>(direct)-1=0,PC+3→PC | × | × | × | √ | 3 | 2 |
| 00 | NOP | 空操作，PC+1→PC | × | × | × | × | 1 | 1 |

# 习　题

## 一、选择题

1. MOVX A, @DPTR 指令中源操作数的寻址方式是（　　　）。

    A. 寄存器寻址 　　　　　　　　　　B. 寄存器间接寻址

    C. 直接寻址 　　　　　　　　　　　D. 立即寻址

2. 执行 PUSH ACC 指令，MCS-51 系列单片机完成的操作是（　　　）。

    A. SP+1→SP(ACC)→(SP) 　　　　　B. (ACC)→(SP)SP-1→SP

    C. SP-1→SP(ACC)→(SP) 　　　　　D. (ACC)→(SP)SP+1→SP

3. 要把 P0 口高 4 位变 0，低 4 位不变，应使用指令（　　　）。

    A. ORL P0, #0FH 　　　　　　　　　B. ORL P0, #0F0H

    C. ANL P0, #0F0H 　　　　　　　　D. ANL P0, #0FH

4. LCALL 指令操作码地址是 2000H，执行完相应子程序返回指令后，PC=（　　　）。

    A. 2000H 　　　　B. 2001H 　　　　C. 2002H 　　　　D. 2003H

5. MCS-51 系列单片机执行完 MOV A,#08H 后，PSW 的（　　　）位被置位。

    A. C 　　　　　　B. F0 　　　　　　C. OV 　　　　　　D. P

6. 89C51 最小系统在执行 ADD A,20H 指令时，首先在 P0 口上出现的信息是（　　　）。

    A. 操作码地址 　　B. 操作码 　　　C. 操作数 　　　　D. 操作数地址

7. 关于 MCS-51 系列单片机的堆栈操作，正确的说法是（　　　）。

    A. 先入栈，再修改栈指针　　　　　　　　B. 先修改栈指针，再出栈

    C. 先修改栈指针，再入栈　　　　　　　　D. 以上都不对

8. 下面（　　　）指令将 MCS-51 系列单片机的工作寄存器置成 3 区。

    A. MOV PSW, #13H　　　　　　　　　　B. MOV PSW, #18H

    C. SETB PSW.4 CLR PSW.3　　　　　　D. SETB PSW.3 CLR PSW.4

9. MCS-51 系列单片机的相对转移指令的最大负跳距离为（　　　）。

    A. 2 KB　　　　　　　B. 128 B　　　　　　C. 127 B　　　　　　D. 256 B

10. MOV C,#00H 的寻址方式是（　　　）。

    A. 位寻址　　　　　　B. 直接寻址　　　　　C. 立即寻址　　　　　D. 寄存器寻址

11. 以下运算中对溢出标志位 OV 没有影响或不受 OV 影响的运算是（　　　）。

    A. 逻辑运算　　　　　　　　　　　　　　B. 符号数加减法运算

    C. 乘法运算　　　　　　　　　　　　　　D. 除法运算

12. 在算术运算中，与辅助进位位 AC 有关的是（　　　）。

    A. 二进制数　　　　　　　　　　　　　　B. 八进制数

    C. 十进制数　　　　　　　　　　　　　　D. 十六进制数

13. 假定设置堆栈指针 SP 的值为 37H，在进行子程序调用时把断点地址进栈保护后，SP 的值为（　　　）。

    A. 36H　　　　　　　B. 37H　　　　　　C. 38H　　　　　　D. 39H

14. 在相对寻址方式中，"相对"两字是指相对于（　　　）。

    A. 地址偏移量 rel　　　　　　　　　　　B. 当前指令的首地址

    C. 当前指令的末地址　　　　　　　　　　D. DPTR 值

15. MOVX A, @DPTR 指令中源操作数的地址寻址方式是（　　　）。

    A. 寄存器寻址　　　　　　　　　　　　　B. 寄存器间接寻址

    C. 直接寻址　　　　　　　　　　　　　　D. 立即寻址

16. 指令 AJMP 的跳转范围是（　　　）。

    A. 256 B　　　　　　B. 1 KB　　　　　　C. 2 KB　　　　　　D. 64 KB

17. 下列指令中错误的是（　　　）。

    A. MOV A, R4　　　　　　　　　　　　　B. MOV 20H, R4

    C. MOV R4, R3　　　　　　　　　　　　D. MOV @R4, R3

18. 要访问 MCS-51 系列单片机的特殊功能寄存器应使用的寻址方式是（　　　）。

    A. 寄存器间接寻址　　B. 变址寻址　　　　　C. 直接寻址　　　　　D. 相对寻址

## 二、问答题

1. 汇编语言有多少条指令？指令的格式分别是什么？

2. MCS-51 系列单片机中有多少寻址方式？

3. 带进位加的加法指令和不带进位加的加法指令有何区别？乘法指令的积的高位和低位存放在什么位置？

4. 除法指令碰到除数为零时，单片机通过什么标识识别？

5. 无条件转移指令跳转有范围吗？有条件转移指令跳转有范围吗？

6. 如何区别位操作指令和一般指令？

7. 为什么伪指令不是真正的指令？

8. 什么是机器语言？什么是汇编语言？什么是高级语言？

9. 汇编语言的特点是什么？

10. 如何画程序流程图？

11. 何为顺序结构？何为分支结构？何为循环结构？

12. 汇编程序标准化程序结构如何划分？

13. 汇编程序标准化程序定义部分从哪里开始到哪里结束？

14. 汇编程序标准化程序存放从哪里开始？

15. 汇编程序标准化程序的主程序初始化从哪里开始到哪里结束？

16. 汇编程序标准化程序的主程序循环体从哪里开始到哪里结束？

17. 汇编程序标准化程序主子程序如何确定？

18. 汇编程序标准化程序子子程序如何确定？

## 三、程序分析题

1. 在 8051 片内 RAM 中，已知(30H)=38H，(38H)=40H，(40H)=48H，(48H)=90H。请分析下面按顺序执行每条指令后的结果。

```
MOV  A,40H;           _____
MOV  R0,A;            _____
MOV  P1,#FOH;         _____
MOV  @R0,30H;         _____
MOV  DPTR,#3848H;     _____
MOV  40H,38H;         _____
MOV  R0,30H;          _____
MOV  P0,R0;           _____
MOV  18H,#30H;        _____
MOV  A,@R0;           _____
MOV  P2,P1;           _____
```

2. 设 R0 的内容为 32H，A 的内容为 40H，片内 RAM 的 32H 单元内容为 80H，40H 单元内容为 08H。请指出按顺序执行下列程序后，上述各单元内容的变化。

```
MOV  A,@R0   ;(A) =      (R0) =      (32H)=      (40H)=
MOV  @R0,40H ;(A) =      (R0) =      (32H)=      (40H)=
MOV  40H,A   ;(A) =      (R0) =      (32H)=      (40H)=
MOV  R0,#35H ;(A) =      (R0) =      (32H)=      (40H)=
```

3. 阅读下列程序段并回答问题。

```
CLR  C
MOV  A,#9AH
SUBB A,60H
ADD  A,61H
DA   A
MOV  62H,A
```

运行程序后，(62H)=？

① 该程序执行何种操作？

② 已知初值(60H)=23H，(61H)=61H。

4. 如果 DPTR=507BH，SP=32H，(30H)=50H，(31H)=5FH，(32H)=3CH，则执行下列指令后：

```
POP    DPH
```

```
POP    DPL
POP    SP
```
DPH=（  ），DPL=（  ），SP=（  ）？

5. 写出下面程序的执行结果。
```
MOV   R3,#05H
      CLR  A
LOOP: ADD  A,R3
      DJNZ R3,LOOP
      SJMP $
```
用文字说明这个程序的功能是什么？运行程序后，（A）=？

6. 下列程序段的功能是什么？
```
PUSH A
PUSH B
POP  A
POP  B
```

## 四、编程应用题

1. 补写程序：将片外 RAM 2000H 开始连续 5 个单元的数据传送到片内 RAM 20H 开始的 5 个单元中。
```
MAIN:   MOV   DPTR,#2000H
        MOV   R1,#20H
        MOV   R0,#05H
LOOP:   MOVX  A,@DPTR
        MOV   @R1,A



        RET
```
2. 补写程序：将片外数据存储器中 7000H～70FFH 单元全部清 0。
```
        ORG  1000H
        MOV  DPTR,#7000H
        CLR  A
        MOV  R0,#0FFH
LOOP:



        SJMP $
```
3. 按本书介绍的共识标准汇编编程方式写出本章项目引入"单片机最小应用系统的使用"的程序结构图。

# 第4章

## MCS-51 系列单片机的中断系统及计数定时器

### 导读

实际应用的单片机系统经常使用中断以及定时器/计数器系统。这两大系统是单片机的核心部分。本章通过引入项目——LED 点阵屏的动态显示,学习 MCS-51 系列单片机中断以及定时器/计数器系统的工作原理及其应用。

### 知识目标

① 理解中断的基本概念。
② 掌握中断系统。
③ 掌握中断的设定。
④ 掌握 8×8 点阵的原理及静态和动态的汇编编程。

### 技能目标

① 会使用 Keil 或伟福等通用单片机编程软件对 LED 点阵屏的动态显示的程序进行编辑,生成扩展名为 hex 的烧录文件。
② 能使用 Proteus 仿真软件构造 LED 点阵屏的动态显示电路并进行仿真。

### 实物图示例

图 4-1 为单片机 8×8 LED 点阵屏应用电路实物图。

图 4-1　单片机 8×8 LED 点阵屏应用电路实物图

# 4.1 项目引入：LED 点阵屏的动态显示

## 项目说明

利用 MCS-51 系列单片机的 P1 口和 P2 口连接 8×8 LED 点阵屏，其中，P2 口通过限流电阻器再接到点阵屏。P1 口输出显示信号，P2 口输出扫描信号，如图 4-2 所示。

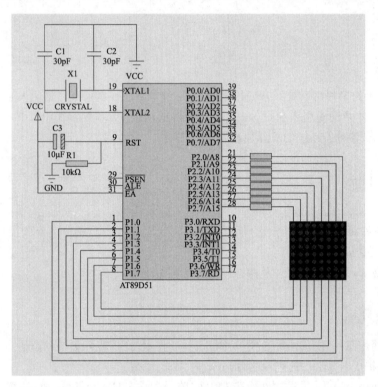

图 4-2  LED 点阵屏

### 1. 项目功能

电子广告屏在日常生活中随处可见，其中 LED 点阵屏最为普通，价格也最为低廉。电子广告屏的屏幕面积大小用点数表示，8×8 LED 点阵屏是一种 64 点的小点阵屏。本项目的目标就是让学生通过学习简单的 8×8 LED 点阵屏显示，来认识 LED 电子广告屏的编程。要完成的任务是用单片机连接 8×8 LED 点阵屏，动态地由上至下显示一箭头。

### 2. 设备与器件

设备：计算机、单片机烧入器、自制单片机应用电路板或单片机实验设备、5 V 稳压电源。

器件：STC 单片机、8×8 LED 点阵屏。

## 教学目标

通过项目，让初学者学习单片机的中断、定时器/计数器系统的应用及汇编编程。

## 工作任务

① 使用 Keil 或伟福等通用单片机编程软件对项目给出的程序进行编辑，生成扩展名为 hex 的烧录文件，再利用 Proteus 仿真软件进行仿真演示。

② 利用单片机烧录软件将 hex 文件烧入单片机，使用自制单片机应用电路板或单片机实验设备实现项目既定要求。

## 相关资料

本项目给出参考电路原理图和源程序，其中电路图如图 4-2 所示。

参考源程序如下：

```
;------------------------------------
; 程序定义部分
;------------------------------------
SJJS EQU    30H   ;时间计数（本程序时间常数设置为 250，意味着执行 250 次 4ms 的定
时中断）
HJS  EQU    31H   ;行计数（用 0 到 7 这个数字表示第 1 到第 8 行扫描）
PYL  EQU    32H   ;偏移量（偏移量实际上是一个指示第一行到最后一行显示数据的指针，
                  ;每行显示数据显示 1 幅图，本程序有 16 行显示数据，数据设置为 16。
                  ;由于 1 字节最大数为 256，因此最大显示数据行数=256/8=32 行，超
                  ;过 32 幅图，后面的图不能显示。）
;------------------------------------
; 程序开始及主程序跳转
;------------------------------------
ORG   0000H
LJMP  START
;------------------------------------
; 中断及中断服务程序 T0 跳转
;------------------------------------
ORG   000BH               ;中断 T0 入口
LJMP  TIME_INT
;------------------------------------
; 程序初始化部分
;------------------------------------
ORG   0100H
START:
        MOV    TMOD,#01H     ;设置定时方式 1
        MOV    TH0,#0F0H     ;设置定时器 T0 的计数初值，高位送 F8H,低位送
30H。
        MOV    TL0,#60H
        SETB   ET0           ;开 T0 中断
        CLR    PT0
        SETB   EA            ;开 CPU 总中断
        SETB   TR0           ;时间计数器开
;------------------------------------
; 主程序循环体部分
;------------------------------------
        SJMP   $             ;等待中断
;------------------------------------
```

```
; T0 中断服务程序
;----------------------------------------
ORG    0200H
TIME_INT:
MOV    TH0,#0F0H          ;重新设置定时器 T0 的计数初值，高位送 F8H,低位送 30H
MOV    TL0,#60H
MOV    DPTR,#TAB1         ;取行码（阴极码）即扫描信号，将扫描信号状态表首地址传送给
                         ;DPTR。(MOV DPTR, #TAB1; MOV A,HJS; MOVC A,@A+DPTR;
                         ;MOV P2,A 这 4 条指令就是将对应的行扫描信号取出来)
MOV    A,HJS
MOVC   A,@A+DPTR          ;查表取扫描信号
MOV    P2,A              ;输出行扫描信号
MOV    A,PYL             ;将偏移量赋值给 A，指向对应显示数据行。
MOV    B,#8
MUL    AB
ADD    A,HJS             ;修正要取的显示数据地址
MOV    DPTR,#TAB          ;取列码（阳极码）即显示信号，将显示信号状态表首地址传送给
                         ;DPTR
MOVC   A,@A+DPTR          ;查表取显示信号
MOV    P1, A             ;输出显示信号
INC    HJS
MOV    A,HJS
CJNE   A,#8,NEXT         ;判断中断是否等于 8 次，等于 8 次 HJS 回零；不等于 8 次，HJS
                         ;继续等待下一次中断加 1
MOV    HJS,#00H
NEXT:
INC    SJJS
MOV    A,SJJS
CJNE   A,#250,LP         ;判断中断是否等于 250 次，等于 250 次 SJJS 回零，完成一行显
                         ;示数据（1 幅图）1s 的定时显示；不等于 250 次，SJJS 继续等
                         ;待下一次中断加 1
MOV    SJJS,#00H
INC    PYL
MOV    A, PYL
CJNE   A,#16,LP          ;判断中断是否等于 16 次，等于 16 次 PYL 回零，完成 16 行显
                         ;示数据（16 幅图）显示；不等于 16 次，PYL 继续等待下一次
                         ;中断加 1
MOV    PYL,#00H
LP:    RETI              ;中断返回
ORG 0300H                ;表格
TAB1:DB 0FEH,0FDH,0FBH,0F7H,0EFH,0DFH,0BFH,07FH  ;扫描信号数据表
TAB: DB 00H,00H,00H,00H,00H,00H,00H,18H            ;显示数据表(共16行,16幅图)
     DB 00H,00H,00H,00H,00H,00H,18H,3CH
     DB 00H,00H,00H,00H,00H,18H,3CH,7EH
     DB 00H,00H,00H,00H,18H,3CH,7EH,0DBH
     DB 00H,00H,00H,18H,3CH,7EH,0DBH,99H
     DB 00H,00H,18H,3CH,7EH,0DBH,99H,18H
     DB 00H,18H,3CH,7EH,0DBH,99H,18H,18H
     DB 18H,3CH,7EH,0DBH,99H,18H,18H,18H
     DB 3CH,7EH,0DBH,99H,18H,18H,18H,00H
```

```
    DB  7EH,0DBH,99H,18H,18H,18H,00H,00H
    DB  0DBH,99H,18H,18H,18H,00H,00H,00H
    DB  99H,18H,18H,18H,00H,00H,00H,00H
    DB  18H,18H,18H,00H,00H,00H,00H,00H
    DB  18H,18H,00H,00H,00H,00H,00H,00H
    DB  18H,00H,00H,00H,00H,00H,00H,00H
    DB  00H,00H,00H,00H,00H,00H,00H,00H
END
```

## 项目实施

① 使用伟福 6000 通用单片机编程软件对项目给出的程序进行编辑。

② 生成扩展名为 hex 的烧录文件。

③ 利用 Proteus 仿真软件建立仿真电路如图 4-2 所示。

④ 利用 Proteus 仿真软件对建立好的图 4-2 电路进行仿真，仿真效果如图 4-3 所示。

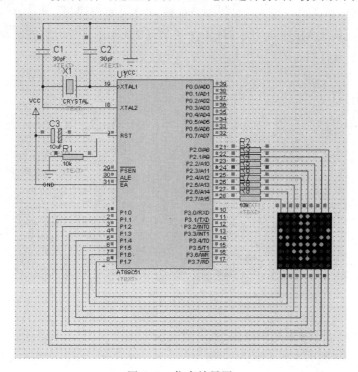

图 4-3　仿真效果图

# 4.2　单片机中断系统的相关知识

　　LED 点阵屏项目涉及的相关知识是中断系统和定时器/计数器系统两方面的内容，下面根据项目引入的需求来介绍这些内容。

## 4.2.1　中断系统

### 1. 中断

什么是中断？假设你正在家中看书，突然电话铃响了，你马上放下书，去接听电话，接完电话后再挂机，回来继续看书。这就是生活中的"中断"现象，就是正常的工作过程被外部事件打断了。

同样，单片机具有实时处理能力，能对外界发生的异常事件进行及时处理，这是依靠单片机中断系统来实现的。

当单片机正在顺序执行程序时，外部发生的某一异常请求单片机迅速去处理，于是，单片机暂时中断现行的程序，转去处理异常事件。处理完该事件以后，再回到被中断的地方继续执行原来的程序。这一处理过程称为中断。中断过程如图 4-4 所示。

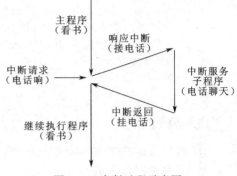

图 4-4　中断过程示意图

### 2. MCS-51 系列单片机中断系统结构

MCS-51 系列单片机中断系统有 5 个中断源，2 级中断优先级，可实现 2 级中断服务嵌套。整个中断系统由定时器/计数器控制寄存器（TCON）、中断允许控制寄存器（IE）、中断优先级控制寄存器（IP）及内部硬件查询电路组成，如图 4-5 所示。

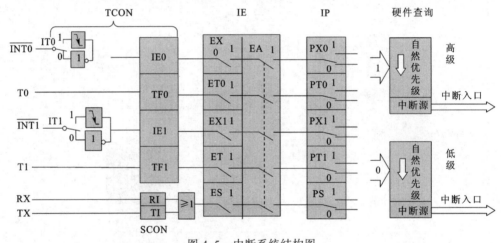

图 4-5　中断系统结构图

### 3. MCS-51 系列单片机中断源

引起单片机中断的根源（事件），称为中断源。8051 单片机共有 5 个中断源，2 个外部中断源 $\overline{INT0}$、$\overline{INT1}$，2 个片内定时器/计数器 T0、T1，溢出中断 TF0、TF1，一个串行口发送与接收中断 TI（RI）。

① $\overline{INT0}$——外部中断 0 请求信号输入引脚，即 P3.2 引脚。可由 IT0 选择其为低电平有效还是下降沿有效。当单片机检测到 P3.2 引脚上出现有效的中断信号时，中断标志位 IE0 置 1，表示有一个中断请求，向单片机申请中断。

② $\overline{INT1}$——外部中断 1 请求信号输入引脚，即 P3.3 引脚。可由 IT1 选择其为低电平有效还是下降沿有效。当单片机检测到 P3.3 引脚上出现有效的中断信号时，中断标志位 IE1 置 1，表示有一个中断请求，向单片机申请中断。

③ TF0——定时器/计数器 T0 溢出中断请求标志。当定时器/计数器 T0 发生溢出时，置位 TF0，并向单片机申请中断。

④ TF1——定时器/计数器 T1 溢出中断请求标志。当定时器/计数器 T1 发生溢出时，置位 TF1，并向单片机申请中断。

⑤ TI（RI）——串行口中断请求标志。当串行口发送完或接收完一帧数据时，则置位 TI（RI），并向单片机申请中断。

### 4．MCS-51 系列单片机中断控制

在中断系统中，允许哪些中断源产生中断，采用哪种触发方式，中断优先级如何确定等，主要由几个与中断有关的 SFR 规定。它们包括：定时器/计数器控制寄存器 TCON、串行口控制寄存器 SCON、中断允许控制寄存器 IE、中断优先级控制寄存器 IP。

（1）定时器/计数器控制寄存器 TCON

定时器/计数器控制寄存器 TCON 的字节地址为 88H，可进行位寻址，它包括 2 个定时器/计数器的溢出中断标志 TF0、TF1，2 个外部中断 $\overline{\text{INT0}}$、$\overline{\text{INT1}}$ 的中断标志 IE0、IE1 及 2 个外部中断 $\overline{\text{INT0}}$、$\overline{\text{INT1}}$ 的中断触发方式控制位 IT0、IT1，各位定义如下：

| 位 | 7 | 6 | 5 | 4 | 3 | 2 | 1 | 0 |
|---|---|---|---|---|---|---|---|---|
| TCON | TF1 | TR1 | TF0 | TR0 | IE1 | IT1 | IE | IT0 |

① IT0——外部中断 0（$\overline{\text{INT0}}$）触发方式控制位：

a. 若 IT0=1，则将外部中断 $\overline{\text{INT0}}$ 设为边沿触发方式（下降沿有效）。单片机在每个机器周期都检测 $\overline{\text{INT0}}$（P3.2）引脚上的电平，如果检测到该引脚上电平由高电平变为低电平（下降沿），则置 IE0=1，产生中断请求。在边沿触发方式下，单片机响应中断时，由硬件自动清除 IE0 标志。

b. 若 IT0=0，则将外部中断 $\overline{\text{INT0}}$ 设为电平触发方式（低电平有效）。单片机在每个机器周期都检测 $\overline{\text{INT0}}$（P3.2）引脚上的电平，如果检测到该引脚上电平为低电平，则置 IE0=1，产生中断请求。在电平触发方式下，单片机响应中断时，不能由硬件自动清除 IE0 标志，必须通过软件编程清除。

② IE0——外部中断 0（$\overline{\text{INT0}}$）中断请求标志位。IE0=1 时，表示 $\overline{\text{INT0}}$ 申请中断。

③ IT1——外部中断 0（$\overline{\text{INT0}}$）触发方式控制位。其功能与 IT0 相类似。

④ IE1——外部中断 1（$\overline{\text{INT0}}$）中断请求标志位。IE1=1 时，表示 $\overline{\text{INT1}}$ 申请中断。

⑤ TF0——定时器/计数器 T0 的溢出中断标志位。当 T0 计数产生溢出时，由硬件置位 TF0，表示 T0 申请中断。当单片机响应中断时，TF0 由硬件自动清 0。

⑥ TF1——定时器/计数器 T1 的溢出中断标志位。当 T1 计数产生溢出时，由硬件置位 TF1，表示 T1 申请中断。当单片机响应中断时，TF1 由硬件自动清 0。

⑦ TR0、TR——定时器/计数器 T0、T1 的启动控制位，具体功能将在下一章节中介绍。

（2）串行口控制寄存器 SCON

串行口控制寄存器 SCON 的字节地址为 98H，可进行位寻址。它包含 2 个与中断相关的标志位：TI 和 TR。各位定义如下：

| 位 | 7 | 6 | 5 | 4 | 3 | 2 | 1 | 0 |
|---|---|---|---|---|---|---|---|---|
| SCON | | | | | | | TI | RI |

① RI——串行口接收中断请求标志位。当接收完一帧数据时，由硬件置位 RI，表示串行口申请中断。注意：RI 必须由软件编程清 0。

② TI——串行口发送中断请求标志位。当发送完一帧数据时，由硬件置位 TI，表示串行口申请中断。注意：TI 必须由软件编程清 0。

（3）中断允许控制寄存器 IE

单片机对所有中断及某个中断源的开放和屏蔽是由中断允许控制寄存器 IE 控制的各位定义如下：

| 位 | 7 | 6 | 5 | 4 | 3 | 2 | 1 | 0 |
|---|---|---|---|---|---|---|---|---|
| IE | EA | | | ES | ET1 | EX1 | ET0 | EX0 |

① EX0——外部中断 0（$\overline{INT0}$）中断允许控制位：

a. EX0=0，禁止 INT0 中断；

b. EX0=1，允许 INT0 中断。

② ET0——定时器/计数器 T0 中断允许控制位：

a. ET0=0，禁止 T0 中断；

b. ET0=1，允许 T0 中断。

③ EX1——外部中断 1（$\overline{INT1}$）中断允许控制位：

a. EX1=0，禁止 INT1 中断；

b. EX1=1，允许 INT1 中断。

④ ET1——定时器/计数器 T1 中断允许控制位：

a. ET1=0，禁止 T1 中断；

b. ET1=1，允许 T1 中断。

⑤ ES——串行中断允许控制位：

a. ES=0，禁止串行口中断；

b. ES=1，允许串行口中断。

⑥ EA——中断允许总控制位：

a. EA=0，屏蔽所有中断请求；

b. EA=1，单片机开放中断。

（4）中断优先级控制寄存器 IP

8051 单片机有 2 级中断优先级，每个中断源的优先级都可以通过中断优先级控制寄存器 IP 中的相应位来设定，IP 寄存器的字节地址为 D8H。各位定义如下：

| 位 | 7 | 6 | 5 | 4 | 3 | 2 | 1 | 0 |
|---|---|---|---|---|---|---|---|---|
| IP | | | | PS | PT1 | PX1 | PT0 | PX0 |

① PX0——外部中断 INT0 优先级设定位：

a. PX0=0，$\overline{INT0}$ 中断为高优先级；

b. PX0=1，$\overline{INT0}$ 中断为低优先级。

② PT0——定时器/计数器 T0 中断优先级设定位：

a. PT0=0，T0 中断为高优先级；

b. PT0=1，T0 中断为低优先级。

③ PX1——外部中断 $\overline{INT1}$ 优先级设定位：

a. PX1=0，$\overline{INT1}$ 中断为高优先级；

b. PX1=1，$\overline{INT1}$ 中断为低优先级。

④ PT1——定时器/计数器 T1 中断优先级设定位：

a. PT1=0，T1 中断为高优先级；

b. PT1=1，T1 中断为低优先级。

⑤ PS——串行口中断优先级设定位：

a. PS=0，串行口中断为高优先级；

b. PS=1，串行口中断为低优先级。

系统复位后，IP=00H，即所有的中断源设置都为低优先级中断。

由于 MCS-51 系列单片机具有 2 级中断优先级，因此它具备 2 级中断服务嵌套的功能。其中断优先级的控制规则如下：

① 低优先级中断请求不能打断高优先级的中断服务，但高优先级中断请求可以打断低优先级的中断服务，从而实现中断嵌套。

② 如果一个中断请求已被响应，则同级的其他中断服务将被禁止，即同级中断不能嵌套。

③ 如果同一优先级的多个中断请求同时出现，则有中断优先权排队问题，单片机将按自然优先级顺序确定响应哪个中断。其自然优先级排列顺序见表 4-1。

表 4-1　自然优先级排列顺序

| 中　断　源 | 中　断　标　志 | 中断服务程序入口地址 | 优先级顺序 |
|---|---|---|---|
| 外部中断 0（$\overline{INT0}$） | IE0 | 0003H | 高 |
| 定时器/计数器 0（T0） | TF0 | 000BH | ↓ |
| 外部中断 1（$\overline{INT1}$） | IE1 | 0013H | ↓ |
| 定时器/计数器 1（T1） | TF1 | 001BH | ↓ |
| 串行口 | RI 或 TI | 0023H | 低 |

### 5. 中断处理过程

MSC-51 系列单片机中断处理过程可分为中断响应、中断服务和中断返回 3 个过程。

（1）中断响应

① 中断响应条件。单片机响应中断的条件如下：

a. 有中断源发出中断请求；

b. EA=1，即 CPU 开中断；

c. 此中断源的中断允许控制位为 1。

同时满足上述 3 个条件，单片机才会响应中断。

② 中断响应过程。在响应条件满足的情况下，单片机首先置位优先级状态触发器，以阻断同级和低级的中断，接着再执行由硬件产生的长调用指令 LCALL。该指令将程序计数器 PC 的内容压入堆栈保护起来，然后将对应的中断入口地址装入程序计数器 PC，使单片机转去执行从该中断入口地址开始的中断服务程序。与中断源相对应的中断入口地址见表 4-1。

这 5 个中断源的中断入口地址之间，相互间隔仅 8 字节单元，一般情况下，不足以容纳一个中断服务程序。通常在中断入口处安排一个跳转指令，跳到安排在其他地址空间的中断服务程序入口处，例如：

```
ORG 000BH
LJMP TIMER_INT0
```

在上述实例中，在定时器/计数器 T0 的中断入口地址放置了一个长跳转指令，这样，实际上将定时器/计数器 T0 的中断服务程序安排在符号地址 TIMER_INT0 开始的地址空间。

（2）中断服务

CPU 响应中断后，即转至中断服务程序的入口，从中断服务程序的第一条指令开始到中断返回指令为止，这个过程称为中断处理程序或中断服务。中断服务主要对中断源的具体要求进行处理，执行用户编制的中断服务程序。用户在编制中断服务程序时应注意以下几点：

① 各个中断源的中断入口地址之间，只相隔 8 字节单元，难以容纳中断服务程序，通常是在中断入口地址单元存放一条长跳转指令 LJMP，这样可以将中断服务程序灵活地安排在其他程序存储空间。

② 若要执行当前中断服务程序时禁止更高优先级中断（避免中断嵌套），则需要通过软件关闭 CPU 中断，屏蔽更高级中断源的中断请求，在中断返回之前再开放中断。

③ 在中断服务程序中，首先要用软件保护现场。在中断服务之后、中断返回之前恢复现场，以防止中断返回后丢失原寄存器的内容。保护现场的功能主要是通过入栈操作与工作寄存器组切换来实现。

（3）中断返回

中断服务程序的最后一条指令必须是中断返回指令 RETI。这条指令的功能是：将对应中断的优先级触发器清 0，结束中断服务程序执行，返回到曾经被中断过的断点处继续执行主程序。

小知识

### 常见保护与恢复现场的中断服务程序构架

```
PUSH    ACC          ;将累加器 A 的内容压入堆栈保护
PUSH    PSW          ;将程序状态寄存器 PSW 内容压入堆栈保护
SETB    RS0
CLR     RS1          ;切换工作寄存器组到 1 组
...
POP     PSW          ;出栈，恢复 PSW 的内容，同时也恢复工作寄存器组号
POP     ACC          ;出栈，恢复累加器 A 的内容
RETI
```

### 6. 中断系统应用的初始化

当单片机系统复位后，与中断控制有关寄存器的值基本上均为零。因此，在利用中断系统之前，必须通过软件编程对中断有关的寄存器进行初始化。中断系统初始化编程主要包括如下几个方面：

① 确定允许哪些中断源产生中断（给 IE 赋初值）；

② 确定中断优先级（给 IP 赋初值）；

③ 若允许外部中断，须确定外部中断触发方式（给 IT0、IT1 赋初值）；

④ 开启总中断运行控制位（EA=1）。

下面通过一个例子来说明中断系统应用的初始化编程方法。

例 4-1  要求外部中断 $\overline{INT0}$ 中断允许，中断优先级为高，下降沿触发方式，外部中

断 $\overline{INT1}$ 禁止中断，试编写中断初始化程序。

**解：**

中断初始化编程思路如下：

① 确定允许哪些中断源产生中断。由题意，外部中断 $\overline{INT0}$ 中断允许，则 EX0=1；外部中断 $\overline{INT1}$ 中断禁止，则 EX1=0。

由于中断允许控制寄存器 IE 可以位寻址，既可以用字节寻址方式给 IE 赋值，也可以通过位寻址方式给相应中断运行控制位赋值。一般来说，用位寻址方式更为有效。

② 确定中断优先级。外部中断 $\overline{INT0}$ 中断优先级为高，故 PX0=1。

③ 确定外部中断触发方式。外部中断 $\overline{INT0}$ 为下降沿触发方式，故 IT0=1。

④ 开启总中断允许控制位。开启总中断允许控制位，EA=1。

完成上述功能的中断初始化程序如下：

```
INT_INIT:
SETB  EX0        ; INT0 中断允许，EX0=1
CLR   EX1        ; INT1 禁止中断，EX1=0
SETB  PX0        ; INT0 中断优先级为高，PX0=1
SETB  IT0        ; INT0 下降沿触发，IT0=1
SETB  EA         ; EA=1，CPU 开放中断
```

## 4.2.2　中断控制应用举例

**例 4-2**　在正常情况下，LED 灯灭；当按下按钮 K 时，LED 灯亮并保持 2 s，然后 LED 灯灭。

中断控制实例

**解：**

从图 4-6 中可知，当按下按钮 K 时，$\overline{INT0}$ 引脚与地接通，则 $\overline{INT0}$ 引脚上电平将会发生变化，即由高电平变为低电平（引脚悬空时为高电平），产生下降沿。如果 $\overline{INT0}$ 中断允许，下降沿触发，且已开放中断，则单片机会立即响应中断。

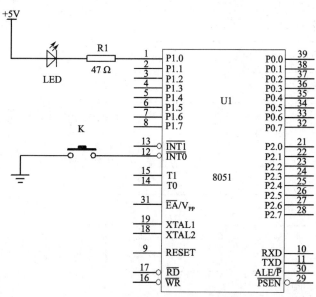

图 4-6　中断系统应用电路图

为了实现按下按钮 K 时 LED 灯亮 2 s，我们可以用中断响应的方式来实现，也就是说按下按钮 K 时，立即产生中断；在中断服务程序中实现 LED 灯亮 2 s。程序流程图如图 4-7 所示。

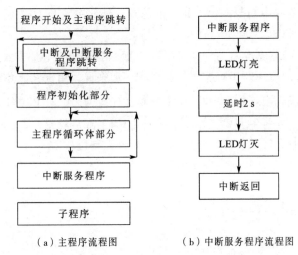

（a）主程序流程图　　　　（b）中断服务程序流程图

图 4-7　例 4-2 程序流程图

根据程序流程图，该任务的程序设计如下：

```
;-------------------------------------------
; 程序开始及主程序跳转
;-------------------------------------------
      ORG   0000H
      LJMP  START
;-------------------------------------------
; 外部中断 INT0 入口
;-------------------------------------------
      ORG   0003H             ;外部中断 INT0 中断入口地址
;-------------------------------------------
; 中断服务程序 T0 跳转
;-------------------------------------------
      LJMP  INT_CHEN          ; …(1)
;-------------------------------------------
; 程序初始化部分
;-------------------------------------------
      ORG   0100H             ;主程序存放在 0100H 开始的单元
START: MOV   SP,#60H
      SETB  EX0               ;开 INT0 中断允许
      SETB  IT0               ;设置 INT0 下降沿触发
      SETB  EA                ;开中断总开关
;-------------------------------------------
; 主程序循环体部分
;-------------------------------------------
LOOP:  SETB  P1.0             ;P1.0=1，LED 灯灭 …(2)
      LJMP  LOOP              ;不断循环，等待中断 …(3)
;-------------------------------------------
; 中断服务程序 T0
;-------------------------------------------
      ORG   0400H             ;中断服务子程序存放在 0400H 开始的单元
```

```
INT_CHEN:
        CLR     P1.0            ;P1.0=0，LED 灯亮…(4)
        LCALL   DELAY_2S        ;调用延时 2s 子程序，此时延时 2s
        SETB    P1.0            ;延时 2s 后，P1.0=1，LED 灯灭
        RETI                    ;中断返回…(5)
;------------------- 延时 2ms 子程序-----------------------------
;输入：无；输出：无；中间变量：R5、R6、R7
;----------------------------------------------------------
        ORG     0500H
DELAY_2S:
        MOV     R5,#40
LOOP1:  MOV     R6,#100
LOOP2:  MOV     R7,#250
LOOP3:  DJNZ    R7,LOOP3        ;如果 R7-1 不等 1，则跳到 LOOP3，等于 1 则执行下面的指令
        DJNZ    R6,LOOP2        ;如果 R6-1 不等 1，则跳到 LOOP2
        DJNZ    R5,LOOP1        ;如果 R5-1 不等 1，则跳到 LOOP1
        RET                     ;子程序返回
        END
```

从图 4-7（a）中的指向线可以看到，程序从程序开始及主程序跳转环节开始进入程序初始化部分，然后进入主程序循环体部分在标号为 02 和 03 这两条指令之间循环执行，让 LED 灯灭。当按下按钮 S，外部中断 $\overline{INT0}$ 就会产生中断申请，此时，CPU 正在主程序循环体部分内执行指令，但执行哪条指令是随机的，可能是标号为 02 的指令，也可能是标号为 03 的指令。CPU 执行完这条指令后，就立即响应中断，硬件自动产生一条调用 LCALL　0003H（不同中断源所调用的中断入口地址不同，这里是 INT_CHEN，中断入口地址为 0003H），将断点地址压入堆栈保护，然后跳到中断入口地址 0003H 处，执行标号为 01 的指令，执行这条转移指令将会跳到标号为 04 的指令处，运行中断服务程序，进行中断处理。在中断服务程序中有一个子程序调用指令 LCALL　DELAY_2S，执行该指令就会令 CPU 控制程序执行从中断服务子程序跳到对应子程序，执行子程序遇到 RET 指令就返回中断服务程序子程序调用指令 LCALL　DELAY_2S 的下一条指令，然后运行到标号为 05 的中断返回指令处，返回到断点处地址。若中断申请时正在执行标号为 02 的指令，则中断返回时接着执行标号为 03 的指令；若中断申请时正在执行标号为 03 的指令，则中断返回时接着执行标号为 03 的指令。

由以上分析，中断响应时指令执行的顺序如下：

① 中断申请时正在执行标号为 02 指令时的顺序为 02—01—04—05—03。

② 中断申请时正在执行标号为 03 指令时的顺序为 03—01—04—05—02。

### 4.2.3　MCS-51 系列单片机定时器/计数器

MCS-51 系列单片机内部共 2 个 16 位的定时器/计数器（T0、T1），它们都具有定时与计数两个功能。

#### 1. 定时器/计数器结构

定时器/计数器的结构图如图 4-8 所示。定时器/计数器的核心是 2 个 16 位加 1 计数器 T0、T1，每个 16 位计数器由 2 个 8 位寄存器（高 8 位和低 8 位）组成，其中 T0 由 TH0 和 TL0 组成，T1 由 TH1 和 TL1 组成。TMOD 是定时器/计数器工作方式寄存器，由它确定 2 个定时器/计数器的工作方式；TCON 是定时器/计数器控制寄存器，控制定时器/计数器 T0、T1 的启动、停止及设置溢出标志。

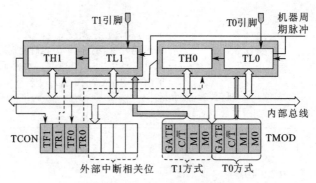

图 4-8　定时器/计数器的结构图

### 2. 定时器/计数器工作原理

定时器/计数器本质上是 16 位加 1 计数器。其计数脉冲有两个来源：一个是机器周期信号（机器周期=12×晶振周期），另一个是由 T0（P3.3 引脚）或 T1（P3.4 引脚）输入的外部脉冲源。

当工作于定时器模式时，计数脉冲源来自机器周期信号。每来一个机器周期信号，计数器就加 1，直到溢出为止。定时时间=机器周期×计数值。例如：若系统时钟频率为 12 MHz 时，机器周期为 1 μs，当计数值为 1 000 时，则定时时间为 1 ms。

当工作于计数器模式时，计数脉冲源来自 T0（P3.3 引脚）或 T1（P3.4 引脚）输入的外部脉冲信号。每输入一个外部脉冲信号，计数器就加 1，直到溢出为止。

小知识

> 定时时间=机器周期×计数值。例如：若系统时钟频率为 12 MHz 时，机器周期为 1 μs，当计数值为 1 000 时，则定时时间为 1ms。

### 3. 定时器/计数器的控制

定时器/计数器的控制主要由两个特殊功能寄存器来确定，其中 TMOD 控制定时器/计数器的工作方式，TCON 控制定时器/计数器的启动及设置溢出标志。

#### （1）工作方式寄存器 TMOD

TMOD 控制 2 个定时器/计数器的工作方式，它的字节地址为 89H，不可以进行位寻址，TMOD 寄存器低 4 位控制 T0，高 4 位控制 T1。各位定义如下：

| 位 | 7 | 6 | 5 | 4 | 3 | 2 | 1 | 0 |
|---|---|---|---|---|---|---|---|---|
| TMOD | GATE | $C/\overline{T}$ | M1 | M0 | GATE | $C/\overline{T}$ | M1 | M0 |

① M1、M0——工作方式选择位。定时器/计数器有 4 种工作方式，由 M1、M0 来定义，见表 4-2。

表 4-2　定时器/计数器有 4 种工作方式

| M1 | M0 | 工 作 方 式 | 功 能 说 明 |
|---|---|---|---|
| 0 | 0 | 方式 0 | 13 位定时器/计数器 |
| 0 | 1 | 方式 1 | 16 位定时器/计数器 |
| 1 | 0 | 方式 2 | 8 位自动重载定时器/计数器 |
| 1 | 1 | 方式 3 | 仅适用 T0，分为 2 个独立 8 位计数器，T1 停止 |

② C/$\overline{T}$——定时器/计数器方式选择位：

a. C/$\overline{T}$=0，为定时模式；

b. C/$\overline{T}$=1，为计数模式。

③ GATE——门控位：

a. GATE=0，只要设置 TR0 或 TR1 为 1，就可以启动定时器/计数器 T0 或 T1 工作。

b. GATE=1，除了要设置 TR0 或 TR1 为 1，同时外部中断引脚 $\overline{INT0}$ 或 $\overline{INT1}$ 须为高电平，才能启动定时器/计数器。

作为一般定时器/计数器用时，该位设置为 0 即可。

（2）定时器控制寄存器 TCON

TCON 控制定时器/计数器的启动及设置溢出标志，它的字节地址为 88H，可以进行位寻址。各位定义如下：

| 位 | 7 | 6 | 5 | 4 | 3 | 2 | 1 | 0 |
|------|-----|-----|-----|-----|---|---|---|---|
| TCON | TF1 | TR1 | TF0 | TR0 |   |   |   |   |

① TR0——定时器/计数器 T0 启动控制位：

a. TR0=1 时，T0 开始工作；

b. TR0=0 时，T0 停止工作；

c. TR0 由软件置 1 或清 0，这样，通过软件编程就可以控制定时器/计数器的启动与停止。

② TF0——定时器/计数器 T0 溢出中断请求标志位。当定时器/计数器 T0 计数产生溢出时，由硬件自动将 TF0 置 1。CPU 响应中断后，TF0 由硬件自动清 0。T0 工作时，CPU 可以随时查询 TF0 的状态，判断 T0 是否计数溢出。

③ TR1——定时器/计数器 T1 启动控制位。其功能与 TR0 相类似。

④ TF1——定时器/计数器 T1 溢出中断请求标志位。其功能与 TF0 相类似。

**4. 定时器/计数器的工作方式**

定时器/计数器 T0 有 4 种工作方式，而 T1 只有 3 种工作方式（无工作方式 3），由于 T0 与 T1 的 3 种工作方式（工作方式 0、1、2）基本相同，下面将以 T0 为例分别介绍这 4 种工作方式。

（1）工作方式 0

当 M1M0=00 时，定时器/计数器工作于工作方式 0。这种工作方式已很少使用，因此，在这里不进行具体介绍。

（2）工作方式 1

当 M1M0=01 时，定时器/计数器工作于工作方式 1，构成 16 位定时器/计数器。图 4-9 是定时器/计数器 T0 工作于工作方式 1 时的逻辑结构图。

16 位的计数器由 2 个 8 位寄存器 TH0 和 TL0 组成。TL0 计数溢出时向 TH0 进位，TH0 计数溢出时，则置位溢出标志 TF0 向 CPU 发出中断请求。

当 T0 为定时模式时（C/$\overline{T}$=0），假设需定时时间为 $t$，$T_{cy}$ 为机器周期，$N$ 为计数次数，则

$$N=t/T_{cy}$$

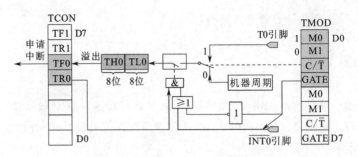

图 4-9    工作方式 1 的逻辑结构图

而计数次数 $N$ 为定时器/计数器从某个初值开始加 1 计数直至溢出时为止所需要的计数次数。设计数初值为 $X$，则计算初值公式为

$$X=2^{16}-N$$

定时时间与计数初值有关，二者关系为

$$X=2^{16}-N=2^{16}-t/T_{cy}$$

当 T0 处于计数方式时，计数脉冲来自 T0（P3.3 引脚）。每来一个脉冲就对 16 位计数器进行加 1 计数，当计数溢出时，则置位溢出标志 TF0 向 CPU 发出中断请求。其中计数次数 $N$ 与计数初值 $X$ 的关系为

$$N=2^{16}-X$$

 小知识

定时时间 $t$ 与计数初值 $X$、机器周期 $T_{cy}$（或晶振频率 $f_{osc}$）有关。在系统晶振频率固定的情况下，计数初值 $X$ 愈大，定时时间 $t$ 就愈短；计数初值 $X$ 愈小，定时时间 $t$ 就愈长。在计数初值 $X$ 不变的情况下，机器周期 $T_{cy}$ 愈大，定时时间 $t$ 愈长；机器周期 $T_{cy}$ 愈小，定时时间 $t$ 就愈短。

例 4-3    要求定时器/计数器 T0 工作于定时模式，工作于工作方式 1，定时时间为 10 ms，试计算装入 TH0 和 TL0 的计数初值为多少？（已知系统时钟晶振频率为 12 MHz）

解：

① 计算机器周期 $T_{cy}$：

$$T_{cy}=12\times\text{时钟周期}=12\times\frac{1}{f_{osc}}=12\times\frac{1}{12\times10^6}\text{ s}=1\times10^{-6}\text{ s}=1\,\mu\text{s}$$

② 计算计数初值：

$$X=2^{16}-N=2^{16}-t/T_{cy}=65\,536-10\times10^{-3}/(1\times10)^{-6}=65\,536-10\,000=55\,536=\text{D8F0H}$$

则送入 TH0 的初值为 D8H，送入 TL0 的初值为 F0H。

（3）工作方式 2

当 M1M0=10 时，定时器/计数器工作于工作方式 2，构成 8 位自动重装初值的定时器/计数器。图 4-10 是定时器/计数器 T0 工作于工作方式 2 时的逻辑结构图。

TH0 为 8 位初值寄存器（用于保存 8 位计数初值），TL0 为 8 位计数器。初始化时，软件编程将计数初值同时送到 8 位寄存器 TH0 和 TL0 中；启动计数器工作后，TL0 开始加 1 计数。当 TL0 计数溢出时，由硬件使 TF0=1，向 CPU 发出中断请求，并将 TH0 中计数初值自动装入 TL0，使 TL0 又从初值开始重新计数，不断重复，周而复始。当 T0

为定时模式时（$C/\overline{T}=0$），定时时间与计数初值的关系为

$$X=2^8-N=2^8-t/T_{cy}$$

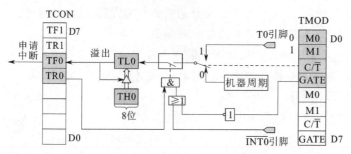

图 4-10　工作方式 2 的逻辑结构图

🔍 小知识

　　要求定时器/计数器 T0 工作于工作方式 2，对 T0 引脚脉冲信号进行计数，每计满 100 个脉冲，就会发生溢出，向 CPU 申请中断，试计算装入 TH0 和 TL0 的计数初值为多少？

　　**解**：计算计数初值

$$X=2^8-N=256-100=156=9CH$$

则送入 TH0 与 TL0 的初值均为 9CH。

（4）工作方式 3

　　当 M1M0=11 时，定时器/计数器工作于工作方式 3，它只适用于定时器/计数器 T0。T0 工作于工作方式 3 时的逻辑结构如图 4-11 所示。

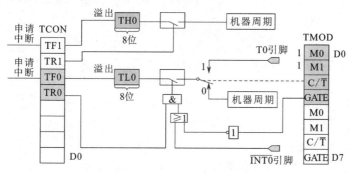

图 4-11　工作方式 3 的逻辑结构图

　　定时器/计数器 T0 设置为工作方式 3 时，TH0 和 TL0 是 2 个独立的 8 位计数器。其中，TL0 既可以作为定时器，也可以作为计数器，它使用 T0 所有的状态控制位 $C/\overline{T}$、GATE、TR0、TF0 及 $\overline{INT0}$ 引脚。当 TL0 计数溢出时，由硬件使 TF0=1，向 CPU 发出中断请求。而 TH0 只能作为一个 8 位定时器使用，它借用定时器/计数器 T0 的状态控制 TR1、TF1，当 TH0 计满溢出时，由硬件使 TF1=1，TH0 的启动和关闭受 TR1 的控制。

　　一般来说，当系统需要由一个定时器（T0）产生串行通信波特率或者需要再增加一个额外 8 位定时器时，才将 T0 设置为工作方式 3。由于此时 T0 借用了 T1 的溢出标志位 TF1，这时 T1 只能工作于工作方式 0、1、2，且只能用作串行口的波特率发生器。对于定时器/计数器 T1 而言，由于不能使用启动控制位 TR1，所以 T1 选定工作方式及写入计数初值后，T1 将自动运行。

**5. 定时器/计数器应用的初始化**

当单片机系统复位后，与定时器/计数器有关的寄存器的值基本上为 0。因此，在利用定时器/计数器进行定时或计数前，必须通过软件编程对它进行初始化。

① 确定 T0、T1 的工作方式，给 TMOD 赋值。

② 计算计数初值，并将初值写入计数寄存器 TH0、TL0 或 TH1、TL1。

③ 如允许 T0、T1 中断，则须对定时器/计数器有关的中断控制位（包括 ET0、ET1、PT0、PT1、EA 等）进行初始化。

④ 启动定时器/计数器，即使 TR0 或 TR1 置位。

下面通过一个例子来说明定时器/计数器初始化编程的方法。

**例 4-4**　要求定时器/计数器 T0 工作于工作方式 1，定时时间为 1 ms，T0 中断允许，低优先级，系统时钟晶振频率为 12 MHz，试编写 T0 初始化程序。

**解：**① 确定工作方式寄存器 TMOD 值。这里只有 T0 工作于工作方式 1（M1M0=01），为定时模式（C/$\overline{T}$=0），GATE 门控位不用，设置为 0。T1 不需要工作，故可将 TMOD 的高 4 位设为 0000。因此 TMOD=0000001B=01H。

| 位 | 7 | 6 | 5 | 4 | 3 | 2 | 1 | 0 |
|---|---|---|---|---|---|---|---|---|
| TMOD | GATE | C/$\overline{T}$ | M1 | M0 | GATE | C/$\overline{T}$ | M1 | M0 |
| | 0 | 0 | 0 | 0 | 0 | 0 | 0 | 0 |

② 计算计数初值 $X$，给 TH0、TL0 赋值：

$$T_{cy} = 12 \times 时钟周期 = 12 \times \frac{1}{f_{osc}} = 12 \times \frac{1}{12 \times 10^6}\, s = 1 \times 10^{-6}\, s$$

$$X = 2^{16} - N = 2^{16} - t/T_{cy} = 65\,536 - 1ms/1\mu s = 65\,536 - 1\,000 = 64\,536 = FC18H$$

由此得：TH0=FCH，TL0=18H。

③ 设置与中断有关的控制位：

T0 中断允许，则 ET0=1；

T0 中断为低优先级，则 PT0=0；

另外，5 个中断源中只要有一个中断允许，就必须开放中断，则 EA=1。

④ 启动定时器/计数器。这里只有 T0 工作，因此，设置 TR0=1。至于 T1 由于题中没有要求，所以无须设置。

完成上述功能的 T0 初始化程序如下：

```
T0_INIT:
    MOV   TMOD,#01H        ;T0 工作于工作方式 1，定时器模式
    MOV   TH0,#0FCH        ;TH0=FCH
    MOV   TL0,#18H         ;TL0=18H
    SETB  ET0             ;ET0=1，T0 中断允许
    CLR   PT0             ;PT0=0，T0 中断为低优先级
    SETB  EA              ;EA=1，CPU 开放中断
    SETB  TR0             ;TR0=1，启动 T0
```

### 4.2.4　定时器/计数器应用举例

**例 4-5**　LED 单灯闪烁（见图 4-12）——利用定时器控制 1 个发光二极管 LED 灯的定时闪烁，闪烁周期为 0.2 s，即 1 个闪烁周期内 LED 灯亮 0.1 s，灭 0.1 s。

解：

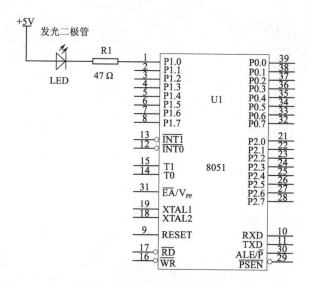

图 4-12　LED 单灯闪烁电路图

编程思路：让 T0 产生 100 ms 定时，每当定时时间到，则产生中断，在 T0 中断服务程序中让 LED 的显示状态翻转（原来为"亮"则变为"灭"，原来为"灭"则变为"亮"），即 P1.0 输出状态翻转。主程序中，首先完成对 T0 的初始化，然后用一条跳转指令循环等待，无须对 LED 灯做任何处理，真正让 LED 灯闪烁的程序在 T0 中断服务程序中。

程序流程图如图 4-13 所示。

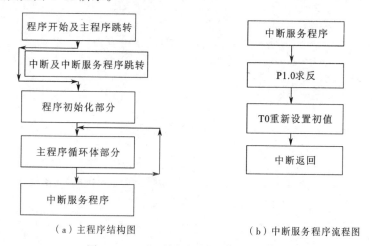

（a）主程序结构图　　　　　　　　（b）中断服务程序流程图

图 4-13　LED 单灯闪烁程序流程图

假设单片机的时钟频率为 6 MHz，机器周期 $T_{cy}=2$ μs，0.1 s 定时所需要的计数初值为

$$X=2^{16}-N=2^{16}-t/T_{cy}=65\,536-100\ \text{ms}/2\ \text{μs}=65\,536-50\,000=15\,536=3\text{CB0H}$$

由此得：TH0=3CH，TL0=B0H。

程序清单如下：

```
;-----------------------------------
; 程序开始及主程序跳转
```

```
;------------------------------------------------
ORG  0000H
        LJMP START
;------------------------------------------------
; 中断 T0 入口
;------------------------------------------------
        ORG  000BH         ;定时器 T0 中断入口地址
;------------------------------------------------
; 中断服务程序 T0 跳转
;------------------------------------------------
        LJMP TIME_CHEN
;------------------------------------------------
; 程序初始化部分
;------------------------------------------------
        ORG  0100H         ;主程序存放在 0100H 开始的单元
START:  MOV  SP,#60H
        MOV  TMOD,#01H     ; 设置定时方式 1
        MOV  TH0,#3CH      ;设置定时器 T0 的计数初值，高位送 3CH,低位送 B0H
        MOV  TL0,#0B0H
        SETB ET0           ;ET0=0,定时器 T0 中断允许
        CLR  PT0           ;PT0=0，T0 中断为低优先级
        SETB EA            ;开中断总开关
        SETB TR0           ;TR0=1，启动定时器 T0
        CLR  P1.0          ;P1.0=0，先将 LED 灯点亮
;------------------------------------------------
; 主程序循环体部分
;------------------------------------------------
LOOP:   LJMP LOOP          ;不断在这条指令中循环运行，等待中断
;------------------------------------------------
; 中断服务程序 T0
;------------------------------------------------
        ORG  0400H         ;中断服务子程序存放在 0400H 开始的单元
TIME_CHEN:
        CPL  P1.0          ;P1.0 取反，LED 灯改变显示状态
        MOV  TH0,#3CH      ;重新设置定时器 T0 的计数初值，高位送 3CH,低位送 B0H
        MOV  TL0,#0B0H
        RETI               ;中断返回
        END
```

## 4.2.5  中断、定时器/计数器综合应用举例——LED 点阵广告屏

LED 点阵广告屏是一种现代电子媒体，它灵活的显示面积（可分割、任意拼装）、高亮度、长使用寿命、大容量、数字化、实时性的特点，是其他任何一种媒体所不可替代的。LED 点阵广告屏充分运用现代信息技术，将声、光、电、机等学科整合并完美组合，是集视频、动画、字幕、图片于一体的高科技信息发布的终端产品。LED 显示屏还可延伸到网络、通信、综合布线、监控、广播等弱电系统。

### 1．LED 点阵原理

LED 点阵广告屏外形如图 4-14 所示，内部结构如图 4-15 所示；8×8 点阵共由 64 个发光二极管组成，且每个发光二极管是放置在行线和列线的交叉点上，当对应的某一列置高电平，某一行置低电平，则相应的二极管就亮；如要将第 1 个点点亮，则列 7 引脚接高电平行 7 引脚接低电平，则第 1 个点就亮了；如果要将第 1 行点亮，则行 7 引脚要接低电平，而列 0 至列 7 这些引脚接高电平，那么第 1 行就会点亮；如要将第 1 列点亮，则列 7 引脚接低电平，而行 0 至行 7 引脚接低电平，那么第 1 列就会点亮。

图 4-14　LED 点阵广告屏外形　　　　图 4-15　LED 点阵广告屏内部结构图

**例 4-6**　编程实现 LED 点阵静态显示箭头形状，如图 4-16 所示。

**解：**

编程思路：单片机与 8×8 点阵 LED 连接一般采用阵列方式，即将 8×8 点阵 LED 内部与发光二极管阴极相连的 8 个引脚（称为行阵）与单片机的一个口连接，另外与发光二极管阳极相连的 8 个引脚（称为列阵）与单片机的另一个口连接。LED 显示箭头形状的内部状态如图 4-17 所示，与单片机的连接如图 4-18 所示。

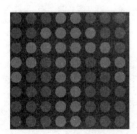

图 4-16　LED 点阵显示箭头图形

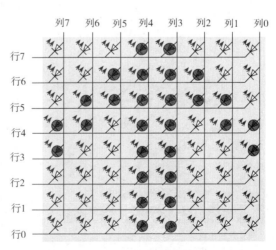

图 4-17　LED 内部状态图

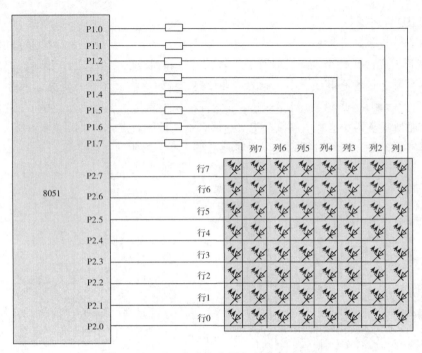

图 4-18　LED 点阵广告屏与单片机的连接

## 2．LED 阵列显示

LED 阵列显示是采用扫描的方式，首先将所要显示的文字按每行拆解成多组显示信号。对于一个 8×8 LED 阵列而言，若要显示图 4-16 所示"箭头"，则可将各行显示数据按显示数据编码的顺序，一行一行地显示。以高电平扫描为例，若要显示第 8 行，则先将第 8 行的显示数据（0001 1000）送至 LED 阵列的列引脚，再将"0111 1111"扫描信号送至 LED 阵列的行引脚，即可显示第 8 行，此时其他行并不显示。同样地，若要显示第 7 行，则先将第 7 行的显示数据（0011 1100）送至 LED 阵列的列引脚，再将"1011 1111"扫描信号送至 LED 阵列的行引脚，即可显示第 7 行，此时其他行并不显示，依次类推，如图 4-19 所示。

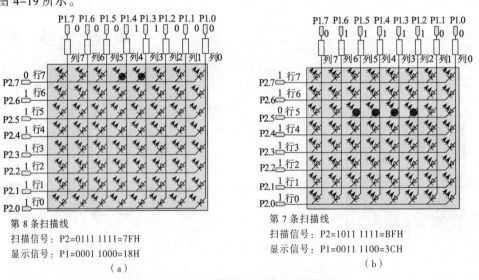

图 4-19　LED 点阵各行、列显示状态图

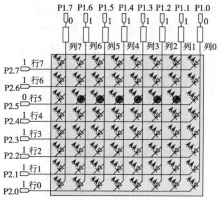

第 4 条扫描线

扫描信号：P2=1101 1111=DFH

显示信号：P1=0111 1110=7EH

（c）

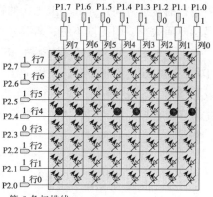

第 5 条扫描线

扫描信号：P2=1110 1111=EFH

显示信号：P1=1101 1011=DBH

（d）

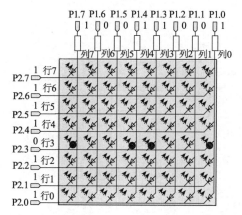

第 4 条扫描线

扫描信号：P2=1111 0111=F7H

显示信号：P1=1001 1001=99H

（e）

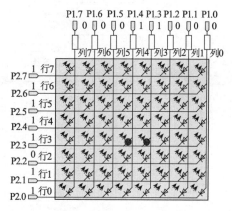

第 3 条扫描线

扫描信号：P2=1111 1011=FBH

显示信号：P1=0001 1000=18H

（f）

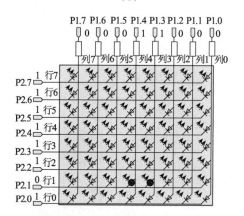

第 2 条扫描线

扫描信号：P2=1111 1101=FDH

显示信号：P1=0001 1000=18H

（g）

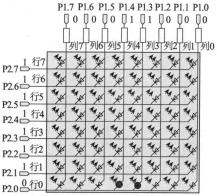

第 1 条扫描线

扫描信号：P2=1111 1110=FEH

显示信号：P1=0001 1000=18H

（h）

图 4-19　LED 点阵各行、列显示状态图（续）

　　每行的显示时间约 4 ms，由于人的视觉暂留现象，将感觉到 8 行 LED 是在同时显示，若显示时间太短，则亮度不够；若显示时间太长，将会感觉到闪烁。

　　由上面的分析可知，在程序设计中，需要用到定时和中断，因此，本任务是用定时器 T0 产生 4 ms 的定时中断，使用工作方式 1；在每一次中断服务子程序中切换显示信号以及扫描信号，8 次中断完成 1 个显示周期。程序流程图如图 4-20 所示，其中图 4-20（a）为主程序流程图，图 4-20（b）为中断服务程序流程图。

　　假设单片机的时钟频率为 6 MHz，机器周期 $T_{cy}=2$ μs，4 ms 定时所需要的计数初值为
$$X=2^{16}-N=2^{16}-t/T_{cy}=65\,536-4\,ms/2\,\mu s=65\,536-2\,000=63\,536=F830H$$
由此得：TH0=F8H，TL0=30H。

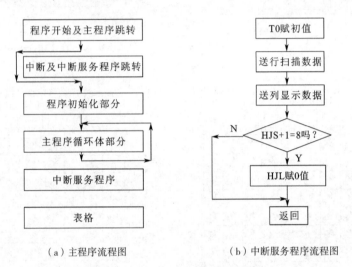

（a）主程序流程图　　　　　　　　　（b）中断服务程序流程图

图 4-20　LED 点阵程序流程图

程序清单如下：

```
;------------------------------------------
;  程序定义部分
;------------------------------------------
HJS  EQU  31H      ;行计数（用 0 到 7 这 8 个数字表示第 1 行到第 8 行扫描）
;------------------------------------------
;  程序开始及主程序跳转
;------------------------------------------
ORG   0000H
LJMP  START
;------------------------------------------
;  中断 T0 入口及中断服务程序跳转
;------------------------------------------
ORG   000BH       ;T0 中断入口地址
LJMP  TIME_INT
;------------------------------------------
;  程序初始化部分
;------------------------------------------
ORG   0100H
START:
MOV   TMOD,#01H   ;设置定时工作方式 1
MOV   TH0,#0F8H   ;设置定时器 T0 的计数初值，高位送 F8H，低位送 30H
MOV   TL0,#30H
SETB  ET0         ;开 T0 中断
```

```
CLR     PT0
SETB    EA              ;开 CPU 总中断
SETB    TR0             ;启动定时器 T0
; ----------------------------------------
; 主程序循环体部分
; ----------------------------------------
SJMP    $               ;等待中断
; ----------------------------------------
; 中断服务程序
; ----------------------------------------
ORG     0200H
TIME_INT:
MOV     TH0, #0F8H      ;重新设置定时器 T0 的计数初值, 高位送 F8H,低位送 30H
MOV     TL0, #30H
MOV     DPTR, #TAB1     ;取行码 (阴极码) 即扫描信号, 将扫描信号状态表首地址传送给
DPTR
MOV     A,HJS
MOVC    A,@A+DPTR       ;查表取扫描信号
MOV     P2,A            ;输出行扫描信号
MOV     DPTR,#TAB       ;取列码 (阳极码) 即显示信号, 将显示信号状态表首地址传送给
DPTR
MOV     A,HJS
MOVC    A,@A+DPTR       ;查表取显示信号
MOV     P1, A           ;输出列显示信号
INC     HJS
MOV     A,HJS
CJNE    A,#8, NEXT
MOV     HJS,#00H
NEXT:   RETI            ;中断返回
; ----------------------------------------
; 表格
; ----------------------------------------
ORG 0300H
TAB1:
DB 0FEH,0FDH,0FBH,0F7H,0EFH,0DFH,0BFH,07FH     ;扫描信号数据表
TAB:
DB 18H,18H,18H,99H,0DBH,7EH,3CH,18H            ;显示数据表(1 行显示 1 幅
图)
EN
```

# 任务训练：用 8×8 LED 点阵屏动态显示人名

## 1. 任务描述

每名学生用 8×8 LED 点阵屏实现自己名字的动态显示, 并用 Proteus 软件构造仿真电路并实现仿真。

## 2. 任务提示

① 可借助本章的项目引入程序编写目标程序。

② 一行数据构成一幅静态图, 多幅静态图按一定的时间显示构成动态图。

③ 要注意项目程序中最多能显示 32 幅静态图。

# 习 题

## 一、选择题

1. MCS-51 系列单片机在响应中断时，下列（　　）操作不会发生。
   A. 保护现场　　　　　　　　　　B. 保护 PC
   C. 找到中断入口　　　　　　　　D. 保护 PC 转入中断入口

2. 响应中断时，下面（　　）不是必须的。
   A. 当前指令执行完毕　　　　　　B. 中断是开放的
   C. 没有同级或高级中断服务　　　D. 必须有 RETI 指令

3. 计算机在使用中断方式与外界交换信息时，保护现场的工作应该是（　　）。
   A. 由 CPU 自动完成　　　　　　B. 在中断响应中完成
   C. 应由中断服务程序完成　　　　D. 在主程序中完成

4. MCS-51 系列单片机的中断允许触发器内容为 83H，CPU 将响应的中断请求是（　　）。
   A. $\overline{INT0}$，$\overline{INT1}$　　　　　　B. T0，T1
   C. T1，串行接口　　　　　　　　D. $\overline{INT0}$，T0

5. 下面（　　）传送方式适用于处理外部事件。
   A. DMA　　　　B. 无条件传送　　　C. 中断　　　　　　　D. 条件传送

6. 若 MCS-51 系列单片机中断源都编程为同级，当它们同时申请中断时 CPU 首先响应（　　）。
   A. $\overline{INT1}$　　　　　B. $\overline{INT0}$　　　　　C. T1　　　　　　D. T0

7. 外部中断 1 固定对应的中断入口地址为（　　）。
   A. 0003H　　　　B. 000BH　　　　C. 0013H　　　　D. 001BH

8. 各中断源发出的中断请求信号，都会标记在 MCS-51 系列单片机中的（　　）。
   A. TMOD　　　　B. TCON/SCON　C. IE　　　　　　D. IP

9. MCS-51 系列单片机可分为两个中断优先级别。各中断源的优先级别设定需要利用寄存器（　　）。
   A. IE　　　　　B. IP　　　　　C. TCON　　　　D. SCON

10. 执行返回指令时，返回的断点是（　　）。
    A. 调用指令的首地址　　　　　　B. 调用指令的末地址
    C. 调用指令下一条的首地址　　　D. 返回指令的末地址

11. 12 MHz 晶振的单片机在定时方式下，定时器可能实现的最小定时时间是（　　）。
    A. 8 μs　　　　B. 4 μs　　　　C. 2 μs　　　　D. 1 μs

12. 12 MHz 晶振的单片机在定时工作方式 0 下，定时器可能实现的最大定时时间是（　　）。
    A. 4 096 μs　　　B. 8 192 μs　　　C. 1 638 μs　　　D. 32 768 μs

## 二、问答题

1. MCS-51 系列单片机中断源有多少个？如何使用？
2. 什么是中断源入口？各中断源入口地址是什么？
3. 中断处理过程分多少步？

4. MCS-51 系列单片机中断有多少个控制寄存器？如何控制？

5. MCS-51 系列单片机定时器/计数器有多少个？它们是多少位的？

6. 如何使用工作方式寄存器 TMOD 来控制定时器/计数器？

7. 如何使用定时控制寄存器 TCON 来控制定时器/计数器？

8. LED 点阵广告屏如何工作？

9. LED 点阵广告屏如何与单片机相连？举例说明。

## 三、编程应用题

1. 以下是用 T1 以工作方式 0 产生 1 ms 定时，使 P1.0 引脚输出一个周期为 2 ms，占空比为 1∶1 的方波信号的计算与程序，试改用 T0 以工作方式 1 实现。（假定时钟频率 $f_{osc}=12$ MHz）。

分析：要形成周期为 2 ms 的方波信号，只要利用 T1 产生定时，每隔 1ms 将 P1.0 引脚状态取反即可。

① 确定工作方式：(TMOD)=00H（在程序中表达出来也可以）。

② 确定定时初值：

$$a=12^{13}-\left(10^{-3}\times10^{6}\times12\right)\div12=8\ 192-1\ 000=7\ 192$$

则 a=1110000011000B，高 8 位为 0E0H，低 5 位为 18H。

③ 程序清单如下：

```
            ORG     0000H
            LJMP    MAIN
            ORG     001BH
            LJMP    INTT1       ;用其他正确的标号均可
    MAIN:   MOV     TMOD,#00H
            MOV     TL1,#18H
            MOV     TH1,#0E0H
            SETB    EA
            SETB    ET1
            SETB    TR1
            SJMP    $           ;用其他原地踏步指令均可
    INTT1:  MOV     TL1,#18H
            MOV     TH1,#0E0H
            CPL     P1.0
            RETI
            END
```

2. 补写程序，要求使用 T0，采用工作方式 2 定时，在 P1.0 引脚输出周期为 400 μs，占空比为 10∶1 的矩形脉冲。

根据题意，从 P1.0 引脚输出的矩形脉冲的高低电平的时间为 10∶1，则高低电平的时间分别为 363.63 μs 和 36.37 μs。如果系统采用 6 MHz 晶振，$T_{cy}=2$ μs，因此高低电平输出取整，约为 364 μs 和 36 μs。编写程序如下：

```
ORG  0000H
      LJMP    MAIN

                              ;T0 中断服务程序入口


MAIN:                         ;定时器/计数器 T0 为定时工作方式 2
      MOV     TL0,#4AH        ;定时 364 μs 初值赋值
                              ;启动 T0，开始计数
                              ;允许 T0 中断
```

```
                                            ;CPU 开中断

WAIT:  AJMP   WAIT
IT0P:  CLR    EA                  ;关中断
CLR    P1.0
       MOV    R0,#9
DLY:   DJNZ   R0,DLY              ;延时 26 μs
       MOV    TL0,#4AH            ;定时 364 μs 初值赋值
       SETB   P1.0
       SETB   EA                  ;中断返回
```

# 第5章

## MCS-51 系列单片机的键盘和显示的汇编编程

### 导读

实际应用的单片机系统常常包含键盘、显示、数-模（D/A）转换、模-数（A/D）转换等组成部分，如何编写相关的汇编程序是学习单片机的一项重要内容。本章通过引入项目——独立键盘与静态数码管显示和矩阵键盘加独立键盘与液晶显示，讨论键盘与数码管和液晶两种显示器件的汇编编程，利用 Proteus 仿真软件给出相应的仿真例子。数-模（D/A）转换和模-数（A/D）转换两项内容将在后面两章分别讨论。

### 知识目标

① 掌握独立键盘编程。

② 掌握矩阵键盘编程。

③ 掌握串联方式静态数码管显示编程。

④ 掌握液晶 LCD1602 显示汇编编程。

⑤ 掌握联合编程。

### 技能目标

① 会使用 Keil 或伟福等通用单片机编程软件对独立键盘与静态数码管显示项目和矩阵键盘加独立键盘与液晶显示项目的程序进行编辑，生成扩展名为 hex 的烧录文件。

② 能使用 Proteus 仿真软件构造独立键盘与静态数码管显示项目和矩阵键盘加独立键盘与液晶显示项目的电路，并对它们进行仿真。

### 实物图示例

数字钟电路实物图如图 5-1 所示。

图 5-1　数字钟电路实物图

## 5.1 项目引入1：独立键盘与静态数码管显示

### 项目说明

　　由于 MCS-51 系列单片机有 4 个 I/O 端口，因此独立键盘、静态数码管与单片机的实际连接方式有多种，可根据需要连接不同的独立键盘和不同数量的静态数码管。图 5-2 所示的电路连是接实际应用中常用的一种，图中独立键盘有 6 个键 K0～K5，分别接单片机 P1 口的 P1.2、P1.3、P1.4、P1.5、P1.6、P1.7；静态数码管有 4 个，每个静态数码管由 1 个 74LS164 移位寄存器驱动，一起组成串联式的静态数码管显示，传输线和控制线只使用 P1 口的 P1.0 和 P1.1。实际上图 5-2 所示的电路还可以按这种连接方式继续扩展，连接更多的独立键盘和更多的静态数码管。

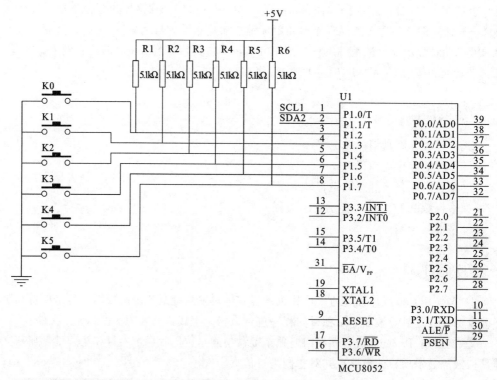

图 5-2　独立键盘与静态数码管显示电路

### 1．项目功能

　　很多电子产品的控制界面或遥控器上都有功能选择键、增键和减键，因此操作功能选择键、增键和减键实现显示和控制是电子产品的基本要求。本项目就是一个使用单片机应用系统实现功能选择键、增键和减键控制并通过数码管显示出来的项目。实现功能如下：给定 3 个独立键和 4 个静态数码管，其中 2 个独立键分别为增键和减键，4 个静态数码管组成 2 组显示。当按增键时，其中一组数码管数字增加，变化范围为 0～FF；当按减键时，数字减少，变化范围为 FF～0；剩下的一个键为功能选择键，按下功能选择键，则选择另一组数码管显示，按增键这组数码管数字增加，变化范围为 0～FF，当按减键，数码管数字减少，变化范围为 FF～0；要求用独立键盘与静态数码管显示来实现。

**2．设备与器件**

设备：计算机、单片机烧入器、自制单片机应用电路板或单片机实验设备、5 V 稳压电源。

器件：STC 单片机。

## 教学目标

在 MCS-51 系列单片机应用中，单片机与独立键盘和静态数码管的连接是基本连接。本项目就是要让初学者学习独立键盘与静态数码管显示应用及汇编编程。

## 工作任务

① 使用 Keil 或伟福等通用单片机编程软件对项目给出的程序进行编辑，生成扩展名为 hex 的烧录文件，再利用 Proteus 仿真软件进行仿真演示。

② 利用单片机烧录软件将 hex 文件烧入单片机，使用自制单片机应用电路板或单片机实验设备实现项目既定要求。

## 相关资料

本项目给出参考电路原理图和源程序，其中电路图就是将图 5-2 中 6 个独立键中的 3 个独立键去掉，只保留 3 个独立键（K0～K2），如图 5-3 所示。

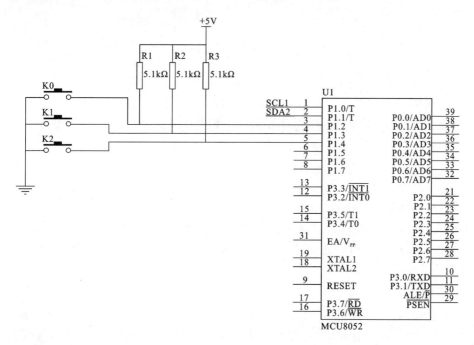

图 5-3　3 键独立键电路

参考源程序见附录 A 项目应用程序。

## 项目实施

① 使用 Keil uVision2 单片机编程软件对项目给出的程序进行编辑。其软件界面略。

② 生成扩展名为 hex 的烧录文件。

③ 利用 Proteus 仿真软件建立仿真电路。由于 Proteus 软件中的仿真器件库里没有单个的七段数码管带小数点的仿真元件，仿真电路采用的是 2 位七段数码管带小数点的仿真元件，每个元件只使用其中的 1 位。

④ 利用 Proteus 仿真软件进行仿真演示，仿真效果如图 5-4 所示。

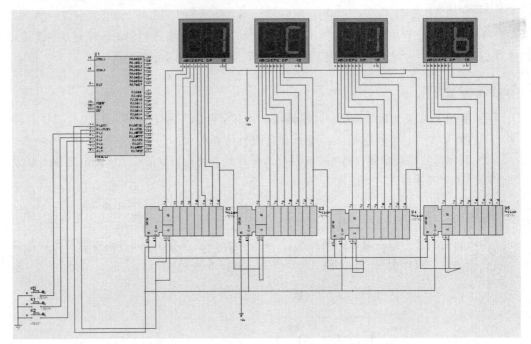

图 5-4　独立键盘与静态数码管显示仿真效果图

# 5.2　项目引入 2：矩阵键盘加独立键盘与液晶显示

### 📖 项目说明

本项目使用的液晶芯片是 LCD1602，其双向 8 位数据线接单片机的 P0 口，3 根控制线 RS、RW、E 分别接单片机 P2 口的 P2.0、P2.1、P2.2 引脚，10 个按键代表 10 个数据组成矩阵键盘与单片机的 P1 口连接，3 个独立键则与 P3 口的 P3.0、P3.2、P3.3 引脚连接，电路图如图 5-5 所示。

**1. 项目功能**

目前电子产品除了有独立键盘和静态数码管显示外，还有矩阵键盘和液晶显示。本项目在前一项目的基础上增加矩阵键盘，并使用液晶芯片 LCD1602 替换静态数码管，目标是让学生学习在编程上如何去掉一个电子器件和插入一个新的电子器件。实现功能如下：给定 10 键矩阵键盘和 3 个独立键及液晶芯片（LCD1602）。液晶芯片显示两组数据，其中一组数据表示当前值，另一组数据表示预设值；3 个独立键中，其中 2 键分别为增键和减键，剩下的键为功能选择键；在开机不按功能选择键的情况下，当前值的改变只能靠增键和减键来进行；按功能选择键 1 次（或单数次），则所有的按键可对预设值进行操作，其中增键和减键可进行加 1 或减 1 操作，矩阵键盘则可直接置数；按选择键 2 次（或偶数次），则当前值变成对应的预置数。所有的数值变化为 0 ~ 9。

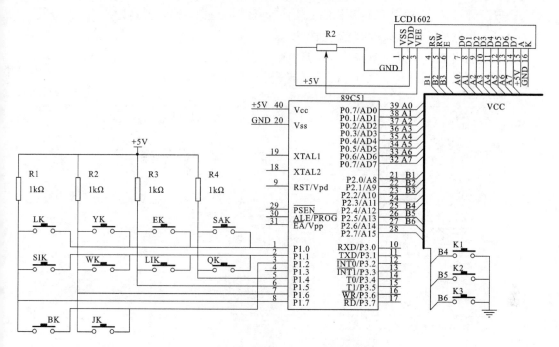

图 5-5　矩阵键盘加独立键盘与液晶显示

## 2．设备与器件

设备：计算机、单片机烧入器、自制单片机应用电路板或单片机实验设备、5 V 稳压电源。

器件：AT89C51、AT89C52 或 STC 单片机。

### 教学目标

许多实际应用的 MCS-51 系列单片机项目都连接有矩阵键盘、独立键盘及液晶显示，独立键盘汇编编程的学习已经安排在前一项目，因此本项目的教学目标就是，让初学者学习单片机矩阵键盘与液晶显示应用及汇编编程。

### 工作任务

① 使用 Keil 或伟福等通用单片机编程软件对项目给出的程序进行编辑，生成扩展名为 hex 的烧录文件，再利用 Proteus 仿真软件进行仿真演示。

② 利用单片机烧录软件将 hex 文件烧入单片机，使用自制单片机应用电路板或单片机实验设备实现项目既定要求。

### 相关资料

本项目给出参考电路原理图和源程序，其中电路图如图 5-5 所示。

参考源程序见附录 A 项目应用程序。

**项目实施**

① 使用 Keil uVision2 单片机编程软件对项目给出的程序进行编辑。

② 生成扩展名为 hex 的烧录文件。

③ 利用 Proteus 仿真软件建立仿真电路。

④ 利用 Proteus 仿真软件进行仿真演示，仿真效果如图 5-6 所示。

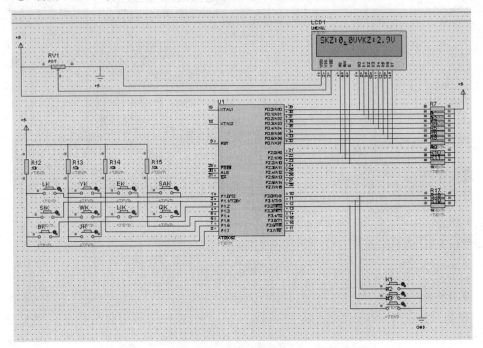

图 5-6　矩阵键盘加独立键盘与液晶显示仿真效果图

# 5.3　键盘和显示的相关知识

## 5.3.1　独立键盘与静态数码管显示的相关知识

涉及上述引入独立键盘与静态数码管显示项目的相关知识是键盘接口技术和数码管显示技术两方面内容，下面在介绍这些内容时，只根据引入项目的需求来介绍。

### 1．键盘接口技术

（1）键的特性

由于键的按下与释放是通过机械触点的闭合与断开来实现的，因机械触点的弹性作用，在闭合与断开的瞬间均有一个抖动过程，所以键的按下与释放会产生图 5-7 所示的电压波形，抖动时间一般为 5～10 ms。这个抖动会引起误判，因此必须消除键的抖动，只有这样，才能可靠地判断键的状态。

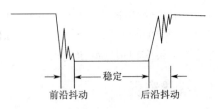

图 5-7　键的按下与释放时的电压波形图

小知识

在单片机应用系统中，消除抖动方式有软硬件两种方法。硬件消除抖动方法主要利用 RS 触发器和滤波电路，如图 5-8（a）和图 5-8（b）所示。软件消除抖动通常是程序检测到键被按下时，延时 10 ms 后再检测键是否仍然闭合，若是，则确认是一次有效的闭合，否则就是无效的闭合。

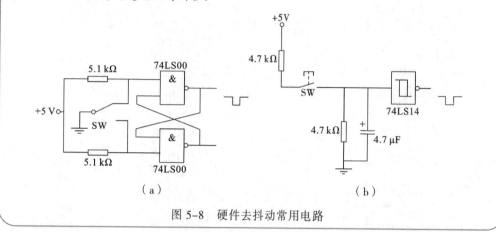

图 5-8　硬件去抖动常用电路

（2）接口技术

常用的键盘接口技术有两种：一种是独立键盘接口技术，另一种是矩阵键盘接口技术。下面介绍独立键盘接口技术。

① 独立键盘结构。如图 5-9 所示，每个按键的电路是独立的，占用 1 条数据线，当按下其中任意一键时，它所对应的数据线的电平就变成低电平；若无键按下，则所有的数据线的电平都是高电平。因此，将数据线与单片机相连，测得数据线为低电平，则可识别出与该数据线相连的按键被按下。

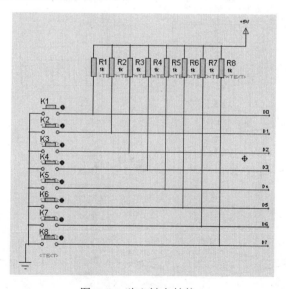

图 5-9　独立键盘结构

② 独立键盘与单片机连接。在单片机应用中，应遵循尽可能不扩展的原则，因此单

片机 4 个基本口在使用时都可与独立键盘相连。下面就以一个例子说明独立键盘的汇编编程。

**例 5-1** 设计一个 3 人抢答器，抢答键 K1，K2，K3，谁先抢答成功，对应的二极管就点亮，如 K1 最先按下，则 D1 点亮。RES 为复位键。

**解：** ① 3 人抢答器电路，如图 5-10 所示。

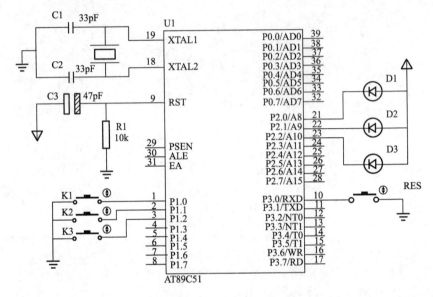

图 5-10　3 人抢答器电路

② 程序流程图。在该程序流程图（见图 5-11）中，首先系统初始化，然后扫描复位键 RES、抢答键 K1，K2，K3，当有键按下，就跳转到对应的处理程序。

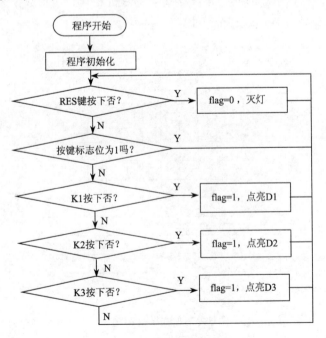

图 5-11　3 人抢答器程序流程图

③ 源代码文件（responder.asm）：

```
ORG 0000H
  flag BIT 20H                 ;定义按键标志位（有人按下抢答键时 flag = 1）
  MOV P2,#11111111B            ;灭抢答器所有灯
  CLR flag                     ;清除标志位，flag = 0
LOOP:
  JNB P3.1,reset               ;判断是否按下复位键，若按下，程序跳到 reset
  CJNE flag,#01,last           ;判断 flag 是否为 1，如果为 1，即有人抢答，则其他人不能抢
                                答，抢答键被屏蔽
  JNB P1.0,K1                  ;判断 K1 键是否按下
  JNB P1.1,K2                  ;判断 K2 键是否按下
  JNB P1.2,K3                  ;判断 K3 键是否按下
  LJMP LOOP
K1:                            ;如果 K1 键按下，则点亮 D1，同时按键标志位置 1
  MOV P2,#11111110B
  SETB flag
  LJMP last
K2:                            ;如果 K2 键按下，则点亮 D2，同时按键标志位置 1
  MOV P2,#11111101B
  SETB flag
  LJMP last
K3:                            ;如果 K3 键按下，则点亮 D3，同时抢答标志位置 1
  MOV P2,#11111011B
  SETB flag
  LJMP last

reset:                         ;当清除键按下，熄灭抢答器所有 LED，同时抢答标志位清 0
  MOV P2,#11111111B
  CLR flag
last:
  LJMP LOOP
  END
```

## 2. 数码管显示接口技术

智能设备最重要的功能之一就是显示，计算机的运行结果和状态可以通过显示器显示出来。单片机应用系统中常用的显示器有 LED 和 LCD 两种，其中 LED 数码管显示最为普遍，而 LCD 显示器，由于其低功耗和多位显示的优点也正在越来越广泛地被使用。本节讨论 LED 数码管显示技术，LCD 显示技术将在本节后面介绍。

（1）LED 数码显示器的结构和原理

LED 数码显示器是由若干个发光二极管组成的，当发光二极管导通时，相应的点或线段发光，将这些发光二极管排成一定图形，控制不同组合的二极管导通，就可以显示出不同的字形。单片机应用系统中常用的 LED 数码显示器为七段数码显示器，其实物外形如图 5-12 所示。七段数码显示器的结构图如图 5-13（a）所示，它由七段发光二极管组成（加上小数点位则为八段），利用字段的不同组合，可以分别显示 0～9 这 10 个数字，如图 5-14 所示。

发光二极管的内部有两种接法，图 5-13（b）所示为共阴极接法，当 a～h 端接高电平时，相应发光二极管段发光；图 5-13（c）所示为共阳极接法，当 a～h 端接低电平时，相应发光二极管段发光。

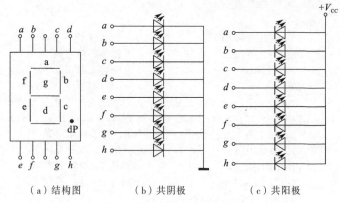

（a）结构图　　　　（b）共阴极　　　　（c）共阳极

图 5-12　七段数码显示器　　　　　　　图 5-13　七段数码显示器
　　　实物外形

（2）数码管的显示控制

为了在 LED 数码显示器上显示某个字符，除了在公共端上加高低电平外（共阳极加高电平，共阴极加低电平），还必须在它的 8 位段选码上加上相应的电平组合，这个数据就称为该字符的段选码。

常用段选码的编码规则如图 5-15 所示。

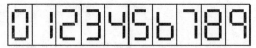
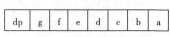

图 5-14　七段数码显示器显示内容　　　图 5-15　段选码的编码规则

忽略小数点的七段数码显示器的段选码如表 5-1 所示。表中是不带小数点的字段选码，读者很容易得到带小数点的段选码。

表 5-1　七段数码显示器的段选码

| 显示字符 | 共阴极段选码 | 共阳极段选码 | 显示字符 | 共阴极段选码 | 共阳极段选码 |
|---|---|---|---|---|---|
| 0 | 3FH | C0H | b | 7CH | 83H |
| 1 | 06H | F9H | C | 39H | C6H |
| 2 | 5BH | A4H | d | 5EH | A1H |
| 3 | 4FH | B0H | E | 79H | 86H |
| 4 | 66H | 99H | F | 71H | 8EH |
| 5 | 6DH | 92H | P | 73H | 8CH |
| 6 | 7DH | 82H | U | 3EH | C1H |
| 7 | 07H | F8H | Y | 6EH | 91H |
| 8 | 7FH | 80H | Γ | 31H | CEH |
| 9 | 6FH | 90H | 8. | FFH | 00H |
| A | 77H | 88H | 灭 | 00H | FFH |

（3）数码管的显示方式

数码管的显示方式分为静态显示和动态显示两种。

数码管的静态显示就是当数码管显示某一字符时，相应的发光二极管连续恒定地处于点亮或熄灭状态，一直到更换显示内容为止。采用这种显示方式占用的硬件资源多、功耗较大、但程序简单、亮度高。

　　数码管的动态显示则是将所有位的段选线并联起来，由一个 8 位口控制，由另一个端口进行显示位的控制。首先从段选线上送出段选码，再控制位选线，字符就显示在指定位置上，持续 1～5 ms，然后关闭所有显示；接下来又送出新的段选码，按照上述过程又显示在新的位置上，直到每位数码管都扫描完为止。由于人的视觉暂留效应，因此当扫描周期小到一定程度时，人就感觉不出字符的移动或闪烁，觉得每位数码管都一直在显示，达到一种稳定的视觉效果。动态显示方式亮度不够高，有时需要高亮度的数码管。本章由于项目内容不涉及数码管动态显示，故在此不介绍该内容，若需要了解该内容，可参考其他相关书籍。

　　实际上数码管静态显示技术又分成两种：一种是串联方式显示；另一种是并联方式显示。图 5-2 所示为串联方式静态数码管显示，图 5-16 所示为并联方式静态数码管显示。

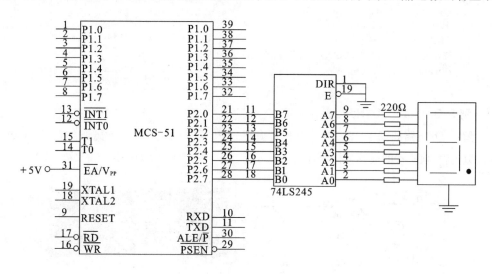

图 5-16　并联方式静态数码管显示

**例 5-2**　用 1 位共阴极数码管循环显示 0~9 十个数字。

**解：** ① 电路如图 5-16 所示，数码管为共阴极数码管，数码管的段信号接单片机的 P2 口。

② 程序流程图，如图 5-17 所示。

③ 程序代码：

```
    ORG 0000H
    MOV R0,#0          ;R0 寄存器中存放调用显示子程序的次数
    MOV R1,#0          ;R1 寄存器中存放数码管显示的内容
LOOP:
    LCALL disp         ;调用显示子程序
    LCALL yanshi       ;调用延时子程序
    INC R0             ;调用显示子程序的次数加 1
    CJNE R0,#50,LOOP   ;是否已经显示了 50 次，如果没有到，程序返回
    MOV R0,#0
    INC R1
    CJNE R1,#10,LOOP   ;显示的内容是否为 10，如果不是，程序返回
```

```
        MOV R1,#0
        LJMP LOOP
disp:
        MOV DPTR,#200H      ;取数据表头基
                             地址

        MOV A,R1
        MOVC A,@A+DPTR      ;查表
        MOV P2,A            ;送显示数据
        RET
yanshi:
        MOV R5,#250
LP1:
        MOV R6,#250
LP2:
        NOP
        DJNZ R6,LP2
        DJNZ R5,LP1
        RET
        END
        ORG 200H
DB 3FH,06H,5BH,4FH,66H,6DH,7DH,07H,
7FH,6FH
```

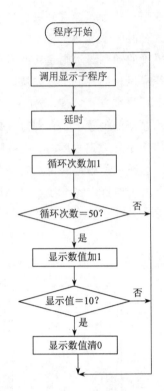

图 5-17　1 位共阴极数码管循环显示 0 ~ 9
十个数字程序流程图

**例 5-3** 用 4 位共阴极数码管显示 1234。

**解：** ① 电路如图 5-18 所示，数码管为共阴极数码管，数码管的段信号接单片机的 P2 口。

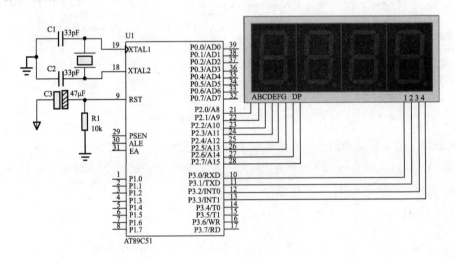

图 5-18　4 位数码管显示电路

② 程序流程图，如图 5-19 所示。

③ 程序代码：

```
        ORG 0000H
        MOV R1,#1      ;右 4 位显示的值
        MOV R2,#2      ;右 3 位显示的值
        MOV R3,#3      ;右 2 位显示的值
        MOV R4,#4      ;右 1 位显示的值
```

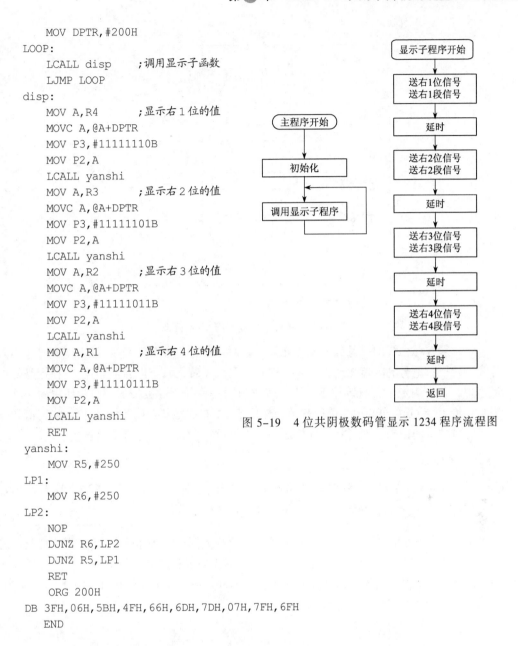

```
        MOV DPTR,#200H
LOOP:
        LCALL disp      ;调用显示子函数
        LJMP LOOP
disp:
        MOV A,R4        ;显示右 1 位的值
        MOVC A,@A+DPTR
        MOV P3,#11111110B
        MOV P2,A
        LCALL yanshi
        MOV A,R3        ;显示右 2 位的值
        MOVC A,@A+DPTR
        MOV P3,#11111101B
        MOV P2,A
        LCALL yanshi
        MOV A,R2        ;显示右 3 位的值
        MOVC A,@A+DPTR
        MOV P3,#11111011B
        MOV P2,A
        LCALL yanshi
        MOV A,R1        ;显示右 4 位的值
        MOVC A,@A+DPTR
        MOV P3,#11110111B
        MOV P2,A
        LCALL yanshi
        RET
yanshi:
        MOV R5,#250
LP1:
        MOV R6,#250
LP2:
        NOP
        DJNZ R6,LP2
        DJNZ R5,LP1
        RET
        ORG 200H
DB 3FH,06H,5BH,4FH,66H,6DH,7DH,07H,7FH,6FH
        END
```

图 5-19　4 位共阴极数码管显示 1234 程序流程图

## 5.3.2　矩阵键盘加独立键盘与液晶显示的相关知识

上述项目的相关知识是矩阵键盘接口技术、独立键盘接口技术和液晶显示技术 3 方面内容，其中独立键盘技术前面已经介绍过，下面只介绍矩阵键盘接口技术和液晶显示技术。

### 1. 矩阵键盘接口技术

矩阵键盘的结构。采用矩阵键盘的目的在于解决按键较多时，尽量少占用单片机 I/O 资源。8 位单片机通常使用的矩阵键盘是由 4 行 4 列构成的 16 键阵，如图 5-20 所示。

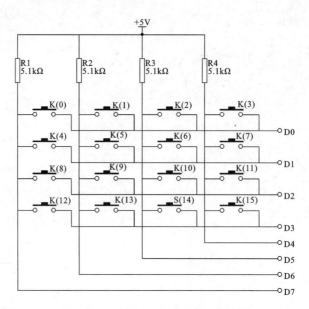

图 5-20　4 行 4 列构成的 16 键阵图

每一行线与列线的交叉处是互不相通的，而是通过一个按键来接通的。D0～D3 作为行线（特征：不与电阻器相连），D4～D7 作为列线（特征：与电阻器相连）。在键盘处理程序中，首先确定是否有键按下，下一步再识别是哪一个键被按下，通常使用的一种方法是，给 P1 口送数#0F0H，读取列值，然后给 P1 口送数#0FH，读取行值，将列值和行值相与得唯一的键码，然后将实际键码与标准键码相比较，确定哪个键被按下。

**小知识**

与 0～F 这 16 个键相应的标准键码为 81H、41H、21H、11H、82H、42H、22H、12H、84H、44H、24H、14H、88H、48H、28H、18H。

下面以上述项目中的 0～9 这 10 个键数据键盘为例，介绍矩阵键盘的工作原理及汇编编程。图 5-21 为例 5-4 的电路图，有 1 个 10 键盘的矩阵键盘，其中 P1.0～P1.3 作为行线，P1.4～P1.7 作为列线；另外还有 3 个独立键分别连接在 P3.0、P3.1、P3.2。

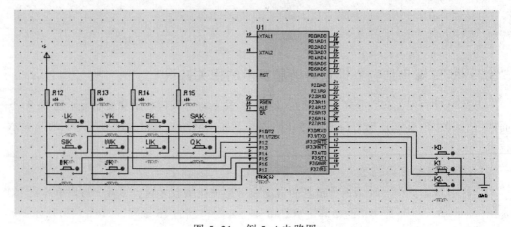

图 5-21　例 5-4 电路图

**例 5-4**　给定 10 键矩阵键盘和 3 个独立键。3 个独立键中，2 个键分别为增键和减键，剩下的键为功能选择键；在开机不按功能选择键的情况下，RAM 60H 单元的数值（可看作当前值）的改变只能靠增键和减键来进行；按功能选择键 1 次（或奇数次），则所有的按键可对 RAM 61H 单元的数值（可看作预置值）进行操作，其中增键和减键可进行加 1 或减 1 操作，矩阵键盘则可直接置数；按功能选择键第 2 次（或偶数次），则返回对 RAM 60H 单元进行操作，且 RAM 60H 单元的数值等于 RAM 61H 单元的数值（可看作预置值转变成当前值）。所有的数值变化为 0 ~ 9。

**解：**

程序设计思路：

① 按照题意，矩阵键盘和独立键盘的操作对象都是 RAM 60H 和 RAM 61H 单元，独立键盘对 RAM 60H 和 RAM 61H 单元的操作编程可以借助例 5-1 的程序修改形成目标程序的一个主子程序，根据矩阵键盘的操作特点编写另一个主子程序，然后不分先后地将两个主子程序放在主程序循环体中形成图 5-22 所示的程序结构图。

② 编程说明。由图 5-22 可知，程序由程序定义部分、主程序、子程序群三大部分组成，其中主程序由程序初始设置和主程序循环体部分组成，而主程序循环体部分由独立键盘子程序、矩阵键盘识别 0 ~ 9 数据子程序这两个主子程序组成；子程序群由 9 个子程序组成，其中独立键盘子程序有 6 个，矩阵键盘子程序有 3 个。独立键盘子程序在前面已经介绍过，除了加 1 子程序在编程上增加了不超过 99 的限制，减 1 子程序在编程上增加了为零后不能再减的限制外，其余的编程全部与前面介绍的基本相同，因此这部分程序在这里不再介绍。这里主要介绍矩阵键盘识别 0 ~ 9 数据主子程序和其内部各子程序的编写思路，其流程图如图 5-23 所示。其他 3 个子程序流程图读者可自行总结。

编程要点：

① 首先判断是否有键被按下，如有则经过延时去抖，再判断是否有键被按下。

② 确定被按下键的键码，给 P1 口送数#0F0H，读取列值，然后给 P1 口送数#0FH，读取行值，将列值和行值相与得键码。

③ 确定键值，通过查键码表确定实际键值。

④ 矩阵键盘奇数次按下为高位置数，偶数次按下为低位置数。

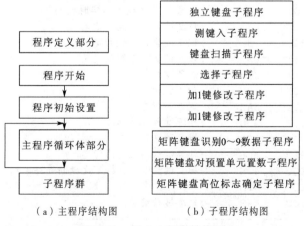

（a）主程序结构图　　　　　　（b）子程序结构图

图 5-22　例 5-4 程序结构图

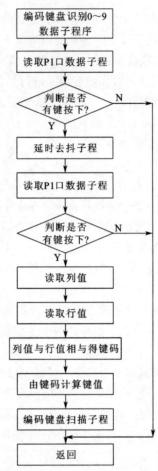

图 5-23  编码键盘识别 0~9 数据主子程序流程图

程序清单如下：

```
;-------------------------------------------------------
;程序定义部分
;-------------------------------------------------------
YZKZ        EQU    61H      ;将 61H 单元设置为预置控制
SSKZ        EQU    60H      ;将 60H 单元设置为实时控制
XZ_K0       BIT    P3.0     ;独立键盘选择键的定义
ZY_K1       BIT    P3.1     ;独立键盘加 1 键的定义
JY_K2       BIT    P3.2     ;独立键盘减 1 键的定义
K0_FLAG     BIT    38H      ;选择键标志
K1_FLAG     BIT    39H      ;加 1 键标志
K2_FLAG     BIT    3AH      ;减 1 键标志
FLAG        BIT    3BH      ;矩阵键盘有键标志
YZ_FLAG     BIT    3CH      ;键盘预设置标志
HWXZ_FLAG   BIT    3DH      ;矩阵键盘高位选择标志
PUSHDATA    EQU    42H      ;独立键盘选择键按下次数的寄存单元
PUSHDATA1   EQU    43H
BM_ZC       EQU    44H      ;矩阵键盘键值
;-------------------------------------------------------
; 程序开始
;-------------------------------------------------------
```

```
ORG 0000H
;----------------------------------------------
; 程序初始设置
;----------------------------------------------
      CLR    EA
      MOV    SP,#70H
      MOV    SSKZ,#00H
      MOV    YZKZ,#00H
      MOV    PUSHDATA,#00H
      MOV    PUSHDATA1,#00H
;----------------------------------------------
;主程序循环体部分
;----------------------------------------------
WAIT:
      LCALL  SINGLE _KEY      ;调用独立键盘主子程序
      LCALL  BMKSCAN          ;调用矩阵键盘识别 0~9 数据子程序
      LJMP   WAIT
;----------------------------------------------
;子程序群
;----------------------------------------------
;----------------------------------------------
;独立键盘子程序
;输入子程序 1: KEY_TEST，输入子程序 2= KEY-SCAN; 输入: 无; 输出子程序 1= SELECT1，输
;出子程序 2= ADD1，输出子程序 3= SUB1; 输出: 无; 中间变量: R1=Cy 位, R2=K0-FLAG
;位, R3=K1-FLAG 位, R4=K2-FLAG 位
;----------------------------------------------
SINGLE_KEY:
      LCALL KEY_TEST
      JC    RETEST
      LJMP  RETURE1
RETEST:LCALL  KEY_SCAN
      JB    K0_FLAG,PRO_K0
      JB    K1_FLAG,PRO_K1
      JB    K2_FLAG,PRO_K2
      LJMP RETURE1
PRO_K0:LCALL   SELECT1                 ;选择子程序
      SJMP   RETURE1
PRO_K1:LCALL   SUB1
      LJMP   RETURE1
PRO_K2:LCALL   ADD1
      SJMP   RETURE1
RETURE1:CLR  C
      RET
;----------------------------------------------
;测键入子程序
;输入: X1= XZ-K0, X2= ZY-K1, X2= JY-K2; 输出: Y1=(C);中间变量: 无
;----------------------------------------------
KEY_TEST:
    JNB JY_K2,KEY_TEST_OK
    JNB ZY_K1,KEY_TEST_OK
    JNB XZ_K0,KEY_TEST_OK
    CLR C
```

```
                RET
        KEY_TEST_OK:
            SETB C
            RET
        -------------------------------------------
        ;键盘扫描子程序，每扫描一次，重新设置
        ;对应键按下标志。
        ;输入 X1= XZ_K0,X2= ZY_K1,X2= JY_K2,输出 Y1= K0_FLAG,Y2= K1_FLAG,Y3=
        K2_FLAG;
        ;中间变量: 无
        ;-----------------------------------
        KEY_SCAN:
                CLR     K0_FLAG
                CLR     K1_FLAG
                CLR     K2_FLAG
                JNB     XZ_K0,KEY_SCAN_K0
                JNB     ZY_K1,KEY_SCAN_K1
                JNB     JY_K2,KEY_SCAN_K2
                LJMP    KEY_SCAN_END
        KEY_SCAN_K0:
                SETB    K0_FLAG
                SJMP    KEY_SCAN_END
        KEY_SCAN_K1:
                SETB    K1_FLAG
                SJMP    KEY_SCAN_END
        KEY_SCAN_K2:
                SETB    K2_FLAG
                SJMP    KEY_SCAN_END
        KEY_SCAN_END:
                RET
        ;-----------------------------------
        ;选择子程序
        ;输入 X= PUSHDATA
        ;输出 Y= SIXTY_ONE_FLAG
        ;-----------------------------------
        SELECT1:
                CLR   YZ_FLAG          ;清 0 预设置标志
                INC   PUSHDATA         ;PUSHDATA 增1，表示按下第1次按下选择键，接下来要
                                       ;给预设置标志置1；PUSHDATA 增2则表示第2次按下选
                                       ;择键，接下来是让预置值转变成当前值

                MOV   A,PUSHDATA
                CJNE  A,#01H,ONE
                SETB  YZ_FLAG          ;预设置标志置1
                SJMP  BACK_B
        ONE:  CJNE  A,#02H,BACK_B
                MOV   SSKZ,YZKZ        ;预置值转变成当前值
                MOV   PUSHDATA,#00H    ;返回当前值操作
                SJMP  BACK_B
        BACK_B:
        STAY: JNB XZ_K0,STAY           ;等待选择键K0恢复，确保一次有效的按键为一按一放
                RET
        ;-----------------------------------
```

```
;加 1 键修改子程序
;输入: X1= SIXTY-ONE-FLAG;  输出: Y1= SIXTY, Y2= SIXTY -ONE; 中间变量:
R1=A
;-----------------------------------
ADD1:
    JNB  YZ_FLAG,ADD1_1    ;预设置标志为1, 接下来给预置单元加1; 预设置标志单元
                          ;标志为 0, 接下来给实时单元加 1
    MOV A,YZKZ
    CJNE A,#99,ADD1_1_1    ;加 1 不能超过 99 的限制
    LJMP ADD1_END
ADD1_1_1:
    INC  A
    MOV YZKZ,A
    LJMP  ADD1_END
ADD1_1:
    MOV  A,SSKZ
    CJNE A,#99,ADD1_1_2  ;加 1 不能超过 99 的限制
    LJMP ADD1_END
ADD1_1_2:
    INC  A
    MOV  SSKZ,A
    LJMP  ADD1_END
ADD1_END:RET
;-----------------------------------
;减 1 修改子程序
;输入: X1= SIXTY-ONE-FLAG;
;输出: Y1= SIXTY, Y2= SIXTY -ONE; 中间变量: R1=A
;-----------------------------------
SUB1:
    JNB  YZ_FLAG,SUB1_1    ;预设置标志为1, 接下来给预置单元减1; 预设置标志单元
                          ;标志为 0, 接下来给实时单元减 1
    MOV  A,YZKZ
    CJNE A,#0,SUB1_1_1    ;减 1 不能低过 0 的限制
    LJMP SUB1_END
SUB1_1_1:
    DEC  A
    MOV YZKZ,A
    LJMP  SUB1_END
SUB1_1:
    MOV  A,SSKZ
    CJNE A,#0,SUB1_1_2       ;减 1 不能低过 0 的限制
    LJMP SUB1_END
SUB1_1_2:
    DEC  A
    MOV  SSKZ,A
    LJMP  SUB1_END
SUB1_END:
    RET

;-----------------------------------
;矩阵键盘识别 0~9 数据主子程序
;输入子程序 1: LCALL KEYS1; 输入: P1
```

```
;输出子程序: BMSCAN_KEY
;输出: 无;  中间变量: R1、R2、A、B、C
;----------------------------------------
BMKSCAN:
        LCALL KEYS1              ;调用本主子程序内部的判断是否有键按下的子子程序,给
                                ;P1 口送 F0H 数,然后回读 P1 口数值
        CJNE   A,#0F0H,KEY1      ;第 1 次判断回读数值是否等于 F0H,等于 F0H 则说明没有
                                ;键被按下,如等于 F0H 则说明有键被按下
        AJMP  KEY6
KEY1:   ACALL D10MS             ;调用延时子程序去抖动
        LCALL  KEYS1            ;重新调用本主子程序内部的判断是否有键按下的子子
                                ;程序
        CJNEA,#0F0H,KEY2        ;第 2 次判断回读数值是否等于 F0H,等于 F0H 则说明没有
                                ;键被按下;如等于 F0H 则说明有键被按下,接下来确定被
                                ;按下键的键码
        AJMP   KEY6
KEY2:   MOV    B,A              ;存列值
        MOV    P1,#0FH
        MOV    A,P1             ;读行值
        ANL    A,B              ;列值和行值相与得键码值
        MOV    B,A              ;存键码
        MOV    R1,#10           ;预备 10 次标准键码比较
        MOV    R2,#0            ;R2 记录键码比较的次数,当实际键码值与标准键码值相等
                                ;时,比较结束,R2 记录的数值既为矩阵键盘的键值
        MOV    DPTR,#K1TAB      ;键码表首地址
KEY3:   MOV    A,R2
        MOVC   A,@A+DPTR        ;取标准键码值
        CJNE A,B,KEY5           ;实际键码值与标准键码值比较,不等则返回取下一个键码值
                                ;相等,则进入等待按键释放判断
        MOV    P1,#0F0H
KEY4:   MOV    A,P1
        CJNE   A,#0F0H,KEY4     ;等待按键释放
        MOV    A,R2             ;R2 所存键值送 A
        MOV    BM_ZC,A          ;将编码键值存于 RAM 44H 单元
        LCALL  BMJPJZQD         ;调用矩阵键盘对预置单元置数子程序
        AJMP   KEY6
KEY5:   INC    R2
        DJNZ   R1,KEY3
        RET
K1TAB:
        DB  81H,41H,21H,11H     ;键码表
        DB  82H,42H,22H,12H
        DB  84H,44H,24H,14H
        DB  88H,48H,28H,18H
KEYS1:  MOV    P1,#0F0H         ;读 P1 口前先写 1
        MOV    A,P1             ;读取键状态(矩阵键盘有键被按下,P1 口数据会改变)
KEY6:   RET
;----------------------------------------------
;矩阵键盘对预置单元置数子程序
;输入子程序: BM_WXZ;
;输入: YZ_FLAG、HWXZ_FLAG、YZKZ、BM_ZC;
;输出子程序: 无; 输出: YZKZ; 中间变量: A、B
```

```
;---------------------------------------------
BMJPJZQD:
        JNB     YZ_FLAG,BMJPJZQD_END     ;键盘预设置标志 YZ_FLAG 是通过独立键盘
                                         ;选择键 K0 在前面独立键盘子程序中确定的。
                                         ;为 0 则矩阵键盘不起作用,如为 1 则说明正处
                                         ;于预设置状态,矩阵键盘可直接修改预置单元
                                         ;的数据
        LCALL   BM_WXZ                   ;调用矩阵键盘高位标志确定子程序
        JNB     HWXZ_FLAG,BM_JPJZ        ;根据矩阵键盘高位标志判别对预置单元高低
                                         ;位置数,为 0 置低位,为 1 置高位
        MOV     YZKZ,#0                  ;预置单元清 0(每次高位置数先清 0,再置数)
        MOV     A,BM_ZC                  ;前面判断的被按下键盘键值送 A
        MOV     B,#10                    ;放大 10 倍转成高位数(因为实时单元和预置
                                         ;单元的数值被限制为 0~9,高位数实际就为十
                                         ;进制数的十位数)
        MUL     AB
        MOV     YZKZ,A
        LJMP    BMJPJZQD_END
BM_JPJZ:
        MOV     A,BM_ZC
        ADD     A,YZKZ
        MOV     YZKZ,A
BMJPJZQD_END:
        RET
;---------------------------------------------
;矩阵键盘高位标志确定子程序
;输入子程序: 无; 输入: PUSHDATA1; 输出子程序: 无; 输出: HWXZ_FLAG;
;中间变量: A
;---------------------------------------------
BM_WXZ:
        CLR     HWXZ_FLAG   ;清 0 矩阵键盘高位选择标志
        INC     PUSHDATA1   ;PUSHDATA1 增 1,表示第 1 次按下矩阵键盘按键,接下来要
                            ;给矩阵键盘高位选择标志置 1; PUSHDATA1 增 2,表示第 2 次按
                            ;下矩阵键盘按键,接下来是保持矩阵键盘高位选择标志为 0,并
                            ;使 PUSHDATA1 回零
        MOV     A,PUSHDATA1
        CJNE    A,#01H,HWXZ_ONE
        SETB    HWXZ_FLAG       ;矩阵键盘高位选择标志置 1
        SJMP    BACK_BM
HWXZ_ONE: CJNE   A,#02H,BACK_BM
        MOV     PUSHDATA1,#00H
BACK_BM:
        RET
        END
```

## 2. 液晶显示技术

目前使用的液晶芯片有多种,在此只介绍 LCD1602 芯片。

LCD 1602 采用标准的 16 引脚接口,其实物外形图和原理图分别如图 5-24 和图 5-25 所示。其中:

第 1 引脚: VSS 为地电源。

第 2 引脚: VDD 接 5 V 正电源。

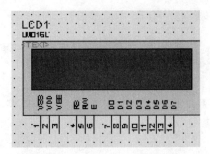

图 5-24　LCD1602 芯片实物外形图　　　图 5-25　LCD1602 芯片原理图

第 3 引脚：VEE 为液晶显示器对比度调整端，接正电源时对比度最弱，接地电源时对比度最高，对比度过高时会产生"鬼影"，使用时可以通过一个 10 kΩ 的电位器调整对比度。

第 4 引脚：RS 为寄存器选择端，高电平时选择数据寄存器、低电平时选择指令寄存器。

第 5 引脚：RW 为读写信号端，高电平时进行读操作，低电平时进行写操作。当 RS 和 RW 共同为低电平时可以写入指令或者显示地址，当 RS 为低电平 RW 为高电平时可以读忙信号，当 RS 为高电平 RW 为低电平时可以写入数据。

第 6 引脚：E 端为使能端，当 E 端由高电平跳变成低电平时，液晶模块执行命令。

第 7 ~ 14 引脚：D0 ~ D7 为 8 位双向数据线。

第 15 ~ 16 引脚：空引脚。

LCD1602 芯片内部的字符发生存储器（CGROM）已经存储了 160 个不同的点阵字符图形，如表 5-2 所示，这些字符有：阿拉伯数字、英文字母的大小写、常用的符号和日文假名等，每一个字都有一个固定的代码，比如大写的英文字母"A"的代码是 01000001B（41H），显示时模块把地址 41H 中的点阵字符图形显示出来，就能看到字母"A"。

表 5-2　CGROM 和 CGRAM 中字符代码与字符图形对应关系

| 项　目 | 0000 | 0010 | 0011 | 0100 | 0101 | 0110 | 0111 | 1010 | 1011 | 1100 | 1101 | 1110 | 1111 |
|---|---|---|---|---|---|---|---|---|---|---|---|---|---|
| ××××0000 | CGRAM (1) | | 0 | ə | P | \ | p | | 一 | 夕 | 三 | α | P |
| ××××0001 | (2) | ! | 1 | A | Q | a | q | □ | ア | チ | ム | ä | q |
| ××××0010 | (3) | " | 2 | B | R | b | r | r | イ | 川 | メ | β | θ |
| ××××0011 | (4) | # | 3 | C | S | c | s | 」 | ウ | テ | モ | ε | ∞ |
| ××××0100 | (5) | $ | 4 | D | T | d | t | \ | エ | ト | ヤ | μ | |
| ××××0101 | (6) | % | 5 | E | U | e | u | ロ | オ | ナ | ユ | B | 0 |
| ××××0110 | (7) | & | 6 | F | V | f | v | テ | カ | ニ | ヨ | P | Σ |
| ××××0111 | (8) | > | 7 | G | W | g | w | ア | キ | ヌ | ラ | g | x |
| ××××1000 | (1) | ( | 8 | H | X | h | x | イ | ク | ネ | リ | ∫ | X |
| ××××1001 | (2) | ) | 9 | I | Y | i | y | ウ | ケ | ノ | ル | -1 | y |
| ××××1010 | (3) | · | : | J | Z | j | z | エ | コ | リ | レ | j | 千 |
| ××××1011 | (4) | + | ; | K | [ | k | 〈 | オ | サ | ヒ | ロ | x | 万 |
| ××××1100 | (5) | フ | < | L | ¥ | l | 〉 | ヤ | シ | フ | ワ | ¢ | 缺 |
| ××××1101 | (6) | - | = | M | ] | m | 〉 | ユ | ス | ヘ | ゾ | 缺 | 十 |
| ××××1110 | (7) | . | > | N | ^ | n | — | ヨ | セ | ホ | ハ | 缺 | |
| ××××1111 | (8) | / | ? | O | — | o | 缺 | ツ | ソ | 缺 | ロ | | ö |

LCD1602 芯片中的第 6 引脚使能端 E 为 0 时禁止所有操作，为 1 时允许操作。其操作有写入命令、读忙信号、写入数据、读出数据 4 种，分别通过控制 RS 引脚和 RW 引脚的信号 00、01、10、11 控制来实现。操作表如表 5-3 所示。

表 5-3　操 作 表

| 操　　作 | E | RS | R/W | D7 | D6 | D5 | D4 | D3 | D2 | D1 | D0 |
|---|---|---|---|---|---|---|---|---|---|---|---|
| 读忙信号和光标地址 | 1 | 0 | 1 | BF | 计数器地址（AC） | | | | | | |
| 写数到 CGRAM 或 DDRAM | 1 | 1 | 0 | 要写的数 | | | | | | | |
| 从 CGRAM 或 DDRAM 读数 | 1 | 1 | 1 | 读出的数据 | | | | | | | |
| 写命令到 CGRAM 或 DDRAM | 1 | 0 | 0 | 写命令 | | | | | | | |

读忙信号：置 RS 为 0，置 RW 为 1，然后从 LCD1602 芯片的数据端口 D7~D0 读回数据并判断最高位，如为 1 则表示忙，此时模块不能接收命令或者数据；如为 0 则表示不忙，LCD1602 芯片可以做写入命令、写入数据、读出数据的操作。

写入数据：在 LCD1602 芯片不忙的情况下，置 RS 为 1，置 RW 为 0，然后将 8 位数据送 LCD1602 芯片的数据端口 D7~D0（写入数据前要先用写入命令确定数据存放的单元）。

读出数据：在 LCD1602 芯片不忙的情况下，置 RS 为 1，置 RW 为 1，然后从 LCD1602 芯片的数据端口 D7~D0 读回数据。

写入命令：在 LCD1602 芯片不忙的情况下，置 RS 为 0，置 RW 为 0，然后将 8 位数据送 LCD1602 芯片的数据端口 D7~D0。

LCD1602 芯片内部的控制器共有 8 条命令，如表 5-4 所示。

表 5-4　控制命令表

| 命　　令 | E | RS | R/W | D7 | D6 | D5 | D4 | D3 | D2 | D1 | D0 |
|---|---|---|---|---|---|---|---|---|---|---|---|
| 清显示 | 1 | 0 | 0 | 0 | 0 | 0 | 0 | 0 | 0 | 0 | 1 |
| 光标复位 | 1 | 0 | 0 | 0 | 0 | 0 | 0 | 0 | 0 | 1 | — |
| 光标和显示模式设置 | 1 | 0 | 0 | 0 | 0 | 0 | 0 | 0 | 1 | I/D | S |
| 显示开关控制 | 1 | 0 | 0 | 0 | 0 | 0 | 0 | 1 | D | C | B |
| 光标或显示移位 | 1 | 0 | 0 | 0 | 0 | 0 | 1 | S/C | R/L | — | — |
| 功能设置 | 1 | 0 | 0 | 0 | 0 | 1 | DL | N | F | — | — |
| 字符发生器 CGRAM/CGROM 地址设置 | 1 | 0 | 0 | 0 | 1 | 字符发生存储器地址（AGG） | | | | | |
| DDRAM 地址设置 | 1 | 0 | 0 | 1 | 显示数据存储器地址（ADD） | | | | | | |

① 清显示命令：命令码 01H，光标复位到地址 00H 位置。

② 光标复位命令：光标返回到地址 00H。

③ 光标和显示模式设置命令：I/D 为光标移动方向，I/D=1 表示右移，I/D=0 表示左移；S 为屏幕上所有文字是否左移或者右移，S=1 表示有效，S=0 则无效。

④ 显示开关控制命令：D 控制整体显示的开与关，D=1 表示开显示，D=0 表示关显示；C 控制光标的开与关，C=1 表示有光标，C=0 表示无光标；B 控制光标是否闪烁，B=1 表示闪烁，B=0 表示不闪烁。

⑤ 光标或显示移位命令：S/C=1 时移动显示的文字，S/C=0 时移动光标。

⑥ 功能设置命令：DL=1 时为 8 位总线，DL=0 时为 4 位总线；N=0 时为单行显示，N=1 时双行显示；F=0 时显示 5×7 的点阵字符，F=1 时显示 5×10 的点阵字符。

⑦ 字符发生器 CGRAM/CGROM 地址设置命令：CGROM 是厂家生产时固化在 LCD1602 芯片中的点阵型显示数据，表 5-2 已经给出了 160 个不同的点阵字符图形对应的字符代码。CGRAM 则是留给用户自己定义点阵型显示数据。

⑧ DDRAM 地址设置命令：LCD1602 内部的 DDRAM 有 80 个单元地址，显示屏上只有 2 行 16 列，共 32 个字符，所以两者不完全一一对应。在默认情况下，显示屏上第 1 行 16 个单元的内容对应 DDRAM 中 80H~8FH 的内容，90H~A7H24 地址单元的内容被隐藏，只有在滚动屏幕的情况下，这些内容才被滚动显示出来。同样第 2 行 16 个单元的内容对应 DDRAM 中 C0H~CFH 的内容，D0H~E7H24 地址单元的内容被隐藏。

下面，同样以引入项目"矩阵键盘加独立键盘与液晶显示"中的液晶芯片显示为例，介绍 LCD1602 的汇编编程。图 5-26 为 LCD1602 与单片机的连接图。

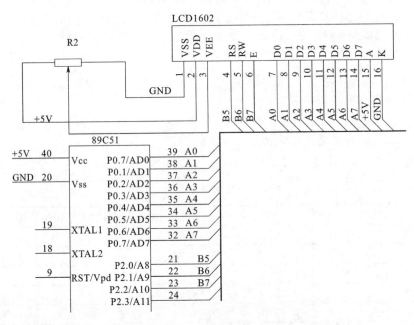

图 5-26　LCD1602 与单片机的连接图

为了让引入项目的程序易于理解，先将引入项目分解成更小的项目，去掉枝节，突出重难点，用例 5-4 来说明 LCD1602 的操作编程。

**例 5-5** 利用图 5-26 电路，将 RAM 60H、61H 两个单元的内容用此电路显示出来，并进行不断显示刷新，如何编程？

**解：**

程序设计思路：

① 程序结构图如图 5-27 所示。

② 编程说明：

例 5-5 没有键盘，只是将 RAM 60H、61H 两个单元的数据以十进制数在 LCD1602 屏幕上显示出来。为了与第 6 章"简易数控电源"项目相呼应，在程序编写时，主程序在初始设置部分使 LCD1602 第 1 行前 8 个字符显示为 SKZ（实时控制）：×.×V，字母和"："及"."为固定显示，第 1 个 × 表示 RAM 60H 单元的十位数字，第 2 个 × 表示 RAM 60H 单元的个位数字；第 1 行后 8 个字符显示 YKZ（预控置）：×.×V，字母和"："及"."为固定显示，第 1 个 × 表示 RAM 61H 单元的十位数字，第二个 × 表示 RAM 61H 单元的个位数字。

从图 5-27 的程序结构图中可知，整个程序同样由程序定义部分、主程序、表格和子程序群三大部分组成，主程序由程序初始化部分和主程序循环体部分组成。程序初始化部分相较前面的其他项目复杂很多，包含有 LCD1602 界面初始化子程序、写指令代码子程序、写显示数据子程序、读 LCD 状态子程序、延时子程序这 5 个子程序；主程序循环体部分由 LCD 显示主子程序一个主子程序组成，整包含了延时 10 ms 子程序、延时 100 μs 子程序、实时控制显示分解子程、预置显示分解子程序这 4 个子程序。本书在这里只给出程序编写的要点，同时给出较为复杂的子程序的参考流程图，其余的子程序流程图由读者自行总结。

编程要点：

① 先定义，包括命令寄存器、数据寄存器、LCD 数据端口、3 个 LCD 控制端口和 16 个显示单元的定义。

② LCD1602 初始化操作，整个过程如图 5-28 所示。

③ 主程序初始化，要求 LCD1602 显示的界面如图 5-29 所示。LCD 显示子程序需要重复执行，以对 RAM 60H、61H 两个单元的内容进行不断的刷新。

④ 写指令操作，整个过程如图 5-30 所示，图 5-31 为读 LCD 状态子程序流程图。

⑤ 写数据操作，整个过程如图 5-32 所示。

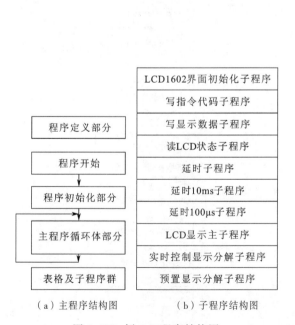

（a）主程序结构图　　　（b）子程序结构图

图 5-27　例 5-5 程序结构图

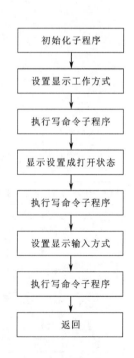

图 5-28　LCD1602 初始化操作流程图

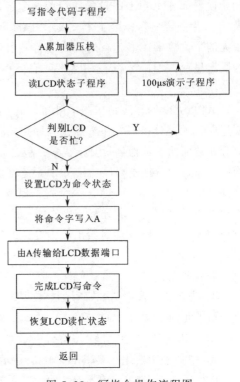

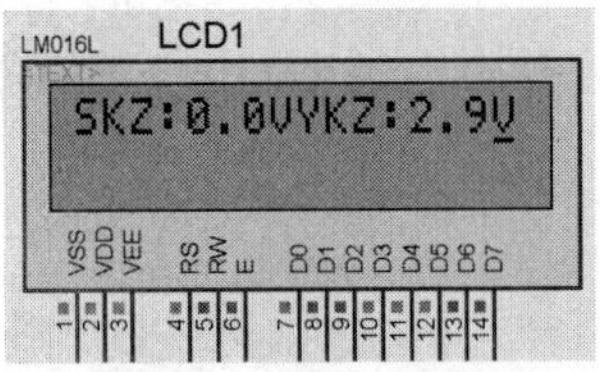

图 5-29   LCD1602 显示的界面

图 5-30   写指令操作流程图

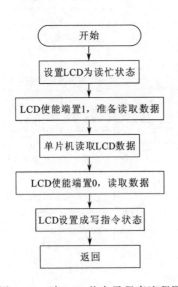

图 5-31   读 LCD 状态子程序流程图

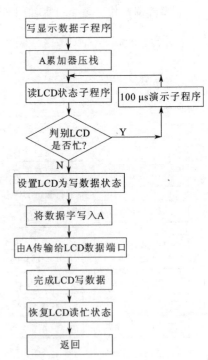

图 5-32   写数据操作流程图

LCD1602 程序清单如下：

```
;---------------------------------------------------
主程序初始设置
;---------------------------------------------------
COM   EQU   20H      ;命令寄存器
DAT   EQU   21H      ;数据寄存器
LCD_PORT   EQU P0    ;LCD 数据端口的定义
HD_LCD_RS EQU P2.0   ;定义 RS 为 P2.0
HD_LCD_RW EQU P2.1   ;定义 RW 为 P2.1
HD_LCD_E  EQU P2.2   ;定义 E 为 P2.2
LCD_0 EQU  30H       ;在单片机内部 RAM 上定义 16 个单元（本程序从 30H~3FH），让其与
                     ;LCD1602 的第 1 行显示相对应，以存放需要显示字符在代码表中的编
                     ;号，以便程序能根据编号，通过查表方式取出字符代码。如使用 2 行
                     ;显示则要定义 32 个单元
LCD_1 EQU 31H
LCD_2 EQU 32H
LCD_3 EQU 33H
LCD_4 EQU 34H
LCD_5 EQU 35H
LCD_6 EQU 36H
LCD_7 EQU 37H
LCD_8 EQU 38H
LCD_9 EQU 39H
LCD_A EQU 3AH
LCD_B EQU 3BH
LCD_C EQU 3CH
LCD_D EQU 3DH
LCD_E EQU 3EH
LCD_F EQU 3FH
YZKZ  EQU 61H        ;将 61H 设置为预置单元
SSKZ  EQU 60H        ;将 60H 设置为实时单元
;-------------------------------
; 程序开始
;-------------------------------
    ORG 0000H
;-------------------------------
; 主程序初始设置
;-------------------------------
    MOV SP,#70H
    MOV SSKZ,#00H        ;实时单元清 0
    MOV YZKZ,#00H        ;预置单元清 0
    MOV LCD_PORT,#0FFH   ;准备读口操作
    LCALL  INT           ;LCD 显示界面初始化
    MOV LCD_0,#0AH       ;固定显示 S(S 的代码在字符代码表中排在第 10 位)
    MOV LCD_1,#0BH       ;固定显示 K(K 的代码在字符代码表中排在第 11 位)
    MOV  LCD_2,#0CH      ;固定显示 Z(Z 的代码在字符代码表中排在第 12 位)
    MOV  LCD_3,#0DH      ;固定显示:(:的代码在字符代码表中排在第 13 位)
    MOV  LCD_5,#0EH      ;固定显示.(.的代码在字符代码表中排在第 14 位)
    MOV  LCD_7,#0FH      ;固定显示 V(V 的代码在字符代码表中排在第 15 位)
    MOV  LCD_8,#10H      ;固定显示 Y(Y 的代码在字符代码表中排在第 16 位)
    MOV  LCD_9,#0BH      ;固定显示 K(同上)
```

```
        MOV   LCD_A,#0CH      ;固定显示 Z(同上)
        MOV   LCD_B,#0DH      ;固定显示：(同上)
        MOV   LCD_D,#0EH      ;固定显示．(同上)
        MOV   LCD_F,#0FH      ;固定显示 V(同上)
        MOV   COM,#80H        ;准备DDRAM地址设置命令80H(LCD1602第1行初始地址)
        LCALL LCD_W_CMD       ;调用写命令子程序
        MOV   DPTR,#TAB       ;字符代码表首地址送数据指针准备查表取显示码
        MOV   R2,#16          ;完成16次取显示码及显示
        MOV   R1,#30H         ;LCD1602第1行第1位对应的存放代码表编号的地址单元
WRIN:
        MOV   A,@R1           ;间接取代码表编号送A
        MOVC  A,@A+DPTR       ;查表取显示代码送A
        MOV   DAT,A           ;将显示代码存进数据寄存器
        LCALL LCD_W_DAT       ;调用写数据子程序
        LCALL DELAY           ;调延时子程序
        INC   R1              ;R1加1指向第1行下1位对应的存放代码表编号的地址单元
        DJNZ  R2,WRIN
;----------------------------------
;主程序循环体部分
;----------------------------------
WAIT:
LCALL   LCD SHOW             ;调用LCD显示主子程序,将60H和61H单元的数据做十进制
                             ;分解,并送到LCD1602相应的显示位置进行显示
LJMP        WAIT
;----------------------------------
;表格及主程序群
;----------------------------------
TAB:              ;字符代码表
    DB   30H,31H,32H,33H,34H,35H,36H,37H,38H,39H
    DB   53H,4BH,5AH,3AH,2EH,56H,59H
;----------------------------------;
;1602界面初始化子程序
;输入: COM; 输出子程序: LCD_W_CMD
;----------------------------------
INT:
MOV     COM,#3CH             ;准备功能设置命令3CH(8位总线、双行显示、显示5x10点阵
                             ;字符)
LCALL   LCD_W_CMD            ;调用写命令子程序
MOV     COM,#0EH             ;准备显示开关控制命令0EH(开显示、有光标且光标闪烁)
LCALL   LCD_W_CMD            ;调用写命令子程序
MOV     COM,#01H             ;准备清显示命令01H(光标复位到地址00H位置)
LCALL   LCD_W_CMD            ;调用写命令子程序
MOV     COM,#06H             ;准备光标和显示模式设置命令06H(光标右移)
LCALL   LCD_W_CMD            ;调用写命令子程序
RET

;----------------------------------
;写指令代码子程序
;输入子程序: LCD_R_STAT;
;输入: 无;
;输出子程序: 无; 输出: LCD_PORT;
;中间变量子程序: PUB_DELAY_100US、NOP5
```

```
;中间变量: A、HD_LCD_RS、HD_LCD_RW、HD_LCD_E。
;--------------------------------
LCD_W_CMD:
PUSH ACC                        ;A 压栈
LCD_W_CMD_A:
LCALL LCD_R_STAT                ;调用读 LCD 状态子程序
JNB  ACC.7,LCD_W_CMD_B          ;判断最高位，为 1 表示忙，延时后继续调用读数据子程序，如
                                ;为 0 则表示不忙，接下来进入设置 3 个控制端口为写命令状态
                                ;并发送命令

LCALL    PUB_DELAY_100US
SJMP LCD_W_CMD_A
LCD_W_CMD_B:
CLR      HD_LCD_RW
LCALL    NOP5
CLR      HD_LCD_RS
LCALL    NOP5
SETB     HD_LCD_E
LCALL    NOP5
MOV      A,COM
MOV      LCD_PORT,A
LCALL    NOP5
CLR      HD_LCD_E               ;关闭使能端 E
LCALL    NOP5
SETB     HD_LCD_RW              ;设置为读忙或读数据状态
POP      ACC                    ;A 出栈
RET
; --------------------------------
;写显示数据子程序
;输入子程序: LCD_R_STAT;
;输入: 无;
;输出子程序: 无; 输出: LCD_PORT;
;中间变量子程序: PUB_DELAY_100US、NOP5
;中间变量: A、HD_LCD_RS、HD_LCD_RW、HD_LCD_E
;--------------------------------
LCD_W_DAT:
    PUSH ACC                    ;A 压栈
LCD_W_DAT_A:
    LCALL    LCD_R_STAT         ;调用读 LCD 状态子程序
    JNB  ACC.7,LCD_W_DAT_B      ;判断最高位, 为 1 表示忙, 延时后继续调用读数据子程序,
                                ;为 0 表示不忙, 接下来进入设置 3 个控制端口为写数据状
                                ;态并发送数据

    LCALL    PUB_DELAY_100US
    SJMP LCD_W_DAT_A
LCD_W_DAT_B:
    CLR      HD_LCD_RW
    LCALL    NOP5
    SETB HD_LCD_RS
    LCALL    NOP5
    SETB HD_LCD_E
    LCALL    NOP5
    MOV      A,DAT
    MOV      LCD_PORT,A
```

```
        LCALL   NOP5
        CLR     HD_LCD_E              ;关闭使能端 E
        LCALL   NOP5
        SETB HD_LCD_RW               ;设置为读忙或读数据状态
        POP     ACC                  ;A 出栈
        RET
```

```
; ----------------------------------
;读 LCD 状态子程序
;输入子程序: 无; 输入: LCD_PORT; 输出子程序: 无; 输出: A; 中间变量子程序: NOP5;
;中间变量: 无
; ----------------------------------
LCD_R_STAT:
        SETB HD_LCD_RW               ;与后面的指令一起设置为读忙状态
        LCALL   NOP5
        CLR     HD_LCD_RS
        LCALL   NOP5
        SETB HD_LCD_E
        LCALL   NOP5
        MOV     A,LCD_PORT           ;将 LCD1602 数据回读到 A
        LCALL   NOP5
        CLR     HD_LCD_E             ;关闭使能端 E
        LCALL   NOP5
        CLR     HD_LCD_RW            ;设置为写命令或写数据状态
        RET
;----------------------------------
;延时子程序
;中间变量: R6、R7
;----------------------------------
DELAY:
        MOV R6,#00H
        MOV R7,#00H
DELAY1:
        NOP
        DJNZ R7,DELAY1
        DJNZ R6,DELAY1
        RET
;----------------------------------
;延时 10ms
;中间变量: R6、R7
;----------------------------------
D10MS:MOV  R7,#14H
DLY:  MOV  R6,#0F8H
DLY1: DJNZ  R6,DLY1
      DJNZ  R7,DLY
      RET
;----------------------------------
;延时 100us(f=11.0592 MHz)
;中间变量: A
;----------------------------------
PUB_DELAY_100US:
      PUSH    ACC
```

```
    CLR    A
PD5_0:
    NOP
    INC    A
    CJNE   A,#23,PD5_0
    POP    ACC
    RET
NOP5:
    NOP
    NOP
    NOP
    RET
;-------------------------------
;LCD 显示主子程序
;输入子程序: 无;
;输入: COM、LCD_4、LCD_6、LCD_C、LCD_E;
;输出子程序: LCD_W_CMD、LCD_W_DAT;
;输出: LCD_PORT;
;中间变量子程序: DELAY
;中间变量: A
;-------------------------------
LCD_SHOW:
    LCALL  SEPR          ;调用实时控制单元十进制分解子程序
    LCALL  YZSEPR        ;调用预置单元十进制分解子程序
    MOV    COM,#84H      ;准备DDRAM地址设置命令84H(LCD1602第1行第五个地址)
    LCALL  LCD_W_CMD     ;调用写命令子程序
    MOV    DPTR,#TAB     ;字符代码表首地址送数据指针准备查表取显示码
    MOV    A,LCD_4       ;将LCD_4(34H单元)所存的显示代码编号送A
    MOVC   A,@A+DPTR     ;查表取显示代码送A
    MOV    DAT,A         ;显示代码送数据寄存器
    LCALL  LCD_W_DAT     ;调用写数据子程序
    LCALL  DELAY

    MOV    COM,#86H      ;准备DDRAM地址设置命令84H(LCD1602第1行第7个地址)
    LCALL  LCD_W_CMD     ;同上
    MOV    DPTR,#TAB     ;同上
    MOV    A,LCD_6       ;将LCD_6(36H单元)所存的显示代码编号送A
    MOVC   A,@A+DPTR     ;同上
    MOV    DAT,A         ;同上
    LCALL  LCD_W_DAT     ;同上
    LCALL  DELAY

    MOV    COM,#8CH      ;准备DDRAM地址设置命令84H(LCD1602第1行第13个地址)
    LCALL  LCD_W_CMD
    MOV    DPTR,#TAB
    MOV    A,LCD_C       ;将LCD_C(3CH单元)所存的显示代码编号送A
    MOVC   A,@A+DPTR
    MOV    DAT,A
    LCALL  LCD_W_DAT
    LCALL  DELAY
```

```
        MOV    COM,#8EH          ;准备DDRAM地址设置命令84H(LCD1602第1行第14个地址)
        LCALL  LCD_W_CMD
        MOV    DPTR,#TAB
        MOV    A,LCD_E           ;将LCD_E（3EH单元）所存的显示代码编号送A
        MOVC   A,@A+DPTR
        MOV    DAT,A
        LCALL  LCD_W_DAT
        LCALL  DELAY
           RET
;-------------------------------------
;实时控制显示分解子程序
;输入：SSKZ；
;输出：LCD_4、LCD_6；
;中间变量：A、B
;-------------------------------------
SEPR:   MOV  A,SSKZ             ;实时控制单元数据送A
        MOV  B,#10
        DIV  AB
        MOV  LCD_4,A            ;除数为十位数的显示编号，送34H单元
        MOV  LCD_6,B            ;商为个位数的显示编号，送36H单元
        RET
;-------------------------------------
;预置显示分解子程序
;输入：YZKZ；
;输出：LCD_C、LCD_E；
;中间变量：A、B
;-------------------------------------
YZSEPR: MOV  A,YZKZ            ;预置单元数据送A
        MOV  B,#10
        DIV  AB
        MOV  LCD_C,A           ;除数为十位数的显示编号，送3CH单元
        MOV  LCD_E,B           ;除数为十位数的显示编号，送3EH单元
        RET
        END
```

### 3. 矩阵键盘加独立键盘与液晶显示项目编程说明

项目程序可利用例 5-3 的整个程序和例 5-4 的整个程序按照汇编程序的移植法则进行构造，其中例 5-3 中的独立键盘和矩阵键盘的操作与项目要求相同，3 个独立键的控制改成由 P3.0、P3.1、P3.2 引脚控制，RAM 60H 可存放当前值，RAM 61H 单元则存放预设值；而例 5-4 的显示字母 SKZ 就是实时控制的缩写，YKZ 就是预设控制的缩写。具体步骤说明如下：

（1）程序定义部分整合

将例 5-3 程序的程序定义部分指令与例 5-3 程序的程序定义部分指令进行合并，形成项目程序的程序定义部分，合并后的程序定义部分必须不相互冲突。

（2）程序开始及主程序跳转整合

任取例 5-3 程序或例 5-4 程序开始及主程序跳转指令即可。

（3）程序初始化部分整合

这一部分整合较为重要，除了将例 5-3 程序初始化部分和例 5-4 程序的程序初始化部分进行合并外，必须保证两程序融合的一致性，即例 5-3 程序的键盘操作单元 RAM 60H 和 RAM 61H 必须与例 5-4 中的实时单元和预置单元相同。如不相同，则需修改程序的定义部分，使之相同。

（4）主程序循环体部分整合

这一部分整合相当简单，只需要将两个程序的主程序循环体部分合并即可。

（5）子程序及表格部分整合

这一部分程序也只要将两个程序的子程序及表格部分合并即可，但同样也要注意调用表格是否超出范围，如超出范围则要调整表格的位置。

项目的整个程序见附录 A 中的独立键盘与静态数码管显示程序。

**小知识**

就上述介绍的各个项目编程来看，汇编程序模块共识标准编程的关键在于构建各种通用子程序模块，只要构建好相应的子程序，就很容易编写项目的整个程序，这与 C 语言编程时以构建各种应用函数为关键有相同之处。要想使用好汇编程序模块共识标准编程，必须建立子程序库。通过积累和收集各种子程序使子程序库不断扩大，可为今后各种项目的汇编编程带来极大的方便。

# 任务训练：编写简易时钟程序

### 1. 任务描述

构造 1 个 3 独立键盘加串行静态数码管显示或 3 独立键盘加 LCD1602 显示的单片机电路，以实现秒、分、时显示的简易时钟，其中 3 独立键盘可以对时钟的秒、分、时进行修改，用 Proteus 仿真软件构造仿真电路并仿真出来。

### 2. 任务提示

① 可借助本章引入项目程序编写目标程序。

② 如使用数码管构造电路，则需要 6 个数码管：2 个显示秒，2 个显示分，2 个显示时。

③ 如使用 LCD1602 构造电路，同样用 2 个字符位显示秒，2 个字符位显示分、2 个字符位显示时。

# 习　题

## 一、问答题

1. 为什么一般键有抖动，而按键去抖电路却没有抖动？

2. 单片机如何识别不同的键被按下？如何去抖？

3. 设置按键标号有什么好处？标号设置子程序如何编写？

4. 数码管点亮需要哪些控制？怎么做？

5. 如何熄灭数码管？如何将 1 字节拆分成 2 个显示数？如何取对应的显示码？上述电路图中，串联静态显示如何实现？

6. 矩阵按键的连接与独立按键的连接有什么区别？

7. 矩阵键盘汇编编程思路是什么？

8. 矩阵键盘如何识别是否有键被按下？

9. 什么是键码表？

10. 液晶显示屏 LCD1602 的引脚有多少个？它们各是什么？

11. 液晶显示屏 LCD1602 本身存有多少个符号？它们的显示码是什么？如何将 1 字节拆分成 2 个显示数？

12. 液晶显示屏 LCD1602 显示位置如何确定？

13. 液晶显示屏 LCD1602 写数据与写命令有何区别？

## 二、程序分析题

1. 用文字说明下述程序的功能是什么？

```
SIXTY                EQU        60H
SIXTY_ONE            EQU        61H
XZ_K0                BIT    P1.0
ZY_K1                BIT    P1.1
JY_K2                BIT    P1.2
K0_FLAG              BIT    38H
K1_FLAG              BIT    39H
K2_FLAG              BIT    3AH
SIXTY_ONE_ FLAG      BIT    3CH
PUSHDATA             EQU        42H
```

2. 用文字说明下述程序的功能是什么？累加器 A 有什么用？

```
SELECT1:
    CLR    SIXTY_ONE_FLAG
    INC    PUSHDATA
    MOV    A,PUSHDATA
    CJNE   A,#01H,ONE
    SETB   SIXTY_ONE_FLAG
    SJMP   BACK_B
ONE:CJNE   A,#02H,BACK_B
    MOV    PUSHDATA,#00H
BACK_B:JNB  XZ_K0,$
    RET
```

3. 用文字说明下述程序的功能是什么？累加器 A 有什么用？

```
LED_DISP_BYTE:
    PUSH   ACC
    CLR    LED_SCL
    MOV R7,#8
LED_DISP_BYTE1:
    RLC A
    MOV    LED_SDA,C
    NOP
    NOP
    SETB   LED_SCL
    NOP
    NOP
```

```
    CLR    LED_SCL
    DJNZ   R7,LED_DISP_BYTE1
    POP ACC
    RET
```

4. 用文字说明下述程序的功能是什么？累加器 A 有什么用？

```
ADD1:
    JNB  YZ_FLAG,ADD1_1
    MOV  A,YZKZ
    CJNE A,#99,ADD1_1_1
    LJMP ADD1_END
ADD1_1_1:
    INC  A
    MOV  YZKZ,A
    LJMP ADD1_END
ADD1_1:
    MOV  A,SSKZ
    CJNE A,#99,ADD1_1_2
    LJMP ADD1_END
    ADD1_1_2:
    INC  A
    MOV  SSKZ,A
    LJMP ADD1_END
ADD1_END:RET
```

5. 用文字说明下述程序的功能是什么？

```
    MOV     SP,#70H
    MOV     SSKZ,#00H
    MOV     YZKZ,#00H
    MOV     LCD_PORT,#0FFH
    LCALL   INT
    MOV     LCD_0,#0AH
    MOV     LCD_1,#0BH
    MOV     LCD_2,#0CH
    MOV     LCD_3,#0DH
    MOV     LCD_5,#0EH
    MOV     LCD_7,#0FH
    MOV     LCD_8,#10H
    MOV     LCD_9,#0BH
    MOV     LCD_A,#0CH
    MOV     LCD_B,#0DH
    MOV     LCD_D,#0EH
    MOV     LCD_F,#0FH
    MOV     COM,#80H
    LCALL   LCD_W_CMD
    MOV     DPTR,#TAB
    MOV     R2,#16
    MOV     R1,#30H
WRIN:
    MOV     A,@R1
    MOVC    A,@A+DPTR
    MOV     DAT,A
    LCALL   LCD_W_DAT
    LCALL   DELAY
    INC     R1
    DJNZ    R2,WRIN
```

# 第6章

## MCS-51 系列单片机的数-模（D/A）转换的汇编编程

### 导读

在实时控制系统中，控制或被测量的对象往往需要用连续变化的模拟量来控制，如速度、温度、压力等。此时，就需要把计算机运算处理的结果转换成相应的模拟量以便操纵控制对象，这一过程称为数-模（D/A）转换。能实现 D/A 转换的器件称为 D/A 转换器或 DAC。本章介绍 D/A 转换的基本知识，构造了一个由单片机、独立键盘、矩阵键盘、LCD1602 和 DAC0832 构成的项目——简易数控电源，并通过该项目讨论 DAC0832 与单片机的连接和常用汇编编程。

### 知识目标

① 理解 D/A 转换器的基本概念。
② 了解 DAC0832 的引脚功能和接口特点。
③ 掌握 DAC0832 的编程。
④ 掌握简易数控电源的原理和汇编编程。

### 技能目标

① 会使用 Keil 或伟福等通用单片机编程软件对简易数控电源项目的程序进行编辑，生成扩展名为 hex 的烧录文件。
② 能独立画出简易数控电源项目的电路。

### 实物图示例

简易数控电源实物图如图 6-1 所示。

图 6-1　简易数控电源实物图

# 6.1　项目引入：简易数控电源

## 📖 项目说明

### 1．项目功能

第 5 章中介绍了由独立键盘、矩阵键盘、数码管显示、LCD1602 显示组成的数字系统的汇编编程。事实上，很多电子产品除了有数字电路部分外还有模拟电路部分，需要将单片机系统产生的数字信号转换成各种模拟信号以满足不同模拟器件驱动的要求。本项目使用前面介绍的独立键盘、矩阵键盘、LCD1602 显示构成的单片机应用系统加上 D/A 转换器组成一个简易数控电源。实现功能如下：

① 输出电压：范围 0 ~ 9.9 V，步进 0.1 V。

② 输出电压值由液晶显示。

③ 由+、−两键分别控制输出电压步进增减。

④ 输出电压可预置在 0 ~ 9.9 V 之间的任意一个值。

⑤ 用自动扫描替代人工按键，实现输出电压变化（步进 0.1 V 不变）。

### 2．设备与器件

设备：计算机、单片机烧入器、自制单片机应用电路板或单片机实验设备、5 V 稳压电源。

器件：AT89C51 或 AT89C52 单片机。

## 📊 教学目标

在复杂的电子产品中，单片机组成的数控直流电路往往是电路的基本组成部分。本项目就是要初学者学习单片机 D/A 转换器与单片机的接口技术并强化编程能力。

## ✉ 工作任务

① 使用 Keil 或伟福等通用单片机编程软件对项目给出的程序进行编辑，生成扩展名为 hex 的烧录文件。

② 利用单片机烧录软件将 hex 文件烧入单片机，使用自制单片机应用电路板或单片机实验设备实现项目既定要求。

## 📋 相关资料

本项目给出参考电路原理图和源程序，其中图 6-2 所示为简易数控电源的主体部分，电路由单片机芯片、独立键盘、十键矩阵键盘、LCD1602 和 DAC0832 及一些运算放大电路和与非门芯片组成，这部分电路除了要完成 100 步均匀线性输出外，还要将将电压输出稳定在 0 ~ 9.9 V 上，以及在 LCD1602 上做对应的显示；图 6-3 所示为简易数控电源的功率放大电路，这部分电路除了保证简易数控电源在 9.9 V 输出时能获得 500 mA 以下的输出工作电流，还能在输出电流大于 700 mA 时进行过电流保护和发出报警声音。

本项目的参考源程序可通过第 5 章项目引入——矩阵键盘加独立键盘与液晶显示程序加 DAC0832 开通和关闭的子程序，按照前面介绍的程序构造法则来编写。下面给出的是省略了独立键盘、矩阵键盘、LCD1602 显示等部分程序指令，突出包含 DAC0832

# MCS-51 系列单片机及汇编编程（第三版）

子程序的参考源程序。

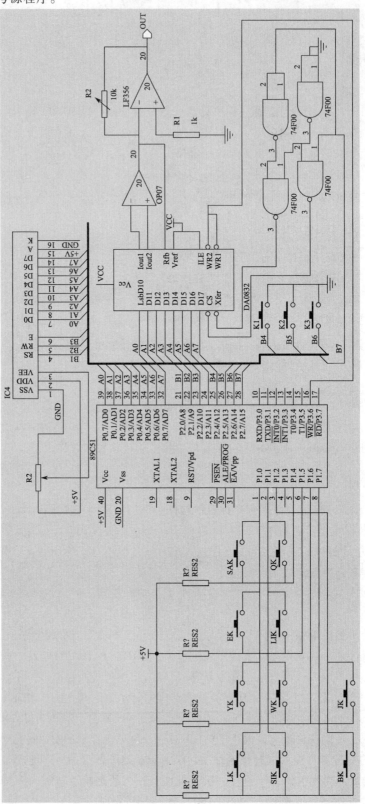

图 6-2　简易教程电源的主题部分

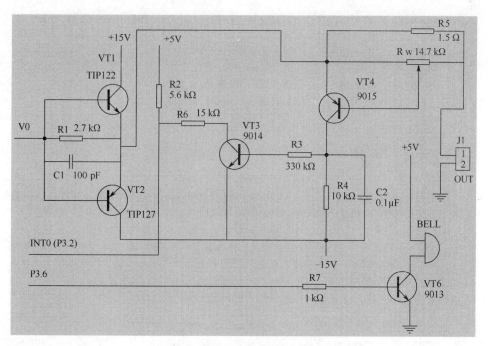

图 6-3 简易数控电源驱动电路

```
;--------------------------------------------------------------
; 程序定义部分
;--------------------------------------------------------------
;与附录 A 中矩阵键盘加独立键盘与液晶显示程序相比较,
;程序定义除 3 个独立键的控制改为 P2.0、P2.1、P2.2 外, 其余相同
    DA0832ADDR1  EQU   8300H      ;DAC0832 关闭
    DA0832ADDR2  EQU   0300H      ;DAC0832 开通
;--------------------------------------------------------------
; 程序开始
;--------------------------------------------------------------
  ORG 0000H
;--------------------------------------------------------------
; 中断 INT0 入口及跳转
;--------------------------------------------------------------
  ORG   0003H
  LJMP  INTT0                ;调用中断服务程序
;--------------------------------------------------------------
; 程序初始设置
;--------------------------------------------------------------
  MOV SP,#70H
  MOV PUSHDATA,#00H
  MOV PUSHDATA1,#00
  MOV LCD_PORT,#0FFH   ;准备读口操作
  LCALL  INT            ;LCD 显示界面初始化
  MOV   LCD_0,#0AH      ;固定显示 S（S 的代码在字符代码表中排在第 10 位）
  MOV   LCD_1,#0BH      ;固定显示 K（K 的代码在字符代码表中排在第 11 位）
  MOV   LCD_2,#0CH      ;固定显示 Z（Z 的代码在字符代码表中排在第 12 位）
```

```
        MOV    LCD_3,#0DH        ;固定显示：（:的代码在字符代码表中排在第13位）
        MOV    LCD_5,#0EH        ;固定显示.（.的代码在字符代码表中排在第14位）
        MOV    LCD_7,#0FH        ;固定显示V（V的代码在字符代码表中排在第15位）
        MOV    LCD_8,#10H        ;固定显示Y（Y的代码在字符代码表中排在第16位）
        MOV    LCD_9,#0BH        ;固定显示K（同上）
        MOV    LCD_A,#0CH        ;固定显示Z（同上）
        MOV    LCD_B,#0DH        ;固定显示:（同上）
        MOV    LCD_D,#0EH        ;固定显示.（同上）
        MOV    LCD_F,#0FH        ;固定显示V（同上）
        MOV    SSKZ,#00H         ;实时单元清0
        MOV    YZKZ,#00H         ;预置单元清0
        MOV    COM,#80H          ;准备DDRAM地址设置命令80H(LCD1602第1行初始地址)
        LCALL  LCD_W_CMD         ;调用写命令子程序
        MOV    DPTR,#TAB         ;字符代码表首地址送数据指针准备查表取显示码
        MOV    R2,#16            ;完成16次取取显示码及显示
        MOV    R1,#30H           ;LCD1602第1行第1位对应地存放代码表编号的地址单元
WRIN:
        MOV    A,@R1             ;间接取代码表编号送A
        MOVC   A,@A+DPTR         ;查表取显示代码送A
        MOV    DAT,A             ;将显示代码存进数据寄存器
        LCALL  LCD_W_DAT         ;调用写数据子程序
        LCALL  DELAY             ;调用延时子程序
        INC    R1                ;R1加1指向第1行下一位对应的存放代码表编号的地址单元
        DJNZ   R2,WRIN
;----------------------------------------------------
;主程序循环体部分
;----------------------------------------------------
WAIT:
        LCALL  SCAN_KEY
        LCALL  BMKSCAN
        LCALL  LCD SHOW
        LCALL  DAC0832
        LJMP   WAIT
;--------------------------------------------
; 中断 INT0 服务程序
;--------------------------------------------
INTT0:                          ;中断警告程序
        MOV    A,#0             ;准备使DAC0832输出为0
        MOV    DPTR,#DA0832ADDR2 ;将打开DAC0832的数送数据指针
        MOVX   @DPTR,A           ;打开DAC0832并送转换数0,使输出为0
        MOV    DPTR,#DA0832ADDR1 ;将关闭DAC0832的数送数据指针
        MOVX   @DPTR,A           ;关闭DAC0832,以免DAC0832受到干扰
        LCALL  PUB_DELAY_1MS     ;延时1ms
        SETB   P3.6              ;报警
        MOV    LCD_PORT,#0FFH    ;准备读口操作
        LCALL  INT               ;LCD显示界面初始化
        MOV    LCD_4,#1Eh        ;固定显示w值
        MOV    LCD_5,#11H        ;固定显示a值
        MOV    LCD_6,#19H        ;固定显示r
        MOV    LCD_7,#17H        ;固定显示n
        MOV    LCD_8,#17H        ;固定显示n
```

```
        MOV     LCD_9,#15H              ;固定显示 i
        MOV     LCD_A,#17H              ;固定显示 n
        MOV     LCD_B,#14H              ;固定显示 g
        MOV     LCD_C,#20H              ;固定显示 !
        MOV     COM,#84H                ;准备 DDRAM 地址设置命令 84H
                                        ;（LCD1602 第 1 行第 5 个地址开始显示）
        LCALL   LCD_W_CMD               ;调用写命令子程序
        MOV     DPTR,#TAB               ;字符代码表首地址送数据指针准备查表取显示码
        MOV     R2,#9                   ;完成 9 次取显示码及显示
        MOV     R1,#34H                 ;LCD1602 第 1 行第 5 位对应地存放代码表编号的地址
单元
WRIN5:
        MOV     A,@R1                   ;同上
        MOVC    A,@A+DPTR               ;同上
        MOV     DAT,A                   ;同上
        LCALL   LCD_W_DAT               ;同上
        LCALL   DELAY                   ;同上
        INC     R1                      ;同上
        DJNZ    R2,WRIN5                ;同上
        SJMP    $                       ;程序原地踏步（出现过电流，不能自动恢复，必须重新复
                                        ;位才能恢复）
        RETI
;----------------------------------------------------------------
;表格及主程序群
;----------------------------------------------------------------
;与附录 A 中矩阵键盘加独立键盘与液晶显示程序的表格及主程序群相同
;------------------------------------------------
;DAC0832 子程序
;输入: DPTR;
;输出: A;
;------------------------------------------------
DAC0832 :
        MOV     DPTR,# 0300H
        MOVX    @DPTR,A                     ; 开 DAC0832
        MOV     DPTR,# 8300H
        MOVX    @DPTR,A                     ; 关 DAC0832
        RET
        END
```

**项目实施**

① 使用 Keil uVision2 单片机编程软件对项目给出的程序进行编辑。

② 生成扩展名为 hex 的烧录文件。

③ 利用单片机试验箱或单片机应用开发系统构建电路。

④ 将 hex 烧录文件下载到单片机内，进行软硬件联合调试。

## 6.2　D/A 转换的相关知识

由于单片机为数字系统，当执行机构为模拟系统时，以单片机为核心的数字系统必须经过 D/A 转换电路才能控制执行机构。目前 D/A 转换器芯片的种类较多，在实际应用

中，只需要掌握 D/A 转换器集成电路性能及其与单片机之间接口的基本要求，就可以根据应用系统的要求合理选用 D/A 转换器芯片，配置适当的接口电路。

### 6.2.1 D/A 转换器的主要技术指标

#### 1. 分辨率

分辨率是指 D/A 转换器所能分辨的输入数字量最小变化的能力，由输入数字的位数来决定，故分辨率可表示为 $1/2^n$，有时，分辨率直接用输入数字量的位数表示，即 $n$ 位。

> **小知识**
>
> 例如：8 位 D/A 转换器的分辨率为 $1LSB = 1/2^8 \times 100\% = 0.390\,625\%$（LSB 为单位数字量）。当转换位数相同，而输入的基准电压 $V_{REF}$ 不同时，可分辨的最小电压值不同。如，假设上例的基准电压 $V_{REF} = 5\,V$ 时，可分辨的最小电压是 19.53 mV；而 $V_{REF} = 10\,V$，可分辨的最小电压是 39.06 mV。显然在 D/A 转换器输入的基准电压相同的情况下，位数越多，分辨率就越高。

#### 2. 转换精度

转换精度反映 D/A 转换器的精确程度，一般用误差大小表示。通常以满刻度电压的百分数形式给出，即数字量输入为满刻度（全 1 时），实际输出模拟量与理论值的偏差。

> **小知识**
>
> 上述的 8 位 D/A 转换器的基准输入电压为 5 V，其在 20LSB 时的理论输出值为 0.390 625V，如其实际测量值为 0.41 V，则其转换精度 $=(0.41 - 0.390\,625)/5 \times 100\% = 1.875\%$。

分辨率与转换精度并不相同，分辨率是指输入数字量最低位的变化对输出影响的大小，而转换精度是指转换后的实际输出与理论值之间的接近程度，反映误差的大小。

#### 3. 建立时间

建立时间是指完成一次 D/A 转换所需时间，是描述 D/A 转换速度的一个参数。从 D/A 转换器数字输入端有满刻度值开始，到输出达到与稳定值相差 $\pm 1/2LSB$（最低有效位）范围内所需的时间称为建立时间。不同类型的 D/A 转换器建立时间多数是不同的，但一般均在几十纳秒到几百微秒的范围内。

由于计算机的运行速度高于 D/A 建立时间，所以无论是什么类型的 D/A 转换器，都必须在接口中安置锁存器，锁存短暂的输出信号，为 D/A 转换器提供足够时间的数字信号。

### 6.2.2 典型的 D/A 转换器及接口

8 位 D/A 转换器具有和 MCS-51 系列单片机同等的数据宽度，接口简单，且 8 位 D/A 转换器与大于 8 位 D/A 转换器的控制引脚具有共同的特性，掌握 8 位 D/A 转换器，对学习其他的大于 8 位 D/A 转换器大有益处。因此，本书对比较典型的 DAC0832 进行介绍。DAC0832 是使用较多的一种 D/A 转换器，其转换时间为 1μs，工作电压为 5 ~ 15 V，基准电压为 ±10 V。下面介绍 DAC0832 的引脚功能、接口特点和编程要点。

**1. DAC0832 的外部引脚及功能**

DAC0832 系列均为 DIP20 封装，且引脚完全兼容，其芯片引脚如图 6-4 所示。

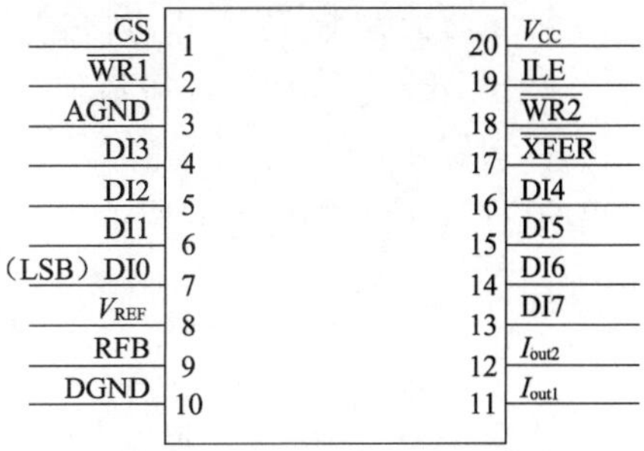

DAC0832 的外部引脚功能如下：

（1）与电源相关的引脚（共 4 个引脚）

$V_{CC}$：数字电源输入（5 ~ 15 V），典型值为 5 V。

$V_{REF}$：基准电压输入（–10 ~ +10 V），典型值为–5 V。

AGND：模拟地。

DGND：数字地，通常 AGND、DGND 一点接地。

图 6-4 中引脚标注：
左侧（自上而下）：$\overline{CS}$ (1)、$\overline{WR1}$ (2)、AGND (3)、DI3 (4)、DI2 (5)、DI1 (6)、(LSB) DI0 (7)、$V_{REF}$ (8)、RFB (9)、DGND (10)
右侧（自上而下）：$V_{CC}$ (20)、ILE (19)、$\overline{WR2}$ (18)、$\overline{XFER}$ (17)、DI4 (16)、DI5 (15)、DI6 (14)、DI7 (13)、$I_{out2}$ (12)、$I_{out1}$ (11)

图 6-4　DAC0832 的引脚图

（2）与控制和输出相关的引脚（共 8 个引脚）

$\overline{CS}$：片选输入，低电平选中。

ILE：数据锁存允许输入高电平有效。

$\overline{WR1}$：输入寄存器写选通输入端，低电平有效。当 $\overline{CS}$ =0，ILE=1，$\overline{WR1}$ =0 时，数据写入 DAC0832 的输入寄存器进行第一级锁存。

$\overline{XFER}$：数据传输信号输入。

$\overline{WR2}$：DAC 寄存器写选通输入端，低电平有效。当 $\overline{XFER}$ 为 0 且 $\overline{WR2}$ =0 时，输入寄存器的状态被传送到 DAC 寄存器中进行第二级锁存。

$I_{out1}$：电流输出 1 端，当输入全是"1"时，电流最大。

$I_{out2}$：电流输出 2 端，其值与 $I_{out1}$ 端的电流之和为一常数。

RFB：反馈信号输入。当需要电压输出时，$I_{out1}$ 接运算放大器"–"端，$I_{out2}$ 接运算放大器"+"端，RFB 接运算放大输出端。

（3）与数据相关的引脚（共 8 个引脚）

DI7 ~ DI0：并行数据输入，其中 DI7 为高位，DI0 为低位。

DAC0832 是电流型输出，应用时需外接运算放大器使之成为电压型输出。DAC0832 需要电压输出时，可以简单地使用一个运算放大器连接成单极性输出形式如图 6-5 所示。

输出电压

$$V_{OUT} = -B \times V_{REF}/256（V）$$

式中，$B$ 为输入数字量，其范围为 0 ~ 255，当参考电压 $V_{REF}$ = –5 V 时，则 $V_{OUT}$ 输出范围为 0 ~ 5 V；

采用二级运算放大器可以连接成双极性输出（见图 6-6），当 $V_{REF}$ = –5 V 时，

$$V_{OUT} = 5 - 10B/256（V）$$

因 $B$=0 时，$V_{OUT}$ = 5 V；$B$=256 时，$V_{OUT}$ = –5 V，所以 $V_{OUT}$ 输出范围为–5 ~ +5 V。

**2. DAC0832 与单片机的连接**

选择 DAC0832 的最重要理由有 2 点：第一，其内部具有锁存器；第二，其内部具有二级锁存。如何充分地利用其二级锁存，使 DAC0832 的特点得以充分的利用是选用该芯片的重点。DAC0832 利用 $\overline{WR1}$、$\overline{WR2}$、$\overline{CS}$、$\overline{XFER}$ 控制信号可以构成 3 种不同的工作方式。

① 直通方式：$\overline{WR1}=\overline{WR2}=0$ 时，数据可以从输入端经过内部的 2 个寄存器直接进入 D/A 转换器。

② 单缓冲方式：2 个寄存器之一始终处于直通，即 $\overline{WR1}=0$ 或 $\overline{WR2}=0$，另一个寄存器处于受控状态，如图 6-5 所示。

③ 双缓冲方式：2 个寄存器均处于受控状态。这种工作方式适合于多模拟信号同时输出的应用场合，如图 6-6 所示。

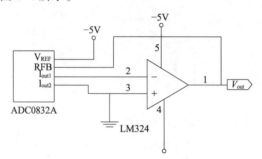

图 6-5　DAC0832 单缓冲发方式

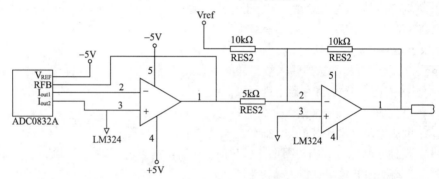

图 6-6　DAC0832 双缓冲方式

由于篇幅有限，下面仅介绍单缓冲方式。

DAC0832 与单片机单缓冲方式接口电路如图 6-7 所示，采用这种方式时，将二级寄存器的控制信号并接，如 $\overline{WR1}$ 和 $\overline{WR2}$ 并在一起，ILE 接+5 V，片选信号 $\overline{CS}$ 和数据传送控制信号 $\overline{XFER}$ 都接至 P2.7，这样数据在控制信号作用下，直接送入 DAC 寄存器中，完成 D/A 转换。

为了保证 DAC0832 转换的可靠性，在片选信号 $\overline{CS}$ 和数据传送控制信号 $\overline{XFER}$ 连接处理上可利用与非门将 P2.7 信号到达时间错开，让控制信号 P2.7 先到达 $\overline{CS}$ 引脚，然后再到达 $\overline{XFER}$ 引脚。这样的 DAC0832 连接见图 6-2。

### 3. DAC0832 单缓冲方式的编程要点

DAC0832 单缓冲方式的编程较为简单，按图 6-7 的接法，$\overline{CS}$ 和 $\overline{XFER}$ 接在一起由 P2.7 控制，$\overline{WR1}$ 和 $\overline{WR2}$ 接在一起由 $\overline{WR}$ 控制，只要在 P0 口准备好转换的数据，控制 P2.7=0、$\overline{WR}$=0，则 DAC0832 完成转换。在第 2 章中 MCS-51 系列单片机的时序和工作方式一节中讲述过 MOVX　@DPTR,A 为 2 周期指令，知道在指令第 1 个机器周期，P0 端口输出低 8 位地址，P2 端口输出高 8 位地址，在指令第 2 个机器周期，写信号 $\overline{WR}$ 有效时，便将单片机 A 中数据写入外部 RAM，因此常常使用指令 MOVX　@DPTR，A 来控制 DAC0832 完成转换。

常用"开通"DAC0832 的程序如下：

```
MOV     DPTR,#1FFFH
MOVX    @DPTR, A
```

这两条指令包含了将转换的数据送到 P0 口以及控制 $\overline{CS}$ = $\overline{XFER}$ =P2.7=0 和 $\overline{WR1}$ = $\overline{WR2}$ =0。

常用"关闭"DAC0832 的程序如下：

```
MOV     DPTR,#9FFFH
MOVX    @DPTR,A
```

指令含有 $\overline{CS}$ = $\overline{XFER}$ =P2.7=1 操作，故关闭 DAC0832。

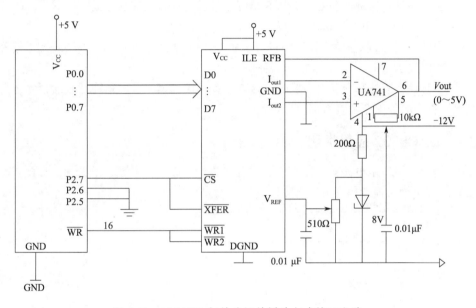

图 6-7　DAC0832 与单片机单缓冲方式接口电路

## 6.2.3　简易数控电源项目编程说明

程序结构图省略，按项目功能要求，单片机应用系统能实现如下功能：

根据项目功能要求，发现与第 5 章的矩阵键盘加独立键盘与液晶显示项目的功能要求非常相近，显示都由液晶来显示，都有+、-两键，都是步进 100 步，都能实现预置。因此，该项目程序可利用第 5 章的矩阵键盘加独立键盘与液晶显示程序按照汇编程序的移植法则进行构造。由于 DAC0832 的程序非常简单，只要将其程序构造成一个简单的子程序插入第 5 章的矩阵键盘加独立键盘与液晶显示程序即可。另外，为了实现输出电流大于 700 mA 时进行过电流保护和发出报警声音，用外部中断 $\overline{INT0}$ 实现过电流保护，用 P3.6 实现报警。具体步骤说明如下：

按项目电路图 6-2，DAC0832 开通的地址数为 0300H，关闭的地址数为 8300H，这两个数都不是唯一的，构造的 DAC0832 子程序如下：

```
DAC0832 :
MOV  DPTR,# 0300H
MOVX @DPTR,A                    ;开通 DAC0832
MOV  DPTR,# 8300H
MOVX @DPTR,A                    ;关闭 DAC0832
```

RET

① 程序定义部分整合。在第 5 章的矩阵键盘加独立键盘与液晶显示定义部分加入对开通地址数 0300H 和关闭地址数 8300H 的定义，将 8300H 定义为 DA0832ADDR1，将 0300H 定义为 DA0832ADDR2。

② 程序开始及主程序跳转整合。采用第 5 章的矩阵键盘加独立键盘与液晶显示程序的程序开始及主程序跳转指令即可。

③ 中断 INT0 入口及跳转。用外部中断 INT0 来进行过电流保护，中断入口为 0003H。

④ 程序初始化部分整合。采用第 5 章的矩阵键盘加独立键盘与液晶显示程序的初始化部分即可。

⑤ 主程序循环体部分整合。在第 5 章的矩阵键盘加独立键盘与液晶显示程序的主程序循环体部分加入调用 DAC0832 子程序即可。

⑥ 中断 INT0 服务程序。程序中包含了使 DAC0832 输出为 0，通过 P3.6 置 1 报警，让液晶 1602 显示 Warnning 警告字样等程序。

⑦ 子程序及表格部分整合。将 DAC0832 子程序插入第 5 章的矩阵键盘加独立键盘与液晶显示程序的子程序及表格部分即可。

## 6.2.4　DAC0832 应用举例

① 用图 6-7 所示电路输出矩形波。单片机连续 200 次输出数字量 FFH。如此重复，DAC0832 即可输出连续矩形波。

```
;------------------------------------------
;程序开始
;------------------------------------------
      ORG      0000H
;------------------------------------------
; 程序初始化部分
;------------------------------------------
      MOV      A,#0
      MOV      R2,#200
;------------------------------------------
; 主程序循环体部分
;------------------------------------------
 DD0:LCALL    DAC0832
      LJMP     DD0                   ;重复上述过程，形成多个矩形波
;------------------------------------------
; 子程序
;------------------------------------------
DAC0832:
      MOV      DPTR,#1FFFH           ;指向 DAC0832
      MOVX     @DPTR,A               ;向 D/A 送 0
 DD1:
      DJNZ     R2,DD1                ;循环 255 次，形成矩形波的低电平
      MOV      A,#255                ;将 FFH 送到 A
      MOV      R2,#255
 DD2: MOVX     @DPTR,A               ;向 DAC0832 送 255，DAC0832 输出为高
      DJNZ     R2,DD2                ;循环 255 次，形成矩形波的高电平
      MOV      A,#0
      MOV      R2,#200
      RET
      END
```

② 用图 6-7 所示电路输出梯形波。单片机从输出数字量 0 开始，逐次加 1 直到 255，保持 255 一段时间，然后从输出 255 逐次减 1 直至为 0。如此重复，DAC0832 即可输出连续梯形波。

```
;------------------------------------
;程序开始
;------------------------------------
    ORG    0000H                ;CPU 起始地址


;------------------------------------
; 程序初始化部分
;------------------------------------
    MOV   A,#00H
;------------------------------------
; 主程序循环体部分
;------------------------------------
  DD0:
      LCALL  DAC0832
      LJMP   DD0                ;重复上述过程，形成多个梯形波
;------------------------------------
; 子程序
;------------------------------------
DAC0832:
      MOV   DPTR,#1FFFH
  DD1:  MOVX  @DPTR,A            ;DAC0832 输出
      INC   A
      CJNE  A,#255,DD1          ;循环 255 次，形成三角波的上升沿
      MOV   A,#0FFH             ;将 FFH 送 A
      MOV   R2,#0FFH
  DD2:  MOVX  @DPTR,A            ;向 DAC0832 送 255，DAC0832 输出为高
      DJNZ  R2,DD2              ;循环 255 次，保持梯形的高度
  DD3:  MOVX  @DPTR,A            ;DAC0832 输出
      DEC   A
      CJNE  A,#0,DD3            ;循环 255 次，形成三角波的下降沿
      MOV   A,#00H              ;重复上述过程，形成多个梯形波
      RET
      END
```

③ 用图 6-7 所示电路输出三角波。单片机从输出数字量 0 开始，逐次加 1 直到 225，然后从输出 255 逐次减 1 直至为 0。如此重复，DAC0832 即可输出连续三角波。

```
;------------------------------------
;程序开始
;------------------------------------
    ORG    0000H

;------------------------------------
; 程序初始化部分
;------------------------------------
    MOV   A,#00H
;------------------------------------
; 主程序循环体部分
```

```
        ;------------------------------------------
DD0:
        LCALL    DAC0832
        LJMP     DD0                      ;重复上述过程，形成多个梯形波

        ;------------------------------------------
        ; 子程序
        ;------------------------------------------
DAC0832:
        MOV      DPTR,#1FFFH
DD1:    MOVX     @DPTR,A        ;D/A 输出
        INC      A
        CJNE     A,#255,DD1     ;循环 256 次，形成三角波的上升沿
DD2:    MOVX     @DPTR,A        ;D/A 输出
        DEC      A
        CJNE     A,#0,DD2       ;循环 256 次，形成三角波的下降沿
        RET
        END
```

# 任务训练：构造高精度简易数控电源

## 1. 任务描述

利用单片机应用系统构造一高精度简易数控电源，其指标要求如下：

① 输出电压：范围 0~9.9 V，步进 0.01 V。

② 输出电压值由液晶显示。

③ 由+、−两键分别控制输出电压步进增减。

④ 输出电压可预置在 0~9.9V 之间的任意一个值。

⑤ 用自动扫描替代人工按键，实现输出电压变化（步进 0.01 V 不变）。

## 2. 任务提示

从指标对比看出来，本章项目引入的数控电源从 0~9.9 V 的步进为 100 步，而任务训练的高精度简易数控电源从 0~9.9 V 的步进为 1 000 步，要比前者高一个数量级，DAC0832 显然解决不了问题，需用到第 9 章中串行接口应用举例一节中介绍的 12 位 D/A 转换器（AD7543），因此可借助本章介绍的简易数控电源程序和 AD7543 子程序包来编写目标程序。

# 习　　题

## 一、问答题

1. DA0832 芯片一般有多少引脚？功能是什么？

2. DA0832 芯片的精度如何确定？

3. DA0832 芯片如何与运算放大电路连接？

4. DA0832 芯片如何与单片机连接？

**二、编程应用题**

1. 试按图 6-7 所示电路，用 DAC0832 输出如图 6-8 所示幅值为 5 V 的三角波，周期自由。

2. 试按图 6-7 所示电路，用 DAC0832 输出如图 6-9 所示幅值为 5 V 的方波，周期自由。

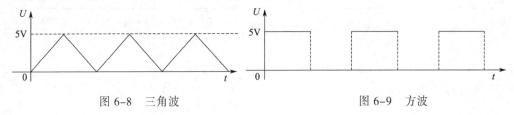

图 6-8　三角波　　　　　　　　图 6-9　方波

# 第7章

## MCS-51 系列单片机的模-数（A/D）转换的汇编编程

### 导读

在实际的控制系统中常会遇到在时间上或数值上都是连续变化的物理量，这种物理量称为模拟量，例如温度、压力、流量等。这些物理量需要由传感器转换成模拟电信号，然后使用模-数（A/D）转换器件，将模拟量转换成数字量，再经过接口电路，将数字量送入单片机处理。本章介绍 A/D 转换的基本知识，构造了一个由单片机、数码管和 ADC0809 构成的项目——温度检测，并通过该项目讨论 ADC0809 与单片机的连接和常用汇编编程。

### 知识目标

① 理解 A/D 转换器的基本概念。
② 了解 ADC0832 的引脚功能和接口特点。
③ 掌握 ADC0809 编程。
④ 掌握温度检测的原理和汇编编程。

### 技能目标

① 会使用 Keil 或伟福等通用单片机编程软件对温度检测项目的程序进行编辑，生成扩展名为 hex 的烧录文件。
② 能独立画出温度检测项目的电路。

### 实物图示例

简易数控电源实物图如图 7-1 所示。

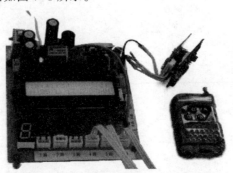

图 7-1　简易数控电源实物图

# 7.1　项目引入：温度检测

## 📠 项目说明

### 1．项目功能

用可调电阻器调节电压值作为模拟温度的输入量，当温度低于 30 ℃或高于 60 ℃时，发出长"嘀"声报警和闪光报警，并可用键盘对给定的高低温值进行修改，测量的温度范围为 0～99 ℃。

### 2．设备与器件

设备：计算机、单片机烧入器、自制单片机最小应用电路板或实验设备构成的单片机最小应用系统、5 V 稳压电源。

器件：AT89C51 或 AT89C52 单片机、ADC0809。

## 📊 教学目标

通过项目的学习，让初学者对单片机的数据采集有简单的了解，熟悉 ADC0809 转换器与单片机的连接，掌握其编程特点。

## 📧 工作任务

① 使用 Keil 或伟福等通用单片机编程软件对项目给出的程序进行编辑，生成扩展名为 hex 的烧录文件。

② 利用单片机烧录软件将 hex 文件烧入单片机，使用单片机应用电路或用单片机实验设备实现项目既定要求。

## 📑 相关资料

本项目给出参考电路原理图和源程序，其中电路图如图 7-2 所示，从图中可以看到单片机 P0 口接一个 74LS373 暂存器，然后通过 74LS373 暂存器输出口接 ADC0809 数据口，同时 P0.0、P0.1、P0.2 这 3 个引脚通过 74LS373 暂存器输出口的 D0、D1、D2 引脚连接到 ADC0809 的 ADD-A、ADD-B、ADD-C 引脚，P2.7 分别与读写端 RD 和 WR 进行或非后与 ADC0809 的启动端和使能端相连，ADC0809 转换结束信号端经过一非门后与单片机的 P3.3 引脚（外部中断 1）相连，单片机的 ALE 端与 ADC0809 的 CLOCK 端相连；3 个独立键与单片机 P1 口的 P1.2、P1.3、P1.4 引脚连接，表示闪光报警的两发光二极管和表示声音报警的蜂鸣器分别与单片机 P3 口的 P3.0、P3.1 和 P3.2 连接；本项目使用 3 组（6 个）数码管显示数据，同样采用第 5 章介绍过的数码管静态串联显示，单片机 P1 口的 P1.0 和 P1.1 引脚分别为数码管电路发脉冲和传送数据。

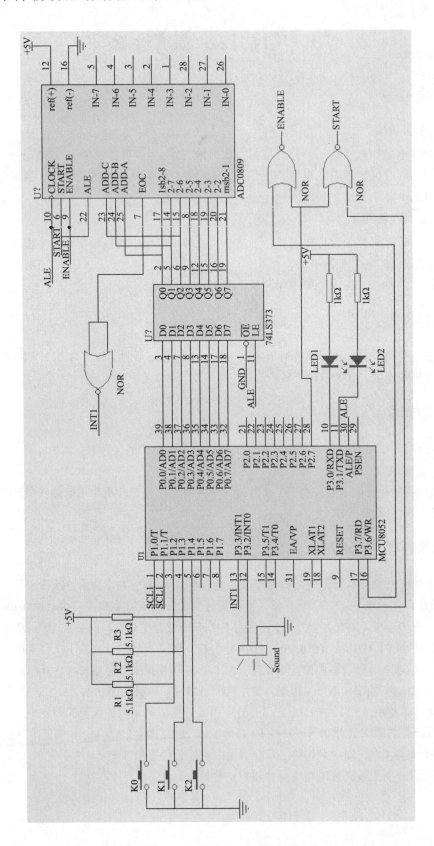

图 7-2　温度检测系统

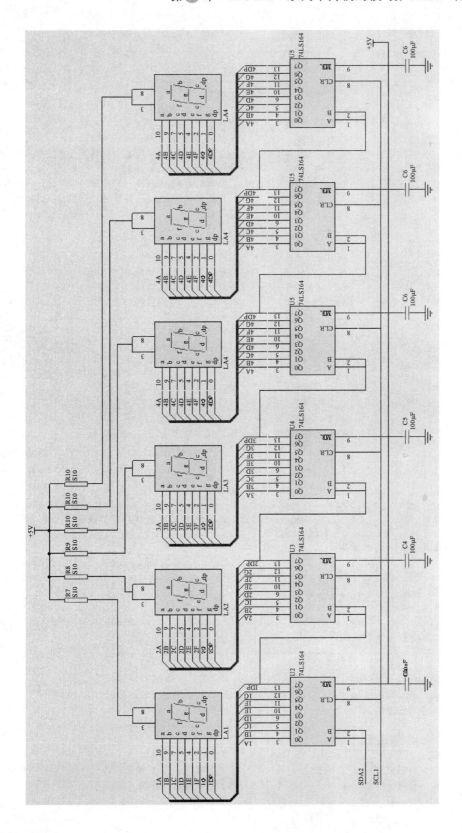

图 7-2　温度检测系统（续）

参考源程序如下：

```
;------------------------------------------------;
;程序定义部分
;------------------------------------------------;
BANK0_REG       EQU     00H     ;选择第 0 组寄存器定义
BANK1_REG       EQU     08H     ;选择第 1 组寄存器定义
BANK2_REG       EQU     10H     ;选择第 2 组寄存器定义
BANK3_REG       EQU     18H     ;选择第 3 组寄存器定义
LED_MAX_BITS    EQU     06H     ;LED 最大位数(程序按 6 个数码管显示 3 个单元的数据
                                ;进行编程，因此本例 LED 最大位数就为 6)
LED_DIS_BUF     EQU     60H     ;显示单元的首地址(本子程序有 3 个单元，60H 单元为
                                ;3 个单元的首地址，另外 2 个单元为 61H 和 62H)
LED_SCL         EQU     P1.0    ;发脉冲
LED_SDA         EQU     P1.1    ;发数据
TCNTA           EQU     36H     ;ADC0809 及控制用
TCNTB           EQU     37H     ;ADC0809 及控制用
TQWDXS          EQU     60H     ;当前温度显示（合成 BCD 码）
L_TEMP          EQU     61H     ;温度下限（与键盘操作重合）
H_TEMP          EQU     62H     ;温度上限（与键盘操作重合）
FLAG            BIT     00H     ;区别高低温标志，高温为 1，低温为 0
H_ALM           BIT     P3.0    ;高温闪光报警
L_ALM           BIT     P3.1    ;低温闪光报警
SOUND           BIT     P3.2    ;蜂鸣器声音报警
ADC             EQU     63H     ;ADC0809 将模拟信号转换成数据信号后的存放单元
SIXTY           EQU     61H     ;键盘用（与温度下限重合）
SIXTY_ONE       EQU     62H     ;键盘用（与温度上限重合）
XZ_K0           BIT     P1.2    ;独立键盘加 1 键
ZY_K1           BIT     P1.3    ;独立键盘减 1 键
JY_K2           BIT     P1.4    ;独立键盘选择键
K0_FLAG         BIT     38H     ;加 1 键标志
K1_FLAG         BIT     39H     ;减 1 键标志
K2_FLAG         BIT     3AH     ;选择键标志
SIXTY_ONE_FLAG  BIT     3CH     ;61 单元标志，用于第 2 组显示数据的操作标识
PUSHDATA        EQU     42H     ;记忆选择键按下次数的寄存单元
;------------------------------------------------
;程序开始及主程序跳转
;------------------------------------------------
        ORG 0000H
;------------------------------------------------
LJMP START
;------------------------------------------------
;中断服务程序 INT1 跳转
;------------------------------------------------
ORG     1BH
LJMP INT_T1
;------------------------------------------------
;主程序初始设置
;------------------------------------------------
        ORG     0100H
START:
MOV     PSW,#BANK0_REG          ;选择第 1 组工作寄存器
MOV     SP,#70H                 ;将堆栈指针推至 70H
LCALL   LED_CLR_FULL            ;开始先灭灯
MOV     SIXTY,#00
MOV     SIXTY_ONE,#00H
MOV     PUSHDATA,#00H
```

```
MOV        H_TEMP,#60              ;设置上限温度 60℃
MOV        L_TEMP,#30              ;设置下限温度 30℃
MOV        TMOD,#10H               ;选择 T1 十六位计数器
MOV        TH1,#(65536-1000)/256   ;1ms 延时的高 8 位数
MOV        TL1,#(65536-1000)MOD 256 ;1ms 延时的低 8 位数
MOV        IE,#88H                 ;开总中断和 T1 允许中断
CLR        C
;----------------------------------------------------------
;主程序循环体部分
;----------------------------------------------------------
WAIT:
           LCALL      LED_SHOW     ;调用显示子程序
           LCALL      SCAN_KEY     ;调用独立键盘主子程序
           LCALL      ADC0809      ;调用 ADC0809 转换及控制子程序
           LJMP       WAIT
;----------------------------------------------------------
;中断服务程序 INT1
;----------------------------------------------------------
INT_T1:
MOV     TH1,#(65536-1000)/256       ;1ms 延时的高 8 位数
MOV     TL1,#(65536-1000)MOD 256    ;1ms 延时的低 8 位数
SETB SOUND                          ;开蜂鸣器
INC     TCNTA
MOV     A,TCNTA
JB      FLAG,I1                     ;判断是高温警报还是低温警报
        CJNE     A,#30,RETUNE0      ;低温警报持续的时间（用 TCNTA 和
                                    ;TCNTB 两个单元构造一个不断持续 30×
                                    ;25=750 次中断所需的时间间隔的蜂鸣器
                                    ;报警，即报警的频率不一样）

        SJMP     I2
I1:     CJNE     A,#20,RETUNE0      ;高温警报持续的时间（用 TCNTA 和
                                    ;TCNTB 两个单元构造一个不断持续 20×
                                    ;25=500 次中断所需的时间间隔的蜂鸣器
                                    ;报警，即报警的频率不一样）

I2:     MOV      TCNTA,#0
        INC      TCNTB
        MOV      A,TCNTB
        CJNE     A,#25,RETUNE0
        MOV      TCNTA,#0
        MOV      TCNTB,#0
        CLR      SOUND              ;关蜂鸣器
RETUNE0:   RETI
;----------------------------------------------------------
;表格及子程序群
;----------------------------------------------------------
LED_SHOW:              ;LED 显示子程序，由于本项目用 6 个数码管显示，可以利用例 5-2 的
                       ;程序，通过调整相关的参数构建目标子程序，为了突出 ADC0809 的编
   ⋮                   ;程和相关的声光控制，这部分程序省略
                       ;与第 5 章的独立键盘与静态数码管显示程序的表格及子程序群相同

SCAN_KEY:              ;项目中，独立键盘选择键只能选择存放上限温度的 60H 单元和存放下限
                       ;温度的 61H 单元。加 1 键 K1 和减 1 键 K2 能修改上限温度和下限温度。
   ⋮                   ;因此完全可以利用例 5-1 的程序构建目标子程序，同样这部分程序省略
;----------------------------------------------------------
;ADC0809 子程序
```

```
;输入子程序 1: ADC0809ZH , 输入子程序 2:  HSWD，输入子程序: PDKZ; 输入: 无;
;输出子程序: 无; 输出: 无; 中间变量: 无
;-------------------------------------------------------------------
ADC0809:
    LCALL   ADC0809ZH           ;调用 ADC 启动子程序
    LCALL   PDKZ                ;调用判断控制子程序
    LCALL   HSWD                ;调用换算温度子程序
    RET
;-------------------------------------------------------------------
;ADC0809ZH(ADC 启动) 子程序
;输入: DPTR; 输出: ADC; 中间变量: A
;-------------------------------------------------------------------
ADC0809ZH:
    MOV     DPTR,#7FF8H         ;含 7FF8H 为打开 ADC0809
    MOVX    @DPTR,A             ;启动 A/D 转换
WAET:
    JB      P3.3,WAET           ;查询 EOC
    MOVX    A,@DPTR             ;读转换结果
    MOV     ADC,A               ;将转换值存于 ADC
    RET
;-------------------------------------------------------------------
;PDKZ(判断控制) 子程序
;输入: A, L_TEMP, H_TEMP,ADC; 输出: FLAG, TR1, L_ALM, H_ALM; 中间变量: 无
;-------------------------------------------------------------------
PDKZ:
    SUBB    A,L_TEMP            ;判断是否低于下限
    JC      LALM                ;C=1，说明温度值低于下限温度
    MOV     A,H_TEMP            ;上限值送 A
    MOV     R0,ADC              ;ADC（存有转换值）送 R0
    SUBB    A,R0                ;判断是否高于上限
    JC      HALM                ;C=1，说明温度值高于上限温度
    CLR     TR1                 ;关时间定时计数器，停止 T1 中断
    LJMP    RETURN              ;返回
LALM:                           ;低温报警
    CLR     L_ALM               ;低温报警灯亮
    SETB    TR1                 ;开 T1 定时计数器，允许 T1 中断
    CLR     FLAG                ;FLAG=0，表示此时处于低温报警状态
    LJMP    RETURN              ;返回
HALM:                           ;高温报警
    CLR     H_ALM               ;高温报警灯亮
    SETB    TR1                 ;开 T1 定时计数器，允许 T1 中断
    SETB    FLAG                ;FLAG=1，表示此时处于高温报警状态
RETURN:RET                      ;返回
;-------------------------------------------------------------------
;HSWD(换算温度) 子程序
;输入: ADC; 输出: ADC; 中间变量: A,B,R0,R1,R2,R3,R4,R5,R6,R7
;-------------------------------------------------------------------
HSWD:
    MOV A,ADC                   ;对 ADC 进行修正
    MOV B,#51                   ;完成 B÷51×20 的计算（按 100℃对应 255 计算）
    DIV AB
    MOV R1,B                    ;第 1 次存余数
    MOV B,#2
    MUL AB                      ;可得十位数,但需要修正
    MOV R0,A                    ;存十位数
    MUL B,#10                   ;高位数放大 10 倍以解决四舍五入
```

```
        MOV   A,R1
        MUL   AB
        MOV   R3,A          ;低位数值用来求个位
        MOV   R2,B          ;高位不等于 0 说明大于 255
        CJNE  R2,#00H,AA0    ;判断是否大于 255
        SJMP  AA1           ;小于 255 无需修正
AA0:    MOV   A,R0
        ADD   A,#1          ;大于 255 则十位数加 1
        MOV   R0,A          ;修正后的十位数
AA1:    MOV   A,R3          ;求个位
        MOV   B,#51
        DIV   AB
        MOV   R5,B          ;第 2 次存余数
        MOV   B,#2
        MUL   AB            ;可得个位数,但需要修正
        MOV   R4,A          ;存个位数,但需要修正
        MOV   B,#10         ;与上相同
        MOV   A,R5
        MUL   AB
        MOV   R7,A          ;用来求更低一位
        MOV   R6,B          ;高位不等于 0 说明大于 255
        CJNE  R6,#00H,AA4    ;判断是否大于 255
        SJMP  AA4           ;小于 255 无需修正
AA2:    MOV   A,R4
        ADD   A,#1          ;大于 255 则十位数加 1
        MOV   R4,A          ;修正后的十位数
        MOV   A,R0          ;将十位和个位进行合成
        SWAP  A
        ADD   A,R4
        MOV   TQWDXS,A      ;完成对 A/D 转换值的修正,TQWDXS 用于数码管显示
AA4:    RET
        END
```

## 项目实施

① 使用 Keil uVision2 单片机编程软件对项目给出的程序进行编辑。

② 生成扩展名为 hex 的烧录文件。

③ 利用单片机试验箱或单片机应用开发系统构建电路。

④ 将 hex 烧录文件下载到单片机内，进行软硬件联合调试。

# 7.2　A/D 转换的相关知识

A/D 转换器是一种将模拟量转换为与其成比例的数字量的器件，常用 ADC 表示。A/D 转换过程主要包括采样、量化和编码。采样是使模拟信号在时间上离散化；量化就是用一个基本的量化电平使模拟量变成为一个整数的数字量。用计量单位与模拟量比较，把模拟量变为计量单位的整数倍，略去小于计量单位的模拟量，这样所得到的整数量就是数字量。计量单位越小，量化的误差也就越小。编码是把量化的模拟量用二进制数码、BCD 码或其他数码表示。

A/D 转换器按转换后输出数据的方式，可以分为串行和并行两种，其中并行 ADC 又可根据宽度分为 8 位、12 位、14 位、16 位等；按输出数据类型，可分为 BCD 码输出和

二进制输出；按转换原理，可分为逐次逼近型（SAR）和双积分型（Integrating A/D）。并行 ADC 是一种用编码技术实现的高速转换器，其速度最快，价格也最高，一般用于要求高速的场合；逐次逼近型 ADC 在精度、速度和价格上都适中，是目前最常用的转换器；双积分型 ADC 具有精度高、抗干扰性好、价格低等优点，但是速度较慢，经常应用于对速度要求不高的仪器仪表中。

本章将重点介绍 A/D 转换的主要技术指标和逐次逼近型 A/D 转换器及其与单片机的接口和应用。

## 7.2.1　A/D 转换器的主要技术指标

A/D 转换器的主要技术指标与前面介绍过的 D/A 转换器有些相同，如分辨率，这里就不重复介绍了，而只介绍前面没有介绍过的量化误差、转换时间和转换频率、转换精度。

① 量化误差。量化误差与分辨率是统一的。量化误差是指将模拟量转换数字量（量化）过程中引起的误差，理论上为"单位数字量"的一半，即为 1/2（LSB），提高分辨率可减少量化误差。

② 转换时间和转换频率。转换时间是指从启动转换开始，到完成一次 A/D 转换所需的时间；转换频率是转换时间的倒数，它反映了采集系统的实时性能，因而是一个很重要的技术指标。

③ 转换精度。A/D 转换精度反映了一个实际 A/D 转换器在量化值上与一个理想 A/D 转换器进行 A/D 转换的差值。转换精度有绝对精度和相对精度两种：绝对精度是指在输出端给定的数字量时，实际输入模拟量与理论值之差；相对精度是 A/D 转换器满量程校准后输出的任意数字量所对应的实际输入模拟量与理论值之差。

## 7.2.2　逐次逼近型 A/D 转换器及接口

常用的逐次逼近型 A/D 转换器有 ADC0809 和 AD574A 等，下面只介绍 ADC0809。

### 1. ADC0809 的外部引脚及功能

ADC0809 是一个典型的逐次逼近型 8 位 A/D 转换器。它由 8 路模拟开关、8 位 A/D 转换器，三态输出锁存器及地址锁存译码器等组成。它允许 8 路模拟分量时输入，转化后的数字输出量是三态的（总线型输出），可以直接与单片机数据总线相连接。ADC0809 采用+5 V 电源供电，外接工作时钟。当典型工作时钟为 500 kHz 时，转换时间约为 128 μs。

ADC0809 引脚和内部结构图如图 7-3 所示，下面介绍各引脚的功能：

IN0 ~ IN7：8 路模拟通道输入端。可接入 8 路不同的模拟信号进行转换。

D0 ~ D7：8 位数字量输出端。

$V_{REF}(+)$、$V_{REF}(-)$：正、负参考电压输出端。

CLOCK：时钟信号输入端，决定 A/D 转换的速度，典型的时钟频率为 640 kHz。

START：启动转换信号，高电平有效。

ALE：地址锁存信号。高电平时，将 3 位地址信号送入地址锁存器，经译码选择相应的模拟输入通道。使用时该信号可以和 START 信号连在一起，以便同时锁存通道地址和启动 A/D 转换。

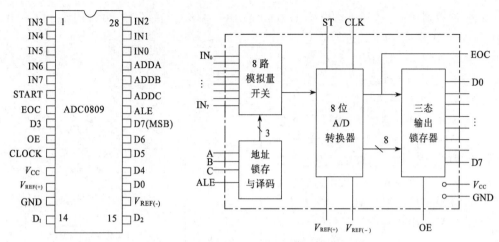

图 7-3　ADC0809 引脚和内部结构图

EOC：A/D 转换结束信号。EOC 端为高电平时转换结束；为低电平时转换未结束。此信号常被用来作为中断请求信号。

OE（或 ENABLE）：使能端，允许输出信号。当 OE 端为高平时，输出锁存器将转换结果送到数据线，供单片机读取。

$V_{CC}$：电源。

GND：电源地。

ADDA、ADDB、ADDC：模拟通道选择端通道与地址对应关系如表 7-1 所示。

表 7-1　通道地址码对应关系

| 地　址　码 | | | 选通的模拟通道 |
|---|---|---|---|
| C | B | A | |
| 0 | 0 | 0 | IN0 |
| 0 | 0 | 1 | IN1 |
| 0 | 1 | 0 | IN2 |
| 0 | 1 | 1 | IN3 |
| 1 | 0 | 0 | IN4 |
| 1 | 0 | 1 | IN5 |
| 1 | 1 | 0 | IN6 |
| 1 | 1 | 1 | IN7 |

### 2. ADC0809 与单片机的连接

ADC0809 与 MCS-51 系列单片机的一种连接方法如图 7-4 所示，图中单片机与 ADC0809 的连接与本章项目引入的相同。

① 控制信号：ADC0809 控制信号有 CLOCK 、ALE、START、OE。

对于 CLOCK 端，由于 ADC0809 的时钟最高频率为 1.28 MHz，当单片机采用 6 MHz 的晶振，其 ALE 输出 1 MHz 时钟信号，可直接与 ADC0809 的时钟端 CLOCK 相连；如单片机采用 12 MHz 的晶振，则应增加 2 分频电路（加 1 与门电路）。

对于 ALE、START、OE 端，将单片机 P2.6 作为控制端，分别与读写端 RD 和 WR 进行或非后与 ADC0809 的 ALE 端、START 端和 OE 端相连。

② 通道选择：3 位通道选择端 ADDA、ADDB、ADDC 与数据线 P0 口的低 3 位 P0.0、P0.1、P0.2 相连，用数据线进行通道 IN0、IN1、IN2、IN3、IN4、IN5、IN6、IN7 选择，由 P0.0、P0.1、P0.2 决定选择哪一通道。也可以用地址线选择通道。

③ ADC0809 的启动：通过指令控制使 P2.6 为低电平，并在单片机读信号 RD 为低电平时，使 OE 端为高电平而允许 ADC0809 工作，并在写信号 $\overline{WR}$ 为低电平时，使 START 启动端、ALE 端均为高电平而启动 ADC0809 进行转换数据；当转换结束时，EOC 端输出高电平到 P1.0 引脚，同时将 8 位转换好的数字信号经 D0 ~ D7 输出到 P0 口引脚上。

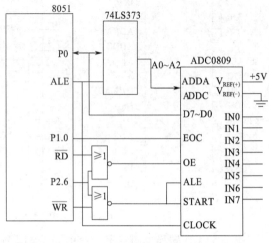

图 7-4　ADC0809 与 MCS-51 系列单片机的连接

④ 转换好的数字信号回读：用指令查询 P1.0 引脚是否为 1，如为 0 则继续等待查询，如为 1 则说明转换好的数字信号已经传输到 P0 口引脚上，使用指令将 P0 口引脚数据回读即可。

### 3. ADC0809 的编程要点

ADDA、ADDB、ADDC 输入的通道地址在 ALE 端有效时被锁存，启动信号 START 的下降沿启动转换，EOC 信号在 START 下降沿后 10 μs 发出无效低电平，表明转换正在进行中。在编程中要注意这点，必须在 START 信号下降沿延时 10 μs 后才能开始查询 EOC 状态。转换结束后 OE 产生有效脉冲，输出数据。时序中对脉冲宽度也有要求，要求 START 信号最小启动脉宽典型值为 100 ns，最大 200 ns；最小 ALE 脉宽典型值为 100 ns，最大 200 ns；当 CLK 取典型值 640 kHz 时，转换时间典型值为 100 μs，最大为 116 μs；转换结束延时最大为 8 个时钟周期加上 2 μs。

按图 7-4 的接法，只有 P2.6 和 $\overline{WR}$ 同时为低电平时，START 端才为高电平而启动 START，只有 P2.6 和 RD 同时为低电平时，OE 端才为高电平而输出数据，因此使用 MOVX @DPTR,A 作为启动 ADC0809 的指令，使用 MOVX A,@DPTR 作为回读 ADC0809 转换结果的指令，并以此指令结合查询方式构造成常用的"打开"和"关闭"子程序：

```
ADC0809:  MOV    DPTR, #0BFF8H    ;含 P2.6=0
          MOVX   @DPTR, A         ;在 WR 为低电平时启动 ADC0809 转换
WAET:     JNB    P1.0, WAET       ;查询 EOC，为 0 继续等待，为 1 结束转换
          MOVX   A, @DPTR         ;将转换结果回读 A 中
          MOV    DPTR, #0FFF8H    ;含 P2.6=1
          MOVX   @DPTR, A         ;使能端 OE=0，关闭 ADC0809
          RET
```

### 小知识

无论 DAC0832 还是 ADC0809，一般在打"开"后都要"关"闭上，目的就是防止数据转换出错，特别是在与其他器件共用数据接口的情况下更是必不可少。

## 7.2.3　温度检测项目编程说明

按项目功能要求，单片机应用系统能实现如下功能：

用可调电阻器调节电压值作为模拟温度的输入量，当温度低于30 ℃时，发出长"嘀"声报警和光报警；当温度高于 60 ℃时，发出短"嘀"声报警和光报警。可用键盘对给定的高低温度值进行修改，测量的温度范围为 0～99℃。

根据上述项目功能要求，该项目程序可用第 5 章的独立键盘与静态数码管显示程序按照汇编程序的移植法则进行构造。显示由 6 位静态数码管组成，最左边两位表示当前温度，中间两位显示温度下限值，最右边两位显示温度上限值。独立键盘有 3 键，K0 键为选择键，可对上下限进行设定，K1 键为加 1 键，K2 键为减 1 键，用可调电阻器调节电压值作为模拟温度的输入。虽在程序构造上，可将 ADC0809 程序构造成一个子程序插入第 5 章的独立键盘与静态数码管显示程序中，但由于需要数值转换和有声光控制，故 ADC0809 的子程序相对复杂，包含了 ADC 启动子程序、换算温度子程序、判断控制子程序 3 个子子程序。程序里采用 T1 定时器中断构造长短不一的发声信号，当温度低过下限温度，发出长"嘀"报警声；当温度超过上限温度，发出短"嘀"报警声。本项目包含了外部中断。

按项目电路图 7-2，ADC0809 开通的地址数为 7FF8H，关闭的地址数为 FFF8H，这 2 个数都不是唯一的，具体步骤说明如下：

① 程序定义部分整合。在第 5 章的独立键盘与静态数码管显示程序的定义部分加入 ADC0809 子程序所需的定义。

② 程序开始及主程序跳转整合。采用第 5 章的独立键盘与静态数码管显示程序的程序开始及主程序跳转指令即可。

③ 中断服务程序 $\overline{INT1}$ 跳转整合。插入 $\overline{INT1}$ 中断跳转入口即可。

④ 程序初始化部分整合。在第 5 章的独立键盘与静态数码管显示程序的程序初始化部分加入 ADC0809 子程序所需的初始化内容。

⑤ 主程序循环体部分整合。在第 5 章的独立键盘与静态数码管显示程序的主程序循环体部分加入调用 ADC0809 子程序即可。

⑥ 中断服务程序。插入 $\overline{INT1}$ 中断服务程序。

⑦ 子程序及表格部分整合。将 ADC0809 子程序插入第 5 章的独立键盘与静态数码管显示程序的子程序及表格部分即可。

## 7.2.4　ADC0809 应用举例

在图 7-4 所示的 ADC0809 与单片机的连接电路中，将 EOC 引脚经过一反相器接到 P3.3（$\overline{INT1}$），则可以用中断方式接收数据。下面就以这种连接，用中断的方式，编写能实现：分别对 8 路模拟信号流重复采集，转换结果重复存放到首址为 A0H 的连续 8 个单元的片内 RAM 的编程：

```
;------------------------------------
;程序开始及主程序跳转
;------------------------------------
ORG     0000H
SJMP    MAIN
;------------------------------------
```

```
            ; 中断 INT1 入口
            ;----------------------------------------
            ORG      0013H
            ;----------------------------------------
            ; 中断服务程序 INT1 跳转
            ;----------------------------------------
            SJMP     INT1
            ;----------------------------------------
            ; 程序初始化部分
            ;----------------------------------------
            ORG     0100H
MAIN:   MOV      R1,#0A0H       ;保存数据区首址给 R1
        MOV      R7,#08H        ;通道数为 8
        MOV      DPTR,#0BFF8H   ;P2.6=0,选择从第 1 通道输入模拟信号
        IN0(ADDA=0,ADDB=0,ADDC=0)
        SETB     1T1            ;开外部中断 1
        SETB     EX1
        SETB     EA
            ;----------------------------------------
            ; 主程序循环体部分
            ;----------------------------------------
READ:   LCALL    ADC0809
        SJMP     READ
            ;----------------------------------------
            ; 中断服务程序 INT1
            ;----------------------------------------
INT1:   MOVX     A,@DPTR        ;读转换结果
        MOV      @R1,A          ;保存转换结果
        INC      R1             ;指向下一存储单元
        INC      DPTR           ;指向下一通道
        RETI                    ;中断返回
            ;----------------------------------------
            ; 子程序
            ;----------------------------------------
ADC0809: MOVX     @DPTR,A       ;启动 A/D 转换
WAIT0:   JB       P1.0   WAIT0  ;查询 EOC,为 1 继续等待,为 0 结束转换引起外部
                                ;中断 1 中断,中断标号 IE1 置 1
WAIT1:   JB       IE1   WAIT1   ;等待中断服务程序结束,IE1=0 中断结束
         DJNZ     R7,RETURN     ;未完,继续
         MOV      R7,#08H        ;重复
         MOV      R1,#0A0H       ;重复
RETURN: RET
        END
```

在实际单片机应用系统中，对于模拟信号变化较快的场合需要增加采样保持器。对于一般传感器输出的模拟信号还要经过调理电路处理成标准信号，才能输入 A/D 转换器。

# 任务训练：设计数字电压表

## 1. 任务描述

利用单片机 AT89C51 与 ADC0809 设计一个数字电压表，能够测量 0~5 V 之间的直流电压值，4 位数码管显示。

## 2. 任务提示

可借助本章项目引入的程序编写目标程序。

# 习 题

## 一、问答题

1. ADC0809 芯片基本有多少引脚？功能是什么？
2. ADC0809 芯片的分辨率如何确定？
3. ADC0809 芯片与单片机如何连接？

## 二、程序分析题

1. 用文字说明下述程序的功能是什么？

```
HSWD:
        MOV     A,ADC
        MOV     B,#51
        DIV     AB
        MOV     R1,B
        MOV     B,#2
        MUL     AB
        MOV     R0,A
        MUL     B,#10
        MOV     A,R1
        MUL     AB
        MOV     R3,A
        MOV     R2,B
        CJNE    R2,#00H,AA0
        SJMP    AA1
AA0:    MOV     A,R0
        ADD     A,#1
        MOV     R0,A
AA1:    MOV     A,R3
        MOV     B,#51
        DIV     AB
        MOV     R5,B
        MOV     B,#2
        MUL     AB
        MOV     R4,A
        MOV     B,#10
        MOV     A,R5
        MUL     AB
        MOV     R7,A
        MOV     R6,B
        CJNE    R6,#00H,AA4
        SJMP    AA4
AA2:    MOV     A,R4
        ADD     A,#1
        MOV     R4,A
        MOV     A,R0
        SWAP    A
        ADD     A,R4
        MOV     ADC,A
AA4:    RET
```

2. 用文字说明下述程序的功能是什么？

```
PDKZ:
        SUBB    A, L_TEMP
        JC      LALM
        MOV     A,H_TEMP
        MOV     R0,ADC
        SUBB    A,R0
        JC      HALM
        CLR TR1
        LJMP    RETURN

LALM:
        CLR     L_ALM
        SETB    TR1
        CLR     FLAG
        LJMP    RETURN

HALM:
        CLR     H_ALM
        SETB    TR1
        SETB    FLAG
RETURN: RET
```

# 第8章

## MCS-51 系列单片机资源扩展的汇编编程

### 导读

　　MCS-51系列单片机芯片内部集成了计算机的许多功能部件,一块芯片电路就是一个基本的微机系统。对简单的应用需求,MCS-51系列单片机的最小应用系统就能满足要求。但由于其片内 ROM 和 RAM 的存储容量、并行 I/O 端口、定时器和中断源等数量有限,在许多复杂的系统中,必须扩展片外的程序存储器、数据存储器、I/O 端口、定时器/计数器等,才能满足实际应用的需要。本章主要介绍 MCS-51系列单片机程序存储器、数据存储器、I/O 端口扩展的基本知识和汇编编程。

### 知识目标

　　① 了解三总线的扩展。
　　② 掌握程序存储器的扩展。
　　③ 掌握数据存储器的扩展。
　　④ 了解定时器/计数器的扩展。
　　⑤ 掌握 I/O 端口的扩展。

### 技能目标

　　① 能识别本章各电路图。
　　② 能画出常用的三总线的扩展、程序存储器的扩展、数据存储器的扩展、I/O 端口的扩展等电路图。
　　③ 会使用 Keil 或伟福等通用单片机编程软件对单片机 8 级中断扩展电路使用项目的程序进行编辑,生成扩展名为 hex 的烧录文件。
　　④ 能画出单片机 8 级中断扩展电路使用项目的电路。

### 实物图示例

　　单片机开发板实物图如图 8-1 所示。

图 8-1　单片机开发板实物图

# 8.1 项目引入：单片机8级中断扩展电路使用

项目说明

MCS-51 系列单片机的 5 个中断源中，仅有 2 个外部中断申请输入端 $\overline{INT0}$、$\overline{INT1}$ 直接提供给用户使用，但在 MCS-51 系列单片机实际应用系统中，外部中断请求源有很多，都要求单片机给予响应。因此，从硬件和软件两个方面来说，利用 MCS-51 系列单片机提供给用户的两个外部中断源，进行多中断源系统的扩展，是掌握和开发单片机应用系统的重要基础。

小知识

**单片机多中断源的扩展方法**

对 MCS-51 系列单片机进行多中断源的扩展主要有 4 种方法：
① 定时器作为中断。
② 中断和查询结合的方法。
③ 用优先权编码器扩展外部中断源。
④ 可实现中断嵌套的外部中断源扩展。

## 1. 项目功能

本项目采用优先权编码器扩展外部中断源，使 MCS-51 系列单片机扩展成 8 级中断，具体的实现是：P1 口与一 74LS148 连接成如图 8-2 所示的电路，当 8 个中断源 IR0～IR7 中有中断申请时（低电平有效），与其对应的一组编码就出现在 P1.0～P1.2 上，当 GS 为低电平，向 CPU 提出中断申请，此时若 $\overline{INT1}$ 开放，就可以响应对应的中断源提出的中断申请。在不同的中断响应时，让 P2 口接的 8 只发光二极管做相应的发光指示。

## 2. 设备与器件

设备：计算机、单片机烧入器、自制单片机最小应用电路板或实验设备构成的单片机最小应用系统、5 V 稳压电源。

器件：AT89C51 或 AT89C52 单片机，优先权编码器 74LS148。

教学目标

通过项目，对单片机中断源的扩展有个初步的了解，为单片机系统复杂资源扩展做好准备。

工作任务

① 使用 Keil 或伟福等通用单片机编程软件对项目给出的程序进行编辑，生成扩展名为 hex 的烧录文件，再利用 Proteus 仿真软件进行仿真演示。

② 利用单片机烧录软件将 hex 文件烧入单片机，使用单片机最小应用电路或由单片机实验设备构成的单片机最小应用系统，实现项目既定要求。

**相关资料**

本项目给出参考电路原理图和源程序，其中电路图如图 8-2 所示。

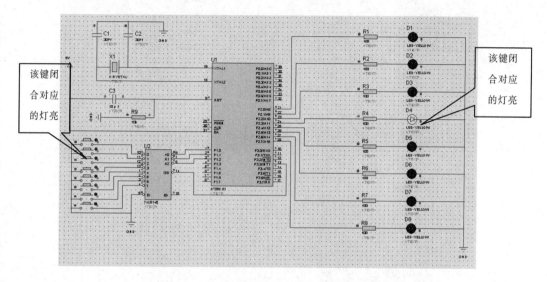

图 8-2　74LS148 优先权编码器扩展外部中断源

图 8-2 电路是一种用优先权编码器扩展外部中断源的做法。74LS148 是一种优先权编码器，它具有 8 个输入端"0~7"，可用于 8 个外部中断源输入端，3 个编码输出端 A0~A2。输入端"7"的优先级最高，输入端"0"的优先级最低。编码器输出端 GS 与 MCS-51 系列单片机的 $\overline{INT1}$ 连接，编码器使能端接地。用 8 个按钮模拟 8 个中断源 IR0~IR7，P2 口接 8 个发光二极管。当 7 个中断源 IR1~IR7 中有中断申请时（低电平有效），与其对应的一组编码就出现在 P1.0~P1.2 上，且编码器输出端 GS 为低电平（本项目实际将中断源 IR0 直接与 GS 连接），向 CPU 提出中断申请。若 MCS-51 系列单片机的 $\overline{INT1}$ 开放，就可以响应对应的中断源提出的中断申请。在此中断源 IR0 不能直接与 74LS148 的输入 0 相接（GS 信号不为 0），只能将中断源 IR0 连接与 $\overline{INT1}$ 连接。

本项目只给出参考源程序。参考源程序如下：

```
;--------------------------------------------
;程序开始及主程序跳转
;--------------------------------------------
ORG 0000H
LJMP START
;--------------------------------------------
;中断 INT1 入口
;--------------------------------------------
    ORG 0013H
;--------------------------------------------
;中断服务程序 INT1 跳转
;--------------------------------------------
    AJMP LAB
;--------------------------------------------
; 程序初始化部分
;--------------------------------------------
START:MOV SP,#70H
      MOV P2,#00H
```

```
            SETB EA                                  ;开中断 INT1 总开关
;------------------------------------
;主程序循环体部分
;-------------------------------------------
  AA:SETB EX1                                         ;开中断 INT1 分开关
     SJMP AA
;------------------------------------
;中断服务程序 INT1
;-------------------------------------------
            ORG     0040H
  LAB:
            MOV     A,P1                              ;判断编码器输出端的代码
            ANL     A,#07H
            JNE     A,#07H,ZDIR1
            SETB    P2.0                              ;为 INT0 则 LED0 亮
            LCALL   DELAY
  ZDIR00:   JNB     P1.0,ZDIR00
            CLR     P2.0
            LJMP    RETURN
  ZDIR1:    CJNE    A,#06H,ZDIR2
            SETB    P2.1                              ;为 INT1 则 LED1 亮
            LCALL   DELAY
  ZDIR01:   JNB     P1.1,ZDIR01
            CLR     P2.1
            LJMP    RETURN
  DIR2:     CJNE    A,#05H,ZDIR3
            SETB    P2.2                              ;为 INT2 则 LED2 亮
            LCALL   DELAY
  ZDIR02:   JNB     P1.2,ZDIR02
            CLR     P2.2
            LJMP    RETURN
  ZDIR3:    CJNE    A,#04H,ZDIR4
            SETB    P2.3                              ;为 INT3 则 LED3 亮
            LCALL   DELAY
  ZDIR03:   JNB     P1.3,ZDIR03
            CLR     P2.3
            LJMP    RETURN
  ZDIR4:    CJNE    A,#03H,ZDIR5
            SETB    P2.4                              ;为 INT4 则 LED4 亮
            LCALL   DELAY
  ZDIR04:   JNB     P1.4,ZDIR04
            CLR     P2.4
            LJMP    RETURN
  ZDIR5:    CJNE    A,#02H,ZDIR6
            SETB    P2.5                              ;为 INT5 则 LED5 亮
            LCALL   DELAY
  ZDIR05:   JNB     P1.5,ZDIR05
            CLR     P2.5
            LJMP    RETURN
  ZDIR6:    CJNE    A,#01H,ZDIR7
            SETB    P2.6                              ;为 INT6 则 LED6 亮
            LCALL   DELAY
  ZDIR06:   JNB     P1.6,ZDIR06
            CLR     P2.6
            LJMP    RETURN
  ZDIR7:    CJNE    A,#00H,RETURN
            SETB    P2.7                              ;为 INT7 则 LED7 亮
            LCALL   DELAY
  ZDIR07:JNB   P1.7,ZDIR07
```

```
        CLR    P2.7
        LJMP   RETURN
RETURN:SETB    P3.3
        CLR    EX1
        RETI
;-----------------------------------------
; 子程序
;-----------------------------------------
;-----------------------------------------
;延时子程序
;输入: 无; 输出: 无 ; 中间变量: Z1=R3, Z2=R4
;-----------------------------------------
DELAY:
        MOV    R3,#0FFH              ;延时子程序开始
DEL2:
        MOV    R4,#0FFH
DEL1:
        NOP
        NOP
        NOP
        DJNZ   R4,DEL1
        DJNZ   R3,DEL2
        RET
        END
```

**小知识**

74LS148 是一种优先权编码器, 其引脚配置如图 8-3 所示。它具有 8 个输入端 "0~7",
可用于 8 个外部中断源输入端, 3 个编码输出端 A0~A2, 1 个编码群输出端 GS, 1 个使能端
EI (低电平有效)。在 EI 输入为低电平情况下, 只要 8 个输入端中任何一个输入端为低电平,
就有一组相应的编码从 A0~A2 端输出, 且编码器输出端 GS 为低电平。如果 8 个输入端同
时有多个输入, 则 A0~A2 将输出编码最大的输入所对应的编码。74LS148 的真值表如表 8-1
所示。

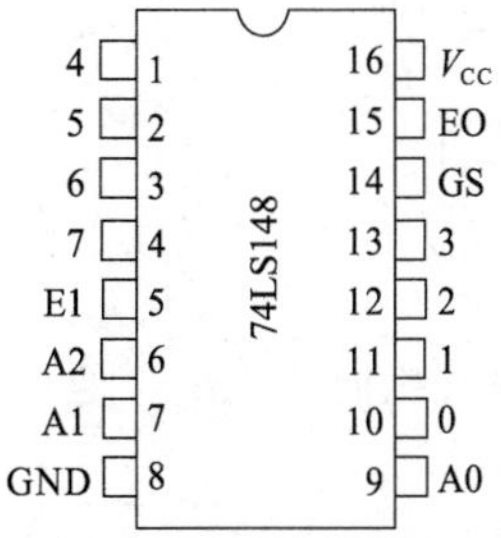

表 8-1 74LS148 的真值表

图 8-3 74LS148 引脚配置图

| 输 入 | | | | | | | 输 出 | | | | |
|---|---|---|---|---|---|---|---|---|---|---|---|
| 1 | 2 | 3 | 4 | 5 | 6 | 7 | A2 | A1 | A0 | GS | EO |
| × | × | × | × | × | × | × | H | H | H | H | H |
| H | H | H | H | H | H | H | H | H | H | H | L |
| × | × | × | × | × | × | L | L | L | L | L | H |
| × | × | × | × | × | L | H | L | L | H | L | H |
| × | × | × | × | L | H | H | L | H | L | L | H |
| × | × | × | L | H | H | H | L | H | H | L | H |
| × | × | L | H | H | H | H | H | L | L | L | H |
| × | L | H | H | H | H | H | H | L | H | L | H |
| L | H | H | H | H | H | H | H | H | L | L | H |
| H | H | H | H | H | H | H | H | H | H | H | L |

注: 图中 × 表示任意状态。

**项目实施**

① 使用 Keil uVision2 单片机编程软件对项目给出的程序进行编辑。

② 生成扩展名为 hex 的烧录文件。

③ 利用 Proteus 仿真软件建立仿真电路。

④ 利用 Proteus 仿真软件进行仿真演示。

⑤ 利用单片机烧录软件将 hex 文件烧入 AT89C51 单片机，然后将该单片机装入单片机最小应用电路或由单片机实验设备构成的单片机最小应用系统，通电观察不同中断信号时 P0 口所接的 8 个发光二极管的亮灭。

# 8.2 单片机资源扩展的相关知识

MCS-51 系列单片机资源的扩展主要围绕程序存储器、数据存储器、I/O 端口、定时器/计数器来进行扩展。系统扩展后，为了便于编写程序，需要将单片机系统的内外连线统一起来。由于单片机内部采用总线结构，因此单片机外部扩展也要采用总线结构。系统的资源扩展要在总线的基础上进行，系统总线"挂"上存储器芯片就形成存储器扩展，"挂"上 I/O 端口芯片就构成 I/O 端口的扩展，这样使系统扩展真正做到了方便、灵活。

## 8.2.1 片外三总线的扩展

### 1. 片外总线结构

所谓总线，实际上就是连接系统中主机与各扩展部件的一组公共信号线。在对 MCS-51 系列单片机进行系统扩展时，为了便于其与各类外围芯片的连接，应将单片机的外部连线变为一般微型计算机所具有的三总线结构形式，即地址总线（AB）、数据总线（DB）、控制总线（CB）。MCS-51 系列单片机在进行系统扩展时的三总线结构如图 8-4 所示。

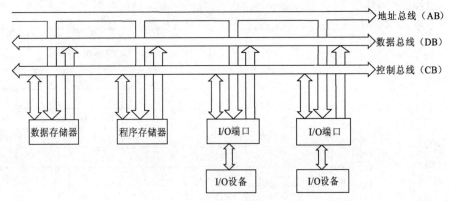

图 8-4 三总线结构

① 地址总线（AB）。地址总线是一种单向总线，只能由单片机向外输出。地址总线的根数决定了单片机可以访问的存储单元数量和 I/O 端口的数量。

② 数据总线（DB）。数据总线是双向的，可以进行双向的数据传送。

③ 控制总线（CB）。可认为是双向的。

系统扩展时，每个扩展芯片都要同时连接地址总线、数据总线和控制总线。

### 2. 三总线的扩展方法

MCS-51 系列单片机与其他微型计算机不同，本身没有专用的地址线和数据线，它的大部分信号的输入和输出都依赖于其仅有的 4 个端口 P0 ~ P3。因此，要对 MCS-51 系列单片机进行片外三总线的扩展，必须通过对它的端口 P0～P3 进行合理的配置才能得以实现。MCS-51 系列单片机系统三总线的具体扩展方法如图 8-5 所示。

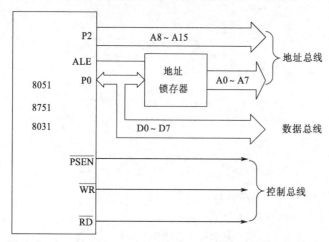

图 8-5　MCS-51 系列单片机系统三总线的具体扩展方法

① P0 口的 I/O 端口线用作低 8 位地址总线和数据总线。

② 以 P2 口线作为高 8 位地址总线，和 P0 口一起共同形成完整的 16 位地址总线。

③ 控制信号。利用 ALE 作为地址锁存信号，实现对 P0 口送出的低 8 位地址的锁存。利用 $\overline{PSEN}$ 信号作为扩展的程序存储器读选通信号。利用 $\overline{EA}$ 信号作为片内、片外程序存储器的选择信号。利用 $\overline{RD}$ 和 $\overline{WR}$ 作为扩展片外数据存储器和 I/O 端口的读写选通信号。

**3. MCS-51 系列单片机的系统扩展能力**

由于 MCS-51 系列单片机在进行系统扩展时，16 位地址总线由 P0 口和 P2 口共同构成。因此，在片外扩展数据/程序存储器的容量一般均为 64 KB，地址范围为 0000H～FFFFH。但由于 MCS-51 系列单片机对片外扩展的程序存储器和数据存储器访问时使用了不同的指令和控制信号，故允许两者的地址重叠，即对于 MCS-51 系列单片机来说，片外可扩展的程序存储器和数据存储器的容量可各为 64 KB。

对片内程序存储器和片外程序存储器的访问，MCS-51 系列单片机使用相同的指令，对两者的选择则依靠硬件来实现。当 $\overline{EA}$ = 0 时，它只能访问片外程序存储器，此时片外程序存储器的地址范围为 0000H～FFFFH；当 $\overline{EA}$ = 1 时，可访问片内、片外的程序存储器，此时片内、片外程序存储器的地址范围从片内程序存储器开始进行连续编址，地址范围为 0000H～FFFFH。

另外，MCS-51 系列单片机在进行系统扩展时，不仅要扩展存储器系统，而且要扩展 I/O 端口、定时器/计数器、A/D 和 D/A 转换器等一些外围电路器件。由于扩展器件的地址都与片外数据存储器共同编址，因此在扩展较多的 I/O 端口和外围器件时，将要占用大量的片外数据存储器地址空间。对此，用户必须给予充分的注意。

## 8.2.2　程序存储器的扩展

MCS-51 系列单片机在扩展片外程序存储器时，除必须有选定容量的程序存储器芯片外，还必须要有地址锁存器，如图 8-6 所示。MCS-51 系列单片机的程序存储器地址范围为 0000H～FFFFH，对片外程序存储器的读选通利用 $\overline{PSEN}$ 控制，访问程序存储器的指令为 MOVC。片内无 ROM 的单片机（如 8031）必须扩展片外程序存储器。

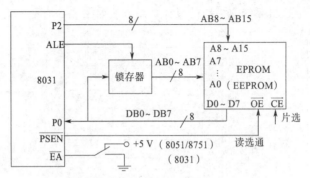

图 8-6　单片机与外部程序存储器的扩展连接图

### 1. 扩展程序存储器的电路芯片

① 地址锁存器。常用有 74LS373 和 8282。

② EEPROM（或 E²PROM）芯片。EEPROM 为紫外线擦除、电可编程的只读存储器，典型产品有 2716（2KB）、2732（4KB）、2764（8KB）、27128（16KB）、27256（32KB）、27512（64KB）等。EEPROM 具有读/写方便（类似静态 RAM）和掉电后信息不会丢失（类似静态 RAM）的优点。它对硬件电路无特殊要求，操作简便。

> **小知识**
>
> 74LS373 和 8282 是带有三态缓冲输出的 8D 锁存器。$\overline{E}$ 为三态门使能端，$\overline{E}=0$ 时三态门输出为标准 TTL 电平；$\overline{E}=1$ 时三态门输出呈高阻态。G(STB)：8D 锁存器控制端，若 G(STB)=1，则输出跟随输入（即锁存器透明）；若 G(STB)=0，则输出保持不变，即将 D7~D0 状态锁存于 Q7~Q0 端。其引脚配置如图 8-7 所示，真值表如表 8-2 所示。
>
> 图 8-7　74LS373 和 8282 引脚图

表 8-2　74LS373（8282）功能表

| $\overline{E}$ | G(STB) | 功　能 |
| --- | --- | --- |
| 0 | 1 | 直通（Qi=Di） |
| 0 | 0 | 保持（Qi 保持不变） |
| 1 | × | 输出呈高阻态 |

### 2. MCS-51 系列单片机程序存储器扩展实例

**例 8-1**　用 2764 扩展 8KB 程序存储器。

**解：** 如图 8-8 所示，对芯片选用线选法。2764 地址范围为 0000H~1FFFH。

| P2.7 | P2.6 | P2.5 | P2.4 | P2.3 | P2.2 | P2.1 | P2.0 | P0.7 | P0.6 | P0.5 | P0.4 | P0.3 | P0.2 | P0.1 | P0.0 |
| --- | --- | --- | --- | --- | --- | --- | --- | --- | --- | --- | --- | --- | --- | --- | --- |
| 0 | 0 | 0 | 0 | 0 | 0 | 0 | 0 | 0 | 0 | 0 | 0 | 0 | 0 | 0 | 0 |
| × | × | × | 1 | 1 | 1 | 1 | 1 | 1 | 1 | 1 | 1 | 1 | 1 | 1 | 1 |

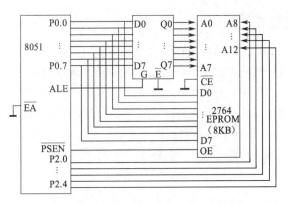

图 8-8　用 2764 扩展 8KB 程序存储器

在采用线选法时,对与存储器芯片寻址无关的 MCS-51 系列单片机的 I/O 端口线可以取任意状态,如上例中的"×",但更为常用的是取状态 0,然后得出其基本地址范围并加以使用。

例 8-2　将第 5 章例 5-1 的单片机电路用一片 2764(8KB)程序存储器进行图 8-9 方式的扩展,扩展后如果要将整个原程序存到 2764 上,程序需要作何修改?

解:电路如图 8-9 所示。

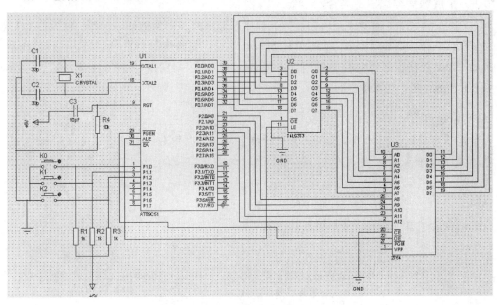

图 8-9　例 5-1 与一片 2764 组成的扩展系统

方法 1:原程序保持不变,全部烧录或下载到 2764 中,将 MCS-51 单片机的 $\overline{EA}$ =0。则单片机在通电复位后,从 2764 自动取程序运行。

方法 2:由于 51 单片机内部有 4 KB 的 ROM,地址编号为 0000H ~ 0FFFH,如让 MCS-51 单片机的 $\overline{EA}$ =1,则单片机在通电复位后,首先在内部 0000H ~ 0FFFH 上取程序,然后再转到外部存储器去取程序。2764 有 8 KB,地址编号为 0000H ~ 1FFFH,其中 0000H ~ 0FFFH 与 MCS-51 单片机内部 ROM 的地址重合而不能用,所以源程序只能放在 1000H ~ 1FFFH,故将例子中的程序初始定位 ORG 0000H 调整为 ORG 1000H 即可。

### 8.2.3 数据存储器的扩展

MCS-51 系列单片机的外部数据存储器可扩展到 64 KB，并且和程序存储器共用地址总线及数据总线，因而两者在地址空间上产生重叠（0000H ~ FFFFH）。但对两者的操作采用了不同的指令和控制信号，因此它们的地址重叠并不会引起对它们的误操作。如图 8-10 所示，MCS-51 系列单片机在访问片外数据存储器时，其主要控制线是 ALE、$\overline{RD}$ 和 $\overline{WR}$，在访问过程中，$\overline{PSEN}$ 信号始终处于无效（即保持在高电平）状态，具有相同地址范围的程序存储器此时不会被选通，从而保持了两者地址空间的相互独立。

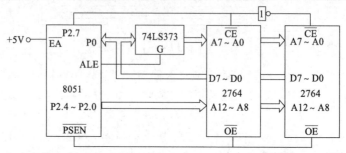

图 8-10　单片机与外部数据存储器的扩展连接图

#### 1．扩展数据存储器的芯片

① 地址锁存器。通常采用和扩展片外程序存储器时相同的地址锁存器，如 74LS373 和 8282 等。

② 常用数据存储器芯片。常用静态 RAM（简称 SRAM）芯片有 6116（2 KB）、6264（8 KB）和 62256（32 KB）等。

---

**小知识**

译码器有 74LS138 和 74LS139。其引脚配置及与单片机连接电路如图 8-11 所示，真值表如表 8-3 和表 8-4 所示。

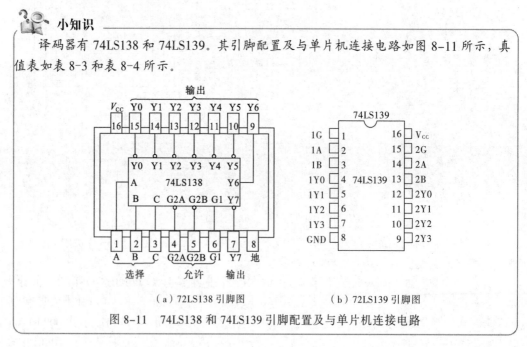

（a）72LS138 引脚图　　　　　　（b）72LS139 引脚图

图 8-11　74LS138 和 74LS139 引脚配置及与单片机连接电路

---

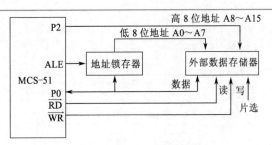

（c）72LS138 或 72LS139 与单片机连接电路图

图 8-11　74LS138 和 74LS139 引脚配置及与单片机连接电路（续）

表 8-3　74LS138 真值表

| 译码的输入 | | | | | | 输　出 |
|---|---|---|---|---|---|---|
| G1 | G2A | G2B | C | B | A | Y0～Y7 |
| 1 | 0 | 0 | 0 | 0 | 0 | Y0=0 |
| | | | 0 | 0 | 1 | Y1=0 |
| | | | 0 | 1 | 0 | Y2=0 |
| | | | 0 | 1 | 1 | Y3=0 |
| | | | 1 | 0 | 0 | Y4=0 |
| | | | 1 | 0 | 1 | Y5=0 |
| | | | 1 | 1 | 0 | Y6=0 |
| | | | 1 | 1 | 1 | Y7=0 |
| 0 | × | × | × | × | × | Y0～Y7 全 1 |
| × | 1 | × | | | | |
| × | × | 1 | | | | |

1—高电平；0—低电平；×—高/低均可。

表 8-4　74LS139 真值表

| 输　入 | | | 输　出 | | | |
|---|---|---|---|---|---|---|
| G | 选择 | | 1Y0 （2Y0） | 1Y1 （2Y1） | 1Y2 （2Y2） | 1Y3 （2Y3A） |
| | 1B （2B） | 1A （2A） | | | | |
| 1 | × | × | 1 | 1 | 1 | 1 |
| 0 | 0 | 0 | 0 | 1 | 1 | 1 |
| 0 | 0 | 1 | 1 | 0 | 1 | 1 |
| 0 | 1 | 0 | 1 | 1 | 0 | 1 |
| 0 | 1 | 1 | 1 | 1 | 1 | 0 |

## 2．MCS-51 系列单片机扩展片外 SRAM 实例

例 8-3　利用线选法进行单片 SRAM 扩展。

解：如图 8-12 所示，扩展一片 6264，P2.7 接片选信号 $\overline{CE}$，其基本地址范围为 0000H～1FFFH。

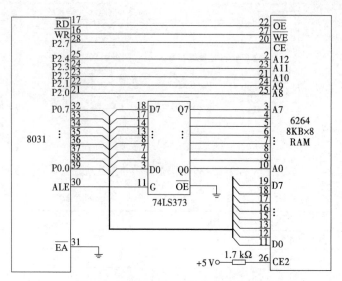

图 8-12　扩展一片 6264 的电路连接图

**例 8-4** 利用 2764 扩展数据存储器和利用 6264 扩展程序存储器。

**解:** 图 8-13 所示为采用适合多片存储器系统扩展的译码法来产生片选信号。译码器采用 74LSl39，P2.7 ~ P2.5 分别接 74LSl39 的 $\overline{G}$、B、A 端，译码器的 4 个输出端 Y0 ~ Y3 分别作为 IC0 ~ IC3 的片选信号。当 P2.7 输出低电平时，选中 74LSl39，P2.6 和 P2.5 两根地址线组成的 4 种状态可选择位于不同地址空间的 4 块芯片。各芯片对应的地址空间为

P2.7=0，P2.6=0，P2.5=0，Y0=0，选中芯片 IC0，对应地址为 0000H ~ 1FFFH。

P2.7=0，P2.6=0，P2.5=1，Y1=0，选中芯片 IC1，对应地址为 2000H ~ 3FFFH。

P2.7=0，P2.6=0，P2.5=0，Y0=0，选中芯片 IC2，对应地址为 0000H ~ 1FFFH。

P2.7=0，P2.6=1，P2.5=0，Y2=0，选中芯片 IC3，对应地址为 4000H ~ 5FFFH。

74LS139 的 Y3 输出，其寻址空间 6000H ~ 7FFFH 未被使用。

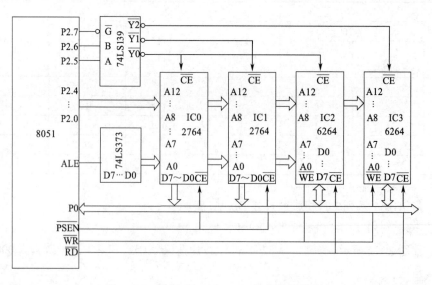

图 8-13　扩展 2764 和 6264 的电路连接图

虽然 IC0 和 IC1 两个芯片共处于同一地址空间，但由于控制信号不同，故在读取数据

时不会发生总线冲突。同一逻辑空间扩展存储器芯片采用译码法进行选择。

## 8.2.4　定时器/计数器的扩展

定时器/计数器扩展常用芯片 8253 实现，8253 内部有 3 个独立的 16 位计数器 T0、T1 和 T2，它们既可工作于计数状态又可工作于定时状态，并有 6 种不同的工作模式。

### 1. 8253 的引脚及功能说明

8253 有 24 个引脚，其引脚如图 8-14 所示。现对各引脚的功能说明分述如下：

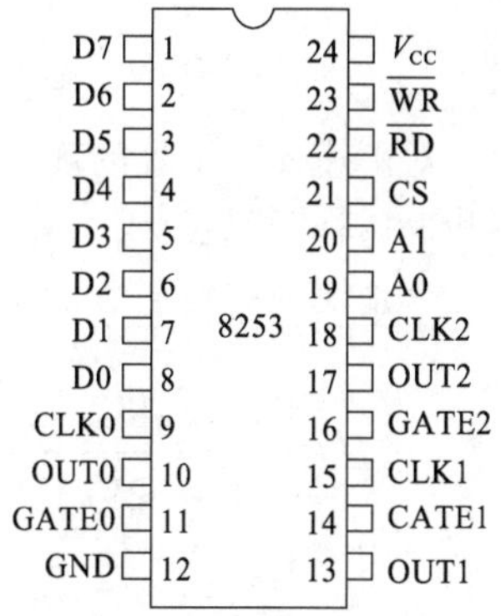

D0 ~ D7：8 位数据输入/输出通道。

$\overline{\text{RD}}$：计数器的当前计数值读出信号。

$\overline{\text{WR}}$：计数器的计数常数写入信号。

$\overline{\text{CS}}$：8253 的选通信号。

$V_{CC}$：8253 工作电源输入（ +5 V ）。

GND：接地端。

图 8-14　8253 引脚图

A1、A0：8253 的 3 个计数器 T0、T1 和 T2 的地址选择端。A1A0 = 00，T0 地址选择；A1A0 = 01，T1 地址选择；A1A0 = 10，T2 地址选择，A1A0 = 11，控制字寄存器地址选择。

CLK0 ~ CLK2：T0、T1 和 T2 的时钟信号输入端。

GATE0 ~ GATE2：T0、T1 和 T2 的门控输入端。

OUT0 ~ OUT2：T0、T1 和 T2 的计数到回 0 信号。

8253 的控制字寄存器为 8 位，其格式如下：

| SC1 | SC0 | RL1 | RL0 | M2 | M1 | M0 | BCD |
| --- | --- | --- | --- | --- | --- | --- | --- |

SC1、SC2：计数器选择。SC1SC2=00，选中 T0；SC1SC2=01，选中 T1；SC1SC2=10，选中 T2。

RL1、RL0：操作方式选择。RL1RL0=00，计数器锁定；RL1RL0=01，只读/写低 8 位计数值（注意，当只写入低 8 位计数值时，高 8 位计数值自动清 0）；RL1RL0=10，只读/写高 8 位计数值（当只写入高 8 位计数值时，低 8 位计数值启动清 0）；RL1RL0=11，先读/写低 8 位，再读/写高 8 位计数值。

M2、M1、M0：工作模式选择。M2M1M0=000，0 模式；M2M1M0=001，1 模式；M2M1M0=010，2 模式；M2M1M0=011，3 模式；M2M1M0=100，4 模式；M2M1M0=101，5 模式；

BCD：计数方式选择。BCD=00，16 位二进制减法计数器；BCD=01，4 位 BCD 数减法计数器。

### 2. 8253 的扩展应用实例

8253 与单片机的典型连接电路如图 8-15 所示。8253 的计数器、控制字寄存器的地址选择 A1、A0 通过地址锁存器 74LS373 与 P0.0 和 P0.1 相连；片选信号 $\overline{\text{CS}}$ 经 74LS373 与 P0.6 相连（当然也可以和其他的口线任意相连，但应注意不能使 $\overline{\text{CS}}$ 与 A1 或 A0 共用同一根地址总线）。可以确定计数器 T0、T1、T2 和控制字寄存器的地址分别为

P0 口

```
            7 6 5 4 3 2 1 0
T0：        × 0 × × × × 0 0  B
T1：        × 0 × × × × 0 1  B
T2：        × 0 × × × × 1 0  B
控制寄存器：  × 0 × × × × 1 1  B
```

对上述 4 个地址的确定，仅 P0.0（A0）、P0.1（A1）和 P0.6（$\overline{CS}$）起决定性作用，而和 P0 口的其他位线无关（其他位线可取任意值），对无关的位线状态都取 1，这样上述的 4 个地址可被确定为 T0：BCH，T1：BDH，T2：BEH，控制字寄存器：BFH。

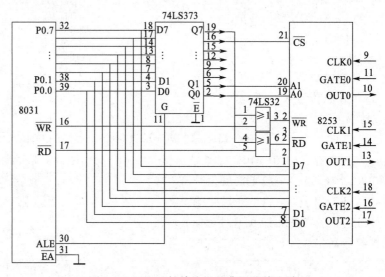

图 8-15　8253 与单片机的典型连接电路

例 8-5　编写程序使 T1 工作在 0 模式二进制 16 位计数方式。

**解：**根据要求，设控制字为 0111 0000B = 70H

程序如下：

```
MOV   R0, # 0BFH
MOV   A, # 70H
MOVX  @R0,A          ;控制字 70H 写入控制字寄存器
MOV   R1, # 0BDH
MOV   A, # LSBH       ;低字节计数值 LSBH 写入 T1
MOVX  @R1,A
MOV   A, # MSBH
MOVX  @R1,A          ;高字节计数值 MSB 写入 T1
```

例 8-6　编写程序使 T2 工作在 1 模式二进制 8 位计数方式，并要求当把 T2 设置成只读/写低 8 位计数值时，T2 就运行于 8 位计数方式（高 8 位自动清 0）。

**解：**根据要求，设控制字为 1001 0010B=92H

程序如下：

```
MOV   R0,#0BFH
MOV   A,#92H
MOVX  @R0,A          ;控制字 92H 写入控制字寄存器
MOV   R1,#0BFH
MOV   A,#LSBH
```

```
MOVX @R1,A                    ;低字节计数值写入 T2 (高字节计数值自动清 0)
```

## 8.2.5　I/O 端口的扩展

MCS-51 系列单片机有 4 个 8 位并行 I/O 端口 P0、P1、P2 和 P3。在一般情况下，由于 P0 口是地址/数据总线口，P2 口是高 8 位地址的输出端口，P3 口是双功能端口，因此，在构成 MCS-51 系列单片机系统后，通常只有 P1 口空出并具有通用功能。在大多数的单片机应用系统中，如不进行 I/O 端口的扩展，则不能满足实际应用的要求。

由于 MCS-51 系列单片机的外部 RAM 是和 I/O 端口统一编址的，因此用户可以把单片机外部 64KB RAM 空间的一部分作为扩展外围 I/O 端口的地址空间。这样，单片机就可以像访问外部 RAM 存储器那样访问外部 I/O 端口芯片，对 I/O 端口进行读/写操作。常用的 I/O 端口芯片有：8255（可编程通用并行接口电路）、8155（可编程的 RAM/IO 扩展接口电路）、8253（可编程的定时器/计数器）、8279（可编程键盘/显示接口电路）等。

另外，74LS 系列的 LSTTL 或 MOS 电路也可以作为 MCS-51 系列单片机扩展 I/O 端口（如 74LS373、74LS273、74LS377、74LS244 等）的电路芯片。

### 1. 用 74LS 系列 TTL 芯片扩展简单 I/O 端口

图 8-16 所示为 74LS244 和 74LS373 构成的简单 I/O 端口扩展电路，其中输入控制信号由 P2.0 与 $\overline{RD}$ 相或而得；输出控制信号由 P2.0 与 $\overline{WR}$ 相或而得。尽管输入和输出口的地址都为 FEFFH（P2.0 = 0），但由于输出和输入分别受 $\overline{RD}$ 和 $\overline{WR}$ 信号控制，所以输入和输出在逻辑上不会发生冲突。其功能为按下任一键时对应的发光二极管发亮。相应程序如下：

```
LOOP: MOV  DPIR,#0FEFFH        ;指向扩展 I/O 端口地址
      MOVX A,@DPTR             ;输入按键状态
      MOVX @DPTR,A             ;输出数据到 74LS373
      AJMP LOOP               ;循环
```

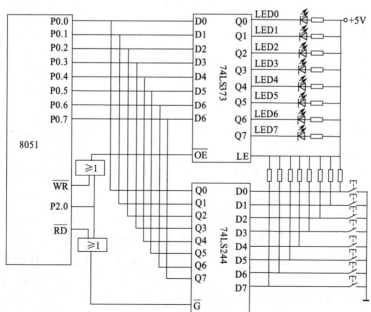

图 8-16　74LS244 和 74LS273 构成的简单 I/O 端口扩展电路

### 2. 利用 8255A 可编程并行接口芯片扩展 I/O 端口

8255A 是 Intel 公司生产的一种通用可编程并行 I/O 端口芯片，可以很方便地与 MCS-51 系列单片机系统总线连接，扩展 MCS-51 系列单片机的 I/O 端口。它的引脚采用 40 引脚双列直插式封装，如图 8-17 所示，有 3 个并行端口，根据不同的初始化编程，可以定义为不同的工作方式，以完成 CPU 与外设之间的数据传送。

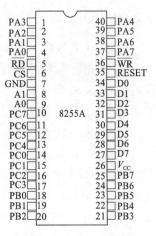

图 8-17　8255A 引脚图

（1）8255A 的引脚功能

GND：接地。

$V_{CC}$：+5V 电源。

D0 ~ D7：双向三态 8 位数据总线。

PA0 ~ PA7：A 口 8 位双向数据线。

PB0 ~ PB7：B 口 8 位双向数据线。

PC0 ~ PC7：C 口 8 位双向信号线。当 8255A 工作于工作方式 0 时，PC0 ~ PC7 分为两组（每组 4 位）并行 I/O 数据线。当 8255A 工作于工作方式 1 或工作方式 2 时，PC0 ~ PC7 为 PA、PB 口提供联络和中断信号。

$\overline{CS}$：片选输入信号，低电平有效（8255A 被选中）。

$\overline{RD}$：读信号，输入，低电平有效（允许 CPU 从 8255A 读取数据或状态信息）；

$\overline{WR}$：写信号，输入，低电平有效（允许 CPU 将控制字或数据写入 8255A）；

RESET：复位信号，输入，高电平有效（8255A 被复位，所有控制寄存器被清 0，所有端口被置输入方式）；

A1、A0：端口选择信号，输入。8255A 的 PA、PB、PC 口和 1 个控制寄存器，共有 4 个端口，根据 A1、A0 输入的地址信号来进行寻址。8255A 端口选择及读/写控制如表 8-5 所示。

表 8-5　8255A 端口选择及读/写控制

| A1 | A0 | $\overline{RD}$ | $\overline{WR}$ | $\overline{CS}$ | 输入操作（读） |
|----|----|-----|-----|-----|------------|
| 0 | 0 | 0 | 1 | 0 | 端口 A→数据总线 |
| 0 | 1 | 0 | 1 | 0 | 端口 B→数据总线 |
| 1 | 0 | 0 | 1 | 0 | 端口 C→数据总线 |

（2）8255A 的工作方式及 I/O 操作

8255A 共有 3 种工作方式，即工作方式 0（基本输入/输出方式）、工作方式 1（选通输入/输出方式）、工作方式 2（双向数据传送方式），如图 8-18 所示。

可见 8255A 的并行 I/O 端口 PA、PB、PC 都是 8 位的；PA 口可编程为输入/输出或双向寄存器；PB 口可编程为输入或输出，但不能双向输入/输出；PC 口可分为 2 个 4 位口使用，它除了作为输入/输出口外，还可作为 PA 口、PB 口工作于选通方式时的状态控制信号。

（3）8255A 的控制字

8255A 有两种控制字，即控制 PA、PB、PC 口工作方式的方式控制字，如图 8-19 所示；专门用于控制 PC 口各位置位/复位的控制字，如图 8-20 所示。

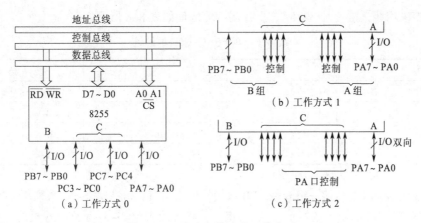

图 8-18　8255A 的 3 种工作方式

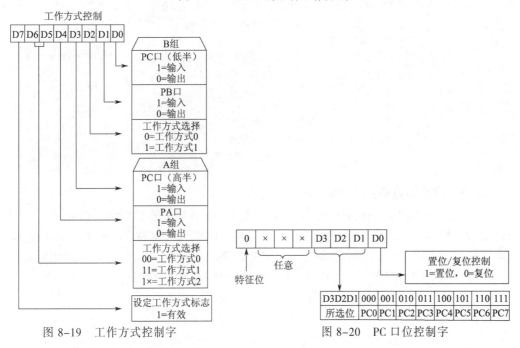

图 8-19　工作方式控制字

图 8-20　PC 口位控制字

（4）8255A 的简单应用

图 8-21 所示为 8255A 与 MCS-51 系列单片机的连接电路。

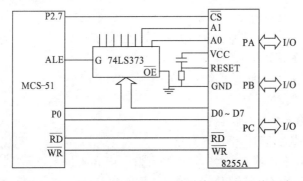

图 8-21　8255A 与 MCS - 51 系列单片机的连接电路

图中采用线选法寻址 8255A，则各端口的地址如表 8-6 所示。

表 8-6　8255A 各端口的地址

| 端　　口 | P2 | P0 | 端 口 地 址 |
|---|---|---|---|
| PA | 0××××××× | ×××××00 | 7FFCH |
| PB | 0××××××× | ×××××01 | 7FFDH |
| PC | 0××××××× | ×××××10 | 7FFEH |
| 控制字寄存器 | 0××××××× | ×××××11 | 7FFFH |

注：P0、P2 口中无关位此处取为状态 1。

若 8255A 的 PA 口接一组开关，PB 口接一组指示灯，如将 MCS-51 系列单片机中第 3 组工作寄存器 R2 的内容送指示灯显示，将开关状态读入 MCS-51 系列单片机的累加器 A，则 8255A 的初始化和输入/输出程序如下：

```
SUB: MOV   PSW,#10H         ;选定第 3 组工作寄存器
     MOV   DPTR,#7FFFH
     MOV   A,#98H           ;设定方式控制字（PA 口工作方式 0 输入，PB 口工作方式 0 输出）
     MOVX  @DPTR,A          ;将格式控制字写入控制寄存器
     MOV   DPTR,#7FFDH      ;设定 PB 口地址
     MOV   A,R2
     MOVX  @DPTR,A          ;将 R2 的内容经 PB 口输出
     MOV   DPTR,#7FFCH      ;设定 PA 口地址
     MOVX  A,@DPTR          ;将开关状态读入累加器 A
     RET
```

### 3. 利用 8155 可编程并行接口芯片扩展 I/O 端口

Intel 公司的 8155/8156 是 N 型沟道、耗尽型负载、硅栅工艺（HMOS）的可编程 RAM 和 I/O 端口扩展芯片。8155 片内具有 256 字节静态 RAM，2 个 8 位、1 个 16 位的并行 I/O 端口和 1 个 14 位减 1 计数器。它可以和多种微处理器、单片机直接接口，为 40 引脚双列直插式封装结构。它是单片机应用系统中获得广泛使用的一种可编程 I/O 接口芯片。

（1）8155 的引脚功能

8155 引脚分布如图 8-22 所示，各引脚功能分述如下：

AD0 ~ AD7：三态地址/数据总线，可与 MCS-51 系列单片机的 P0 口直接相连。它的分时复用功能同 MCS-51 系列单片机的 P0 口完全一致。

RESET：8155 的复位信号输入端，其复位信号由系统复位电路提供。8155 复位后，PA、PB、PC 口均被置为输入方式，复位脉冲的宽度最少为 640 ns。

$\overline{CE}$：片选输入信号，低电平有效。在 $\overline{CE}$ 有效时，8155 才被选中；否则为禁止。

$\overline{RD}$：读选通输入信号，低电平有效。

$\overline{WR}$：写选通输入信号，低电平有效。

ALE：地址锁存允许输入信号，高电平有效。该信号由 MCS-51 系列单片机提供，在 ALE 的下降沿，将 AD0 ~ AD7、片选信号 CE 以及 IO/$\overline{M}$ 信号锁存在 8155 片内锁存器中。

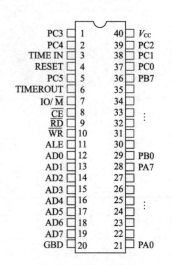

图 8-22　8155 引脚图

IO/$\overline{\text{M}}$：I/O 端口和 SRAM 选择输入信号。当 IO/$\overline{\text{M}}$ = 1 时，选择 8155 的 I/O 端口；当 IO/$\overline{\text{M}}$ = 0 时，选择 8155 内部 SRAM。

PA0 ~ PA7：PA 口 8 位通用 I/O 线，数据输入/输出的方向由可编程的命令寄存器确定。

PB0 ~ PB7：PB 口 8 位通用 I/O 线，数据输入/输出的方向由可编程的命令寄存器确定。

PC0 ~ PC5：PC 口 6 位通用 I/O 线，还可作为 PA 口和 PB 口的控制信号 I/O 线，二者的选择由命令寄存器决定。

TIMERIN：定时器/计数器时钟信号输入端。

TIMEROUT：定时器/计数器输出端，其输出信号的形式由定时器/计数器工作方式决定。

$V_{CC}$ 和 GND：+5 V 电源和地。

（2）8155 的命令字和状态字

8155 的 PA、PB 和 PC 口的工作方式由可编程命令寄存器中的内容决定，如图 8-23 所示。其状态可以从读出状态寄存器的内容中获得，如图 8-24 所示。命令寄存器和状态寄存器都为独立的 8 位寄存器，但命令寄存器只能写入而不能读出，状态寄存器的内容只能读出而不能写入。

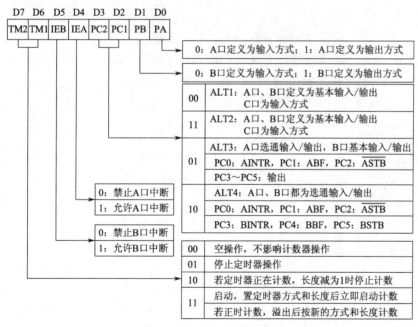

图 8-23　8155 的命令字

（3）8155 的 I/O 工作方式

8155 有 2 种 I/O 工作方式：基本 I/O 方式和选通 I/O 方式，如图 8-25 所示。8155 的工作方式由 CPU 写入命令寄存器中的控制命令字确定。

（4）8155 的定时器

8155 的定时器是一个 14 位二进制减 1 计数器，它对输入的脉冲进行减法计数，其格式如图 8-26 所示。

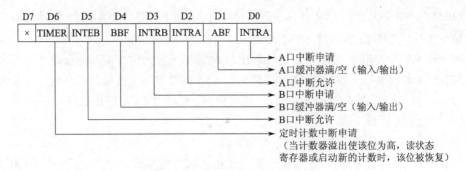

图 8-24　8155 的状态字

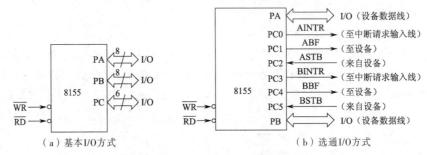

（a）基本 I/O 方式　　　　　　　　　（b）选通 I/O 方式

图 8-25　8155 的 I/O 工作方式

在对定时器/计数器寄存器进行"写"操作时，可以写入 1 个 14 位定时常数和输出方式的命令；在进行"读"操作时，可将定时器/计数器的当前值和输出方式位读出，对定时器/计数器的读/写要分 2 次进行传送。对定时器编程，应先将计数长度和定时器方式装入定时器的 2 个相应单元。计数长度可为 0～3FFFH 之间的任意值。

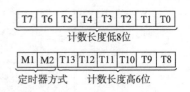

图 8-26　8155 的定时器格式

（5）8155 内部 RAM 和 I/O（内部寄存器）的寻址

8155 在 MCS-51 系列单片机扩展系统中，其内部 SRAM 和 I/O 端口是与外部数据存储器统一编址的，故为 16 位地址。其中高 8 位地址提供 8155 的 CE 和 I/O/$\overline{\text{M}}$ 输入信号，低 8 位地址由 P0 口送到 8155 的地址线 AD0～AD7 决定。

当 I/O/$\overline{\text{M}}$=0 时，8155 作为外部 256 字节数据存储器使用。MCS-51 系列单片机可对这些 RAM 进行读/写操作。此时 8155 的地址线 AD0～AD7 提供的低 8 位地址可对这 256 字节 RAM 进行寻址，范围为 00H～FFH。再根据 8155 的 $\overline{\text{CE}}$ 和 I/O/$\overline{\text{M}}$ 与 MCS-51 的连接方式，可获得 8155 内部 RAM 的 16 位地址范围。

在 I/O/$\overline{\text{M}}$=1 时，8155 作为 MCS-51 系列单片机的扩展 I/O 端口使用，MCS-51 系列单片机可对这些 I/O 端口进行读/写。8155 内部 I/O 端口及定时器的低 8 位地址如表 8-7 所示。

表 8-7　8155 内部 I/O 端口及定时器的低 8 位编址

| 地　　址 | 引　出　端 | 端　口　地　址 |
| --- | --- | --- |
| ××××000 | 内部 | 指令寄存器（仅写） |
| ××××000 | 内部 | 状态寄存器（仅读） |
| ××××001 | PA0～PA7 | 通用 I/O 端口 |

| 地　　址 | 引　出　端 | 端　口　地　址 |
|---|---|---|
| ××××010 | PB0～PB7 | 通用 I/O 端口 |
| ××××011 | PC0～PC7 | 通用 I/O 端口或控制联络线 |
| ××××100 | 内部 | 定时器/计数器低 8 位寄存器 |
| ××××101 | 内部 | 定时器/计数器高 6 位寄存器以及定时器/计数器输出波形工作方式字 |

（6）8155 应用

8155 与 MCS-51 系列单片机的连接较为简单，它的许多信号与 MCS-51 系列单片机兼容，可以直接连接。如 8155 的 ALE、RESET、$\overline{RD}$、$\overline{WR}$ 可以和 MCS-51 系列单片机同样功能的引脚直接连接，AD0～AD7 和 P0 口之间的连接，由于 8155 内部已有锁存器进行地址锁存，也可以直接相连而不需再外加地址锁存器。

**例 8-7** 将 8155 用作 I/O 端口和定时器工作方式，PA 口定义为基本输入方式，PB 口定义为基本输出方式，定时器作为方波发生器，对输入脉冲进行 24 分频（8155 中定时器的最高计数频率为 4 MHz），试进行初始化编程。

**解：** 8155 与 MCS-51 系列单片机的连接电路如图 8-27 所示。从 CE 和 IO/$\overline{M}$ 与 MCS-51 系列单片机的 P2.7 和 P2.0 引脚连接的实际情况，可得出 8155 内部 RAM 的地址范围为 7E00H～7EFFH。

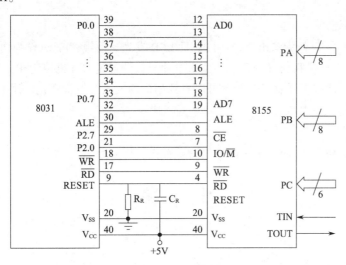

图 8-27　8155 与 MCS-51 系列单片机的连接电路

又由表 8-7 可知 8155 内部 6 个 I/O 口地址对 16 位地址中低 3 位（D0、D1、D2）的状态，同时 CE=0，IO/$\overline{M}$=1。可分析出这 6 个 I/O 端口地址如表 8-8 所示。

表 8-8　6 个 I/O 端口地址

| 项　　目 | P2 | P0 | 端　口　地　址 |
|---|---|---|---|
| 指令/状态寄存器 | 0×××××1 | ××××000 | 7FF8H |
| PA 口 | 0×××××1 | ××××001 | 7FF9H |
| PB 口 | 0×××××1 | ××××010 | 7FFAH |
| PC 口 | 0×××××1 | ××××011 | 7FFBH |

| 项　目 | P2 | P0 | 端口地址 |
|---|---|---|---|
| 定时/计数低 8 位寄存器 | 0×××××1 | ××××100 | 7FFCH |
| 定时/计数高 8 位寄存器 | 0×××××1 | ××××101 | 7FFDH |

再对输入脉冲进行 24 分频，故设定计数初值为 0018H=24；因设定定时器为连续方波输出，故定时/计数高 8 位寄存器的 M2M1=01；按照 PA、PB 口的工作要求，对照命令寄存器的格式及各位控制功能，写出控制字为 11000010B=C2H。

初始化程序如下：

```
MOV   DPTR, #7FFCH        ;指向定时器低 8 位
MOV   A, #18H             ;设定计数初值
MOVX  @DPTR, A            ;计数初值低 8 位装入
INC   DPTR               ;指向定时器高 8 位
MOV   A, #40H             ;设定定时器工作方式为连续方波输出
MOVX  @DPTR, A            ;定时器高 8 位装入
MOV   DPTR, #7FF8H        ;指向命令/状态口
MOV   A, #0C2H            ;设定合作控制字，启动定时器
MOVX  @DPTR, A            ;装入命令/状态口
```

# 任务训练：8255 输入/输出的应用

## 1. 任务描述

用 8255 的 PA 口作为输出口，连接 8 只 LED 发光二极管；PB 口作为输入口，连接 8 个独立按键。PB 口可将任意按键信号读入单片机，并通过单片机控制 PA 口使对应的发光二极管点亮，即按下任意一个开关可以看到相应的发光二极管变化。用 Proteus 仿真软件构造仿真电路和实现仿真。

## 2. 任务提示

可借助本章的 8255 的有关程序编写目标程序。

# 习　题

## 一、选择题

1. 6264 芯片是（　　）。
   A. $E^2$PROM　　　B. RAM　　　C. Flash ROM　　　D. EPROM
2. 使用 8255 可以扩展出的 I/O 端口线有（　　）。
   A. 16 根　　　B. 24 根　　　C. 22 根　　　D. 32 根
3. 当 8031 外扩程序存储器 8 KB 时，需使用（　　）EPROM 2716。
   A. 2 片　　　B. 3 片　　　C. 4 片　　　D. 5 片
4. 某种存储器芯片是 8 KB×4/片，那么它的地址总线根数是（　　）。
   A. 11 根　　　B. 12 根　　　C. 13 根　　　D. 14 根
5. 执行 MOVX A, @DPTR 指令时，MCS-51 系列单片机产生的控制信号是（　　）。
   A. $\overline{PSEN}$　　　B. ALE　　　C. $\overline{RD}$　　　D. $\overline{WR}$
6. 执行 MOVX @DPTR, A 指令时，MCS-51 系列单片机产生下面哪一个控制信号（　　）。

A. $\overline{\text{PSEN}}$                  B. $\overline{\text{WR}}$                  C. ALE                  D. $\overline{\text{RD}}$

7. 74LS138 芯片是（      ）

A. 驱动器                  B. 译码器            C. 锁存器                  D. 编码器

8. MCS-51 系列单片机外扩 ROM、RAM 和 I/O 端口时，它的数据总线是（        ）。

A. P0                  B. P1                  C. P2                  D. P3

9. MCS-51 系列单片机外扩 8255 时，它需占用（        ）端口地址。

A. 1 个                  B. 2 个                  C. 3 个                  D. 4 个

10. 访问扩展的外部程序存储器的时候，应在程序中使用（        ）。

A. MOV 指令        B. MOVX 指令    C. MOVC 指令        D. SWAP 指令

11. 8051 单片机系统扩展时使用的锁存器用于锁存（        ）。

A. 高 8 位地址        B. 低 8 位地址    C. 8 位数据        D. ALE 信号

12. 一个 EPROM 的地址有 A0 ~ A11 引脚，它的容量为（        ）。

A. 2 KB                  B. 4 KB                  C. 11 KB                  D. 12 KB

## 二、问答题

1. 什么是单片机系统的扩展？扩展包括哪些方面的内容？

2. 当程序存储器和外部数据存储器共用 16 位地址线和 8 位数据线时，为什么 2 个存储空间不会发生数据冲突？

3. 已知半导体存储器芯片 RAM 有 13 根地址线和 8 根数据线，其存储容量应为多少？若首地址为 0000H，末地址应为多少？

## 三、编程应用题

1. MCS-51 系列单片机外扩展一片 8255，画出系统电路原理图并写出地址分布。

2. 假设 8155H 的 TIMERIN 引脚输入的脉冲频率为 1 MHz，请编写出在 8155H 的 TIMEROUT 引脚上输出周期为 10 ms 的方波的程序。

### 导读

本章通过项目引入——AT89C51 与 PC 串行通信，引出单片机串行通信的相关概念，即串口通信的工作方式、波特率的设置。并详细论述单片机与单片机之间、单片机与 PC 之间的串行通信。

### 知识目标

① 了解串行通信的相关概念。
② 掌握串行通信的工作方式、波特率和中断的设置。
③ 掌握串行通信的数据发送的汇编编程。
④ 掌握串行通信的数据接收的汇编编程。

### 技能目标

① 会使用 Keil 或伟福等通用单片机编程软件对单片机应用系统中的串行通信项目的程序进行编辑，生成扩展名为 hex 的烧录文件。

② 能使用 Proteus 仿真软件构造单片机应用系统中的串行通信项目的电路，并对它们进行仿真。

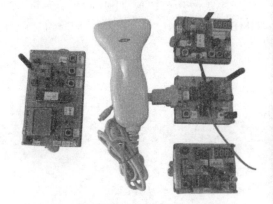

图 9-1　数据采集器实物外形图

### 实物图示例

数据采集器实物外形图如图 9-1 所示。

## 9.1　项目引入：AT89C51 与 PC 串行通信

### 项目说明

在控制系统中，涉及的数据交换包括单片机与单片机之间、单片机与 PC 之间的数据交换。这里主要是通过 RS-232 接口实现单片机与 PC 之间数据的交换。图 9-2 为 AT89C51

与 PC 串行通信应用电路原理图。

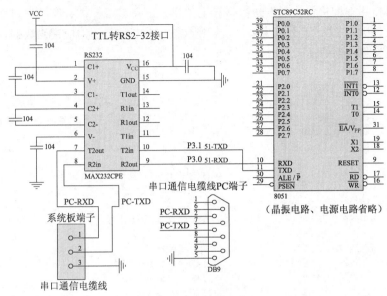

图 9-2　AT89C51 与 PC 串行通信应用电路原理图

## 1. 项目功能

本项目主要通过 RS-232 串行接口，实现数据的传输，具体的实现过程是通过单片机的串口经 MAX232 电平转换后与 PC 串口相连，通过单片机的 P3.1 口，把数据发送给上位机（PC），又通过单片机的 P3.0 口，接收 PC 发送的控制命令。

## 2. 设备与器件

设备：PC、单片机编程器、带 RS-232 接口的单片机最小系统、5 V 电源、串行数据线。

器件：AT89C51。

## 教学目标

通过单片机与 PC 的数据交换，学会设置波特率，掌握串口通信的工作方式、串口通信的原理，学会串口通信程序的编写。

## 工作任务

本项目完成的任务：指导学生通过仿真软件和硬件对串口通信程序进行调试。

整个工作任务：

① 使用 Keil 或伟福等通用单片机编程软件对项目给出的程序进行编辑，生成扩展名为 hex 的烧录文件，再利用 Proteus 仿真软件进行仿真演示。

② 利用单片机烧录软件将 hex 文件烧入单片机，使用单片机实验设备实现项目既定要求。

## 相关资料

### 1. 项目原理图

项目原理图如图 9-2 所示。

**2. 项目程序代码**

本项目使用查询法接收和发送数据，上位机发出指定字符，下位机收到后返回原字符（假设上位机为 PC，下位机为单片机，则按动上位机键盘，对应键码数据发送给单片机，单片机又将收到的键码数据回送给上位机）

```
ORG      30H
START:   MOV    SP,#60H
         MOV    SCON,#50H        ;设定串行方式，8位异步，允许接收
         MOV    TMOD,#20H        ;设定计数器1为8位自动重装初值模式
         ORL    PCON,#80H        ;波特率加倍
         MOV    TH1,#0F3H        ;选取 f_osc=12MHz，设定波特率为 4 800Hz
                                 ;［初值 0F3H=2^n-（2^SMOD×f_osc）÷（32×12×波
                                 ;特率）=2^8-（2^1×12×10^6）÷（32×12×4 800）
                                 ;=256-13=243］
         MOV    TL1,#0F3H
         SETB   TR1              ;计数器1开始计时
AGAIN:   JNB    RI,$             ;等待接收完成
         CLR    RI               ;清接收标志
         MOV    A,SBUF           ;接收数据送缓冲区
         MOV    SBUF,A           ;发送收到的数据
         JNB    TI,$             ;等待发送完成
         CLR    TI               ;清发送标志
         SJMP   AGAIN
         END
```

### 项目实施

① 使用 Keil uVision2 单片机编程软件对项目给出的程序进行编辑。

② 生成扩展名为 hex 的烧录文件。

③ 利用 Proteus 仿真软件按图 9-2 建立仿真电路。

④ 利用 Proteus 仿真软件对建立好的电路进行仿真。可以看到在键盘上按下什么键，在连接的虚拟终端里就显示什么字符，仿真效果如图 9-3 所示。

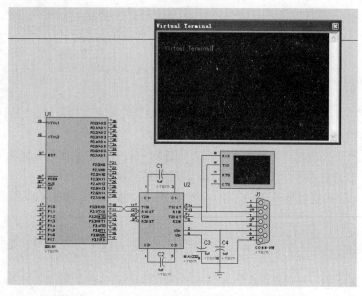

图 9-3　AT89C51 与 PC 串行通信应用仿真效果图

## 9.2　单片机串行通信的相关知识

在微型计算机系统中，CPU 与外部的基本通信方式有 2 种：

① 并行通信——数据的各位同时传送；

② 串行通信——数据一位一位顺序传送。

图 9-4 为这两种通信方式的示意图。本书前几章涉及的数据传送，都是采用并行方式，如主机与存储器、存储器与存储器、主机与打印机之间的通信。从图 9-4 可以看出，在并行通信中，数据有多少位就需要多少条传送线；而串行通信只需要一对传送线，故串行通信能节省传送线，特别是当数据位很多和远距离数据传送时，这一优点更加突出。串行通信的主要缺点是传送速率比并行通信要慢。

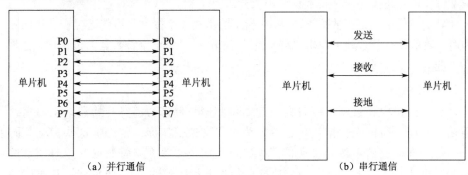

图 9-4　通信方式示意图

### 9.2.1　异步通信和同步通信

串行通信是指将构成字符的每个二进制数据位，依据一定的顺序逐位进行传送的通信方式。在串行通信中，有 2 种基本的通信方式：异步通信和同步通信。

#### 1. 异步通信

异步通信规定了字符数据的传送格式，即每个数据以相同的帧格式传送，如图 9-5 所示。每一帧信息由起始位、数据位、奇偶检验位、停止位组成。

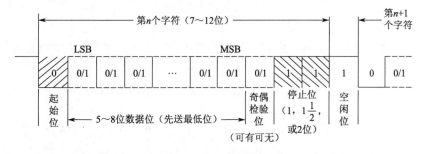

图 9-5　异步通信格式

（1）起始位

在通信线上没有数据传送时处于逻辑"1"状态。当发送设备要发送一个字符数据时，首先发出一个逻辑"0"，这个逻辑低电平就是起始位。起始位通过通信线传向接收设备，当接收设备检测到这个逻辑低电平后，就开始准备接收数据位信号。因此，起始位所起的作用就是表示字符传送开始。

（2）数据位

当接收设备收到起始位后，紧接着就会收到数据位。数据位的个数可以是 5，6，7 或 8 位的数据。在字符数据传送过程中，数据位从最低位开始传送。

（3）奇偶检验位

数据位发送完之后，可以发送奇偶检验位。奇偶检验用于有限差错检测，通信双方在通信时须约定一致的奇偶校验方式。就数据传送而言，奇偶检验位是冗余位，但它表示数据的一种性质。这种性质用于检错，虽然有限但很容易实现。

（4）停止位

在奇偶检验位或数据位（当无奇偶检验时）之后发送的是停止位。可以是 1 位、1.5 位或 2 位。停止位是一个字符数据的结束标志。

在异步通信中，字符数据以图 9-5 所示的格式一个接一个地传送。在发送间隙，即空闲时，通信线路总是处于逻辑"1"状态（高电平），每个字符数据的传送均以逻辑"0"状态（低电平）开始。

**2. 同步通信**

在异步通信中，每一个字符要用起始位和停止位作为字符开始和结束的标志，以致占用了时间。所以在数据块传送时，为了提高通信速度，常去掉这些标志，而采用同步通信。同步通信不像异步通信那样，靠起始位在每个字符数据开始时使发送和接收同步，而是通过同步字符在每个数据块传送开始时使收/发双方同步，其通信格式如图 9-6 所示。

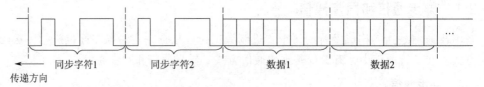

图 9-6　同步通信格式

同步通信的特点：

① 以同步字符作为传送的开始，从而使收/发双方同步。

② 每位占用的时间都相等。

③ 字符数据之间不允许有空隙，当线路空闲或没有字符可发时，发送同步字符。

同步字符可由用户选择 1 个或 2 个特殊的 8 位二进制码作为同步字符。与异步通信通信收/发双方必须使用相同的字符格式一样，同步通信的收/发双方必须使用相同的同步字符。

作为应用，异步通信常用于传送信息量不太大、传输速率比较低的场合，如 50 ~ 9 600 bit/s。在信息量很大，传输速率要求较高的场合，常采用同步通信，速率可达 800 000 bit/s。

　小问答

串行通信与并行通信有何异同？串行和并行两种通信方式各有什么优缺点？

## 9.2.2　波特率和接收/发送时钟

### 1. 波特率（Baud rate）

通信线上的字符数据是按位传送的，每一位宽度（位信号持续时间）由数据传输速率确定。波特率即数据传输速率的规定：单位时间内传送的信息量，以每秒传送的位（bit）表示，单位为波特（Bd），即

$$1\ \text{Bd}=1\ \text{bit/s}$$

例如：电传打字机最快传输速率为 10 字符/秒，每个字符 11 位，则波特率为

$$11\ 位/字符 \times 10\ 字符/秒=110\ \text{bit/s}=110\ \text{Bd}$$

位时间（每位宽）$T_d$=波特率的倒数：

$$T_d= 1/110\ \text{Bd}\approx 0.009\ 1\ s=9.1\ \text{ms}$$

在异步通信中，接收设备和发送设备保持相同的传送波特率，并以每个字符数据的起始位与发送设备保持同步。起始位、数据位、奇偶检验位和停止位的约定，在同一次传送过程中必须保持一致，这样才能成功地传送数据。

**小问答**

波特率和字符的实际传输速率一样吗？有什么区别？

### 2. 接收/发送时钟

二进制数据系列在串行传送过程中以数字信号波形的形式出现。不论接收还是发送，都必须有时钟信号对传送的数据进行定位。接收/发送时钟就是用来控制通信设备接收/发送字符数据速度的，该时钟信号通常由外部时钟电路产生。

在发送数据时，发送查发送时钟的下降沿，将移位寄存器的数据串行移位输出；在接收数据时，接收控制器在接收时钟的上升沿对接收数据采样，进行数据位检测，如图 9-5 和图 9-6 所示。

接收/发送时钟频率与接收/发送波特率有如下关系：

$$接收/发送时钟频率=n \times 接收/发送波特率$$

或

$$接收/发送波特率=接收/发送时钟频率 \div n\ (n = 1、16、64)$$

在同步通信方式，必须取 $n=1$，即接收/发送时钟的频率等于接收/发送波特率。在异步通信方式，$n=1、16、64$，即可以选择接收/发送时钟频率是波特率的 1、16 或 64 倍。因此可由要求的传送波特率及所选择的倍数 $n$ 来确定接收/发送时钟的频率。

例如，若要求数据传送的波特率为 300 Bd，则

接收/发送时钟频率=300 Hz$(n=1)$；

接收/发送时钟频率=4 800 Hz$(n=16)$；

接收/发送时钟频率=19.2 kHz$(n=64)$。

接收/发送时钟的周期 $T_c$ 与传送的数据位宽 $T_d$ 之间的关系是：

$$T_c=T_d/n\ (n=1、16、64)$$

若取 $n=16$，那么异步通信接收数据实现同步的过程如下：接收器在每一个接收时钟的上升沿采样接收数据线,当发现接收数据线出现低电平时就认为是起始位的开始，以后若在连续的 8 个时钟周期（因 $n=16$，故 $T_d=16T_c$）内检测到接收数据线仍保持为

低电平，则确定它为起始位（不是干扰信号）。通过这种方法，不仅能够排除接收线上的噪声干扰，识别假起始位，而且能够相当精确地确定起始位的中间点，从而提供一个准确的时间基准。从这个时间基准算起，每隔 $16T_c$ 采样一次数据线，作为输入数据。一般来说，从接收数据线上检测到一个下降沿开始，若其低电平能保持 $n/2T_c$（半位时间），则确定为起始位，其后每间隔 $nT_c$ 时间（1 个数据位时间）在每个数据位的中间点采样。

由此可以看到，接收/发送时钟对于接收/发送双方之间的数据传输达到同步是至关重要的。

### 9.2.3 单工、半双工、全双工通信方式

串行通信中，要把数据从一个地方传输到另外一个地方，必须使用通信线路。数据在通信线路两端的工作站（通信设备或计算机）之间传送。按照通信方式，可将数据传输线分成 3 种：

（1）单工（Simplex）方式

在单工方式下，通信线的一端连接发送器，另一端连接接收器它们形成单向连接，只允许数据按照一个固定的方向传送。如图 9-7 所示，数据只能由发送端传送到接收端，而不能由接收端传送到发送端。发送端与接收端是固定的。

（2）半双工（Half-duplex）方式

半双工方式是指通信双方都具有发送器和接收器，既可发送也可接收，但不能同时接收和发送，发送时不能接收，接收时不能发送。

图 9-8 中的收发开关并不是实际的物理开关，而是由软件控制的电子开关，通信线两端通过半双工通信协议进行功能切换。

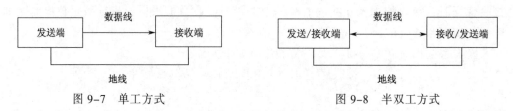

图 9-7 单工方式　　　　　　图 9-8 半双工方式

（3）全双工（Full-duplex）方式

虽然半双工方式比单工方式灵活，但它的效率依然很低。从发送方式切换到接收方式所需的时间一般约为数毫秒，这么长的时间延迟在对时间较敏感的交互式应用（例如远程检测监视和控制系统）中是无法容忍的。重复线路切换所引起的延迟积累，正是半双工通信协议效率不高的主要原因。

半双工通信的这种缺点是可以避免的，而且方法很简单，即采用信道划分技术。在图 9-9 所示的全双工方式中，不是交替发送和接收的，而是同时发送和接收的。全双工方式的每一端都包含发送器和接收器，数据可同时在两个方向上传送。

图 9-9 全双工方式

有一点需要注意，尽管许多串行通信接口电路具有全双工通信能力，但在实际使用中，大多数情况只工作于半双工方式，即两个工作站通常

并不同时收发。这种用法并无害处，虽然没有充分发挥效率，但是简单、实用。

### 9.2.4 异步串行通信的信号形式

① 远距离直接传输数字信号，信号会发生畸变，因此要把数字信号转变为模拟信号再进行传输。可利用光缆、专用通信电缆或电话线。

方法：通常使用频率调制法（频带传送方式），如图 9-10 所示。

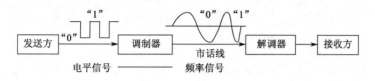

图 9-10　频率调制法

图中：

"1"：1 270 Hz 或 2 225 Hz；

"0"：1 070 Hz 或 2 025 Hz。

② 因通信时（有干扰）信号要衰减，所以常采用 RS-232 电平负逻辑，拉开 "0" 和 "1" 的电压档次，以免信息出错：

TTL 正逻辑：

"0"：0 ~ 2.4 V；

"1"：3.6 ~ 5 V；

高阻：2.4 ~ 3.6 V。

TTL 电平直接传输距离一般不超过 1.5 m。

RS-232 负逻辑：

"0"：5 ~ 15 V；

"1"：-5 ~ -15 V。

最大传输信息的长度为 15 m。

所以在串口传输过程中，通常用 MAX232 芯片把 TTL 电平转换成 RS-232 电平。

### 9.2.5 MCS-51 系列单片机串行接口的结构

MCS-51 系列单片机串行接口结构如图 9-11 所示。

#### 1. 基本组成

串行接口由 2 个独立的数据缓冲器 SBUF（1 个用作接收，1 个用作发送）以及发送控制器、接收控制器、输入移位寄存器和输出控制门等组成。

#### 2. 用户可访问的 3 个地址单元

SBUF：2 个 SBUF 共用 1 个地址 99H。发送 SBUF 只写不读，接收 SBUF 只读不写，对两个 SBUF 进行操作则根据所用指令是发送还是接收来决定。

SCON：串行口控制寄存器。

PCON：电源控制寄存器。

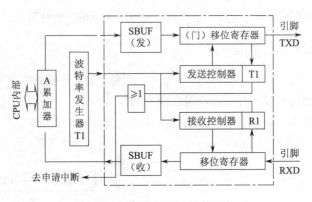

图 9-11  串行接口结构图

### 9.2.6  串行接口特殊功能寄存器

#### 1. 串行数据缓冲器（SBUF）

在逻辑上只有一个，既表示发送寄存器，又表示接收寄存器，具有同一个单元地址 99H，用同一寄存器名 SBUF。

在物理上有两个：一个是发送缓冲寄存器，另一个是接收缓冲寄存器。

发送时，只需将发送数据输入 SBUF，CPU 将自动启动和完成串行数据的发送。

接收时，CPU 将自动把接收到的数据存入 SBUF，用户只需要从 SBUF 中读出接收数据。

```
MOV SBUF,A    ;启动一次数据发送,可向 SBUF 再发送下一个数据
MOV A,SBUF    ;完成一次数据接收,SBUF 可再接收下一个数据
```

#### 2. 串行控制寄存器（SCON）

SCON 主要字节地址为 98H，可以位寻址。SCON 的格式如下：

| D7 | D6 | D5 | D4 | D3 | D2 | D1 | D0 |
|---|---|---|---|---|---|---|---|
| SM0 | SM1 | SM2 | REN | TB8 | RB8 | TI | RI |
| 9FH | 9EH | 9DH | 9CH | 9BH | 9AH | 99H | 98H |

其中：

① SM0、SM1 作为串行接口工作方式选择位，可选择如下的 4 种工作方式（见表 9-1）。

表 9-1  可选择的工作方式

| SM0 | SM1 | 工 作 方 式 | 功 能 | 波 特 率 |
|---|---|---|---|---|
| 0 | 0 | 方式 0 | 10 为异步收发 | $f_{osc}/12$ |
| 0 | 1 | 方式 1 | 11 为异步收发 | 可变 |
| 1 | 0 | 方式 2 | 12 为异步收发 | $f_{osc}/32$ 或 $f_{osc}/64$ |
| 1 | 1 | 方式 3 | 13 为异步收发 | 可变 |

② SM2 为多机通信控制位。在工作方式 2 和工作方式 3 中：

若 SM2 = 1：当接收到第 9 位数据（RB8）为 1，才将接收到的前 8 位数据装入 SBUF，并置位 RI；否则将接收到的数据丢弃。

若 SM2 = 0：不论第 9 位数据（RB8）是否为 1，都将接收到的前 8 位数据装入 SBUF，并置位 RI。

在工作方式 1 中：若 SM2 = 1，则只有接收到有效的停止位时，才置位 RI。

在工作方式 0 中：必须使 SM2 = 0

注意：多机通信时，SM2 必须置 1；双机通信时，通常使 SM2 = 0。

③ REN 为允许串行接收位。该位由软件置位或清 0。

④ TB8 在工作方式 2 或工作方式 3 时，该位为发送的第 9 位数据，可按需要由软件置位或清 0。在许多通信协议中，该位常作为奇偶检验位。在 MCS – 5l 系列单片机多机通信中，TB8 的状态用来表示发送的是地址帧还是数据帧，TB8 = 0 时，为地址帧；TB8 = 1 时，为数据帧。

⑤ RB8 在工作方式 2 或工作方式 3 时，存放接收到的第 9 位数据，代表接收数据的某种特征。例如，可能是奇偶检验位，或为多机通信中的地址/数据标识位。

在工作方式 0 中，RB8 未用。

在工作方式 1 中，若 SM2 = 0，RB8 是已接收到的停止位。

⑥ TI 为发送中断标志位，TI = 1 时，表示帧发送结束。其状态既可供软件查询使用，也可申请中断。TI 必须由软件清 0。

⑦ RI 为接收中断标志位，RI = 1 时，表示帧接收结束。其状态既可供软件查询使用，也可申请中断。RI 也必须由软件清 0。

注意：不管是否采用中断控制，数据发送前必须用软件将 TI 清 0；接收数据后将 RI 清 0；单片机复位时，SCON 中的所有位均为 0。

### 3. 电源控制寄存器（PCON）

PCON 主要字节地址为 87H，不能位寻址。只有最高位 SMOD 与串行接口工作有关。PCON 的格式如下：

| PCON | D7 | D6 | D5 | D4 | D3 | D2 | D1 | D0 |
|---|---|---|---|---|---|---|---|---|
| | SMOD | — | — | — | GF1 | GF0 | PD | IDL |

SMOD：串行接口波特率倍增位。当 SMOD = 1 时，串行接口波特率加倍；复位时，SMOD = 0。

 **小经验**

串行接口初始化的具体步骤如下：

① 确定定时器 1 的工作方式——写出 TMOD 寄存器。

② 计算定时器 1 的初始值——装载 TH1、TL1。

③ 启动定时器 1——写 TCON 的 TR1 位。

④ 使用串口中断方式，开 CPU 和中断源——写 IE 寄存器。

## 9.2.7　单片机的工作方式

80C51 串行通信共有 4 种工作方式，由串行控制寄存器 SCON 中 SM0 SM1 决定。

### 1. 串行工作方式 0（同步移位寄存器工作方式）

以 RXD（P3.0）端作为数据移位的输入/输出端，以 TXD（P3.1）端输出移位脉冲。

移位数据的发送和接收以 8 位为 1 帧，不设起始位和停止位，无论输入/输出，均低位在前、高位在后。其帧格式如下：

| ... | D0 | D1 | D2 | D3 | D4 | D5 | D6 | D7 | ... |
|-----|----|----|----|----|----|----|----|----|-----|
|     |    |    |    |    |    |    |    |    |     |

工作方式 0 可将串行输入/输出数据转换成并行输入/输出数据。

（1）数据发送

串行接口作为并行输出口使用时，要有"串入并出"的移位寄存器配合，图 9-12 为 80C51 单片机和 74HCl64 移位寄存器构成的并行输出口。

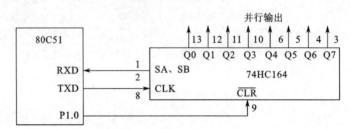

图 9-12　串行接口扩展为并行输出口

在移位时钟脉冲（TXD）的控制下，数据从串行接口 RXD 端逐位移入 74HC164 的 SA、SB 端。当 8 位数据全部移出后，SCON 寄存器的 TI 位被自动置 1。其后 74HC164 的内容即可并行输出。74HC164 $\overline{CLR}$ 为清 0 端，输出时 $\overline{CLR}$ 必须为 1，否则 74HC164 的 Q0 ~ Q7 输出为 0。

（2）数据接收

串行接口作为并行输入口使用时，要有"并入串出"的移位寄存器配合。图 9-13 为 80C51 单片机和 74HCl65 移位寄存器构成的并行输入口。

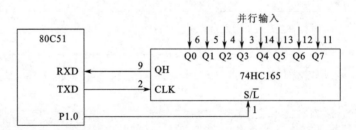

图 9-13　串行接口扩展为并行输入口

74HC165 的 S/$\overline{L}$ 端为移位/置入端，当 S/$\overline{L}$=0 时，从 Q0 ~ Q7 并行置入数据，当 S/$\overline{L}$=1 时，允许从 QH 端移出数据。在 80C51 串行控制寄存器 SCON 中的 REN=1 时，TXD 端发出移位时钟脉冲，从 RXD 端串行输入 8 位数据。当接收到第 8 位数据 D7 后，置位中断标志 RI，表示 1 帧数据接收完成。

（3）波特率

工作方式 0 波特率固定，为单片机晶振频率的 1/12，即一个机器周期进行一次移位。

**2. 串行工作方式 1**

工作方式 1 是 1 帧 10 位的异步串行通信方式，包括 1 个起始位，8 个数据位和 1 个停止位。其帧格式如下：

| 起始 | D0 | D1 | D2 | D3 | D4 | D5 | D6 | D7 | 停止 |
|------|----|----|----|----|----|----|----|----|------|
|      |    |    |    |    |    |    |    |    |      |

（1）数据发送

发送时只要将数据写入 SBUF，串行接口由硬件自动加入起始位和停止位，构成一个完整的帧格式。然后在移位脉冲的作用下，由 TXD 端串行输出。1 帧数据发送完毕，将 SCON 中的 TI 置 1。

（2）数据接收

接收时，在 REN=1 前提下，当采样到 RXD 从 1 向 0 跳变状态时，就认定为已接收到起始位。随后在移位脉冲的控制下，将串行接收数据移入 SBUF 中。1 帧数据接收完毕，将 SCON 中的 RI 置 1，表示可以从 SBUF 取走接收到的 1 个字符。

（3）波特率

工作方式 1 波特率可变，由定时器/计数器 T1 的溢出率来决定。

$$波特率 = 2^{SMOD} \times （T1 \text{ 的溢出率}）/ 32$$

式中，SMOD 为 PCON 寄存器中最高位的值，SMOD=1 表示波特率倍增。

在实际应用时，通常是先确定波特率，后根据波特率求 T1 定时初值，因此上式又可写为：

$$定时初值 = 256 - \frac{2^{SMOD}}{32} \times \frac{f_{osc}}{12 \times 波特率}$$

当定时器/计数器 T1 用作波特率发生器时，通常选用定时初值自动重装的工作方式 2（注意：不要把定时器/计数器的工作方式与串行接口的工作方式搞混淆了）。其计数结构为 8 位，假定计数初值为 COUNT，单片机的机器周期为 $T$，则定时时间为（256−COUNT）$\times T$。从而在 1s 内发生溢出的次数（即溢出率）为

$$\frac{1}{(256 - COUNT) \times T}$$

$$波特率 = (2^{SMOD}/32) \times T1 \text{ 的溢出率}$$

溢出率：T1 溢出的频繁程度，即 T1 溢出一次所需时间的倒数。

$$波特率 = \frac{2^{SMOD} \times f_{osc}}{32 \times 12(2^n - X)}$$

式中，$X$ 是定时初值。

$$X = 2^n - \frac{2^{SMOD} \times f_{osc}}{32 \times 12} \div 波特率$$

### 3. 串行工作方式 2

工作方式 2 是 1 帧 11 位的串行通信方式，即 1 个起始位，8 个数据位，1 个可编程位 TB8/RB8 和 1 个停止位，其帧格式如下：

| 起始位 | D0 | D1 | D2 | D3 | D4 | D5 | D6 | D7 | TB8/RB8 | 停止位 |
|--------|----|----|----|----|----|----|----|----|---------|--------|

可编程位 TB8/RB8 既可作奇偶检验位用，也可作控制位（多机通信）用，其功能由用户确定。数据发送和接收与工作方式 1 基本相同，区别在于工作方式 2 把发送/接收到的第 9 位内容送入 TB8/RB8。

波特率：工作方式 2 波特率固定，即 $f_{osc}/32$ 和 $f_{osc}/64$。

如用公式表示则为

$$波特率=2^{SMOD} \times f_{osc}/64$$

当 SMOD=0 时，波特率$=2^0 \times f_{osc}/64= f_{osc}/64$；当 SMOD=1 时，波特率$=2^1 \times f_{osc}/64= f_{osc}/32$。

### 4．串行工作方式 3

工作方式 3 同样是 1 帧 11 位的串行通信方式，其通信过程与工作方式 2 完全相同，所不同的仅在于波特率。工作方式 2 的波特率只有固定的两种，而工作方式 3 的波特率则与工作方式 1 相同，即通过设置 T1 的初值来设定波特率。

### 5．串行工作方式的比较

4 种串行工作方式的区别主要表现在帧格式及波特率两个方面，见表 9-2。

表 9-2　串行工作方式比较

| 串行工作方式 | 帧　格　式 | 波　特　率 |
|---|---|---|
| 工作方式 0 | 8 位全是数据位，没有起始位、停止位 | 固定，即每个机器周期传送 1 位数据 |
| 工作方式 1 | 10 位，其中 1 位起始位、8 位数据位，1 位停止位 | 不固定，取决于 T1 的溢出率和 SMOD |
| 工作方式 2 | 11 位，其中 1 位起始位、9 位数据位，1 位停止位 | 固定，即 $2^{SMOD} \times f_{osc}/64$ |
| 工作方式 3 | 同工作方式 2 | 同工作方式 1 |

### 6．常用波特率及其产生条件

常用波特率通常按规范取 1 200、2 400、4 800、9 600、…，若采用晶振 12 MHz 和 6 MHz，则计算得出的 T1 定时初值将不是一个整数，产生波特率误差而影响串行通信的同步性能。

解决的方法只有调整单片机的时钟频率 $f_{osc}$，通常采用 11.059 2 MHz 晶振。表 9-3 给出了串行工作方式 1 或方式 3 时常用波特率及其产生条件。

表 9-3　串行工作方式 1 或方式 3 常用波特率及其产生条件

| | 波特率/Bd | $f_{osc}$/MHz | SMOD | T1 工作方式 2 定时初值 |
|---|---|---|---|---|
| 串行工作方式 1 或方式 3 | 1 200 | 11.059 2 | 0 | E8H |
| | 2 400 | 11.059 2 | 0 | F4H |
| | 4 800 | 11.059 2 | 0 | FAH |
| | 9 600 | 11.059 2 | 0 | FDH |
| | 1 920 | 11.059 2 | 1 | FDH |

**小知识**

在单片机串行通信接口设计中，建议使用振荡频率为 11.059 2 MHz 的晶振，可以计算出精确的波特率，尤其在单片机与 PC 的通信中，必须使用 11.059 2 MHz 的晶振。

### 9.2.8　串行接口应用举例

例 9-1　在图 9-14 中，主机的 P1.0 引脚连接按键 K1，从机连接 1 位共阴极数码管，主机记录按键 K1 的按下次数，并通过串口把次数发给从机，从机接收到按键次数后，通过数码管进行显示，请写出控制程序。

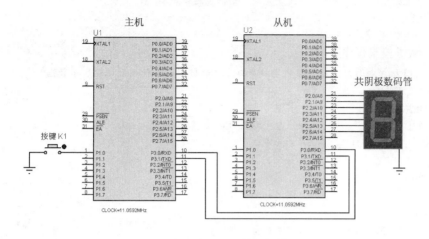

图 9-14　主机与从机串口连接电路

① 主机控制程序。

```
//主机控制程序
ORG 0000H
JMP MAIN
ORG 0030H
MAIN:
CALL URT_INIT        ;调用初始化子程序
LOOP:
    LCALL KEY_CL     ;调用按键处理子程序
    LJMP LOOP        ;主程序循环
;初始化子程序
URT_INIT:
    MOV SCON,#40H    ;设置成串口工作方式在 8 位 URT,并允许接收
    MOV TMOD,#20H    ;设置 T1 为可重装 8 位定时器
    MOV TL1,#0FDH    ;11.059 2 MHz,波特率 9600 时定时器 1 的初值设置
    MOV TH1,#0FDH
    SETB TR1         ;开启定时器
    RET
;按键控制子程序:按键 K1 每按一次,R1 寄存器的值加 1,同时通过串口发送 R1 寄存器中的值
KEY_CL:
    JNB P1.0, K1     ;判断 K1 键是否按下
    RET
K1:                  ;等待按键释放
    JNB P1.0,K1
    INC R1           ;工作寄存器 R1 的值加 1
    CJNE R1,#10,NEXT
    MOV R1,#0
NEXT:
    MOV A,R1
    MOV SBUF,A       ;将按下按键的次数放入串口数据缓冲区
    JNB TI,$         ;等待发送是否完成
```

```
        CLR TI              ;发送完成，则清发送中断标志
    RET
      END
```

② 从机控制程序。

```
    //从机控制程序：从机接收主机串口发送的数据，并使用数码管显示数据
ORG 0000H
    JMP MAIN
    ORG 0023H               ;串行中断入口地址
    CALL URT_INT            ;调用串口中断服务子程序
    ORG 0030H
MAIN:
    CALL URT_INIT           ;调用初始化子程序
LOOP:
    MOV DPTR,#300H          ;取表头基地址
    MOV A,R1
    MOVC A,@A+DPTR          ;查表
    MOV P2,A                ;接收到的数据送到 P2 口控制数码管显示
    LJMP LOOP               ;等待中断
    ;初始化子程序
URT_INIT:
    MOV SCON,#50H           ;设置成串口工作方式在 8 位 URT,并允许接收
    MOV TMOD,#20H           ;设置 T1 为可重装 8 位定时器
    MOV TL1,#0FDH           ;11.059 2 MHz,波特率 9600 时定时器 1 的初值设置
    MOV TH1,#0FDH
    SETB TR1                ;开启定时器
    SETB ES                 ;开启串口中断
    SETB EA                 ;开总中断
    RET
;串口中断服务子程序
URT_INT:
    CLR EA                  ;关全局中断
    CLR RI                  ;清接收中断标志
    MOV R1,SBUF             ;接收到数据后将数据返回
    SETB EA                 ;开全局中断
    RETI
ORG 300H
DB 3FH,06H,5BH,4FH,66H,6DH,7DH,07H,7FH,6FH;数码管显示数据对应的编码表
    END
```

③ 仿真效果（见左侧二维码）。

**串口控制**

**例 9-2** 12 位 D/A 转换器利用单片机的串行 I/O 端口进行输入的子程序编写。

AD7543 是一种专门为串行接口而设计的精密 12 位 D/A 转换器,它具有简单、方便、控制灵活的特点,可以利用单片机的串行接口进行数据传送。图 9-15 为 AD7543 与 MCS-51 系列单片机的连接电路。图中单片机的串行接口选用工作方式 0,TXD 端移位脉冲的负跳变将 RXD 输出的位数据移入 AD7543,利用 P1.0 产生加载脉冲,低电平有效,启动 D/A 转换器。单片机的复位端接 AD7543 的消除 $\overline{CLR}$ 端,实现系统的同步。

设数据放在缓冲区高字节存储单元 DBH（高 4 位）、低字节存储单元 DBL（低 8 位）中。串行数据发送实现 D/A 转换的程序如下：

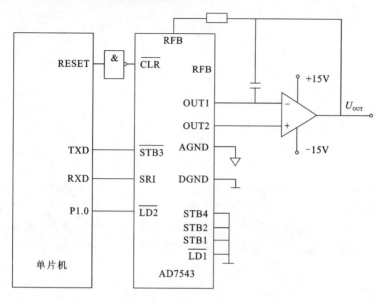

图 9-15　AD7543 与 MCS-51 系列单片机的连接电路

```
DA12:   MOV   A,DBH      ;高字节存储单元 DBH 数据送 A（实际上 12 位数据是由高
                         ;字节
                         ;存储单元 DBH 的低 4 位和低字节存储单元 DBL 的低 8 位
                         ;组成
                         ;的，因此只 DBH 的低 4 位数据有效）
        LCALL SXZH       ;调用顺序转换子程序
        MOV   FSS1,A     ;FSS1 装转换好顺序的高位 4 位数据
        MOV   A,DBL      ;低字节存储单元 DBL 数据送 A
        LCALL SXZH       ;调用顺序转换子程序
        MOV   FSS2,A     ;FSS2 装转换好顺序的发送数据低 8 位
        MOV   A,FSS1
        MOV   SBUF,A     ;发送高 4 位
        JNB   TI,$       ;查询 TI 是否为 1，以确定发送结束
        CLR   TI         ;清 TI 标志
        MOV   A,FSS2
        MOV   SBUF,A     ;发送低 8 位
        JNB   TI,$       ;查询 TI 是否为 1，以确定发送结束
        CLR   TI         ;清 TI 标志
        CLR   P1.0       ;P1.0 与 AD7543 的 LD1 或 LD2 端相连,启动 AD7543 转换
        LCALL NOP5       ;调延时程序
        SETB  P1.0       ;停止 AD7543 转换
        RET
SXZH:   MOV   R6,#00H    ;R6 与 A 配合实现顺序颠倒
        MOV   R7,#08H    ;需要完成 8 次移位
        CLR   C
AL0:    RLC   A
        XCH   A,R6
        RRC   A
        XCH   A,R6
```

```
        DJNZ  R7,AL0
        XCH   A,R6
        RET
NOP5:
        NOP
        NOP
        NOP
        RET
```

# 任务训练：并/串行数据转换的实现

## 1. 任务描述

设置 AT89C51 单片机的串口工作在方式 0，通过 P0 口连接 8 只发光二极管显示单片机接收的数据；设置外部 8 个接地的独立按键作为 74LS165 的 8 位输入数据，并通过其串行数据输出端与 AT89C51 单片机的串口连接，接收由并转串的数据。用这个单片机电路，可以实现按下任意一个按键可以看到相应的发光二极管变化。用 Proteus 仿真软件构造仿真电路和实现仿真。

## 2. 任务提示

在 AT89C51 单片机与 74LS165 的连接上要注意，74LS165 的串行数据输出端 SO 与 AT89C51 单片机的 P3.0（RXD）端相连，74LS165 的 CLK 端与 AT89C51 单片机的 P3.1（TXD）端相连。

# 习　题

## 一、问答题

1. MCS-51 系列单片机串行通信有几种工作方式？如何选择？简述其特点。
2. 简述 MCS-51 单片机串行通信时数据发送的过程？
3. 简述 MCS-51 单片机串行通信时数据接收的过程？
4. 串行接口控制寄存器 SCON 中 TB8、RB8 起什么作用？在什么时候使用？

## 二、编程应用题

1. 设有甲、乙两台单片机，编出两台单片机间实现如下串行通信功能的程序。

甲机发送：将首地址为 ADDRT 的 128 字节的数据块顺序向乙机发送；

乙机接收：将接收的 128 字节的数据，顺序存放在以首地址为 ADDRR 的数据缓冲区中。

2. 设计一个发送程序，将 50H~5FH 的数据块从串行接口输出。现将串行接口定义为工作方式 2 发送，TB8 作奇偶检验位。在数据写入发送缓冲器之前，先将数据的奇偶检验位写入 TB8，采用查询方式，编写发送程序。

3. 单片机 A 与单片机 B 连接方法如图 9-16 所示，单片机 B 连接 1 个共阴极二位数码管，单片机 A 向单片机 B 任意发送 1 字节，当单片机 B 接收到数据后，把该字节通过数码进行显示。请用 Proteus 仿真软件画出图 9-14 所示电路，并编写程序进行仿真调试。

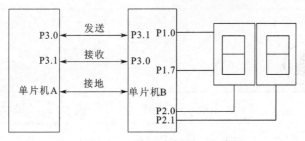

图 9-16 编程应用题 3 电路图

# 第10章

## MCS-51 系列单片机实用开发工具

**导读**

单片机开发工具由"软、硬"两大部分组成。"软"就是用于单片机编程、程序调试和仿真的各种软件,"硬"就是用于单片机电路调试的各类开发电路。由于国内各公司开发的单片机应用系统不尽相同,本章在此不介绍"硬"的部分,只介绍"软"的部分。通过学习目前两个较为流行的单片机应用软件,举一反三,掌握单片机实用软件开发工具的使用。

**知识目标**

① 掌握 Keil uVision2 仿真软件的基本知识和应用。
② 掌握 Proteus 仿真软件的基本知识和应用。

**技能目标**

① 使用 Keil uVision2 仿真软件对汇编程序进行编辑和调试,生成扩展名为 hex 的烧录文件。
② 能使用 Proteus 仿真软件构造仿真电路和进行仿真。

**实物图示例**

单片机系统电路实物图如图 10-1 所示。

图 10-1　单片机系统电路实物图

# 10.1　Keil 仿真软件使用介绍

要将汇编源程序变为单片机可以执行的机器码有两种方法：一种是手工汇编，另一种是机器汇编。目前手工汇编已极少使用，绝大多数使用机器汇编。机器汇编就是通过汇编软件将源程序变为机器码。MCS-51 系列单片机的汇编软件有多种，其中较为流行的是 Keil 仿真软件。Keil 仿真软件是德国 Keil Software/Keil Elektronik 公司所开发的、功能比较完善的仿真软件，近几年在国内得到了迅速普及。Keil 仿真软件通过一个集成开发环境（uVision）将编译器、宏汇编、连接器、库管理和一个功能强大的仿真调试器等部分组合在一起，能够运行在多种操作系统下，是目前最为强大的 MCS-51 系列单片机开发软件。Keil uVision 经过多年的发展，已发展到第 4 代 Keil uVision4，本节主要介绍 Keil uVision 第 2 代软件 Keil uVision2 的使用。

Keil uVision2 的使用介绍。

用 Pl 口作为输出口接 8 只发光二极管，编写程序，使发光二极管循环点亮。图 10-2 所示电路是 P1 口直接通过同相放大器 74LS07（共含有 8 只同放大相器）驱动发光二极管构成流水灯，每个发光二极管都是在 P1 口输出低电平时点亮。

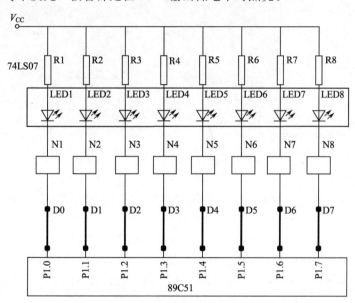

图 10-2　P1 口流水亮灯电路

参考源程序如下：

```
ORG 0000H
MOV P1,#0FFH              ;送 P1 口
LO34:MOV A,#0FEH          ;L1 发光二极管点亮
LO33:MOV P1,A
     LCALL SE19           ;延时
     RL A                 ;左移位
     SJMP LO33            ;循环
     ORG 07A0H
SE19:MOV R6,#0A0H         ;延时子程序
LO36:MOV R7,#0FFH
```

```
LO35:DJNZ R7,LO35
     DJNZ R6,LO36
     RET
     END
```

### 10.1.1 Keil uVision2 仿真软件

双击 Keil uVision2 的图标，程序启动后就可以看到 Keil uVision2 的主界面，如图 10-3 所示。

在 Keil uVision2 仿真软件中，管理文件使用的是工程文件而不是以前的单一文件的模式，C51 源程序、汇编源程序、头文件等都可放在工程里统一管理。菜单条提供各种操作菜单，如编辑操作、工程维护、开发工具选项设置、调试程序、窗口选择和处理在线帮助。

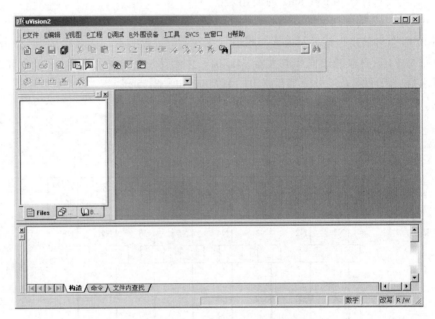

图 10-3　Keil uVision2 1DE 的主界面

工具条按钮键盘快捷键（用户可自行设置）允许快速执行 Keil uVision2 命令。下面列出了 Keil uVision2 菜单项命令、工具条图标、默认的快捷键以及它们的描述。

① 文件菜单和命令（File），如表 10-1 所示。

表 10-1　文件菜单和命令

| 菜　　单 | 快　捷　键 | 描　　述 |
| --- | --- | --- |
| New | 【Ctrl+N】 | 创建新文件 |
| Open | 【Ctrl+O】 | 打开已经存在的文件 |
| Close | | 关闭当前文件 |
| Save | 【Ctrl+S】 | 保存当前文件 |
| Save as | | 另取名保存文件 |
| Save all | | 保存所有文件 |
| Device Database | | 管理器件库 |

续表

| 菜　单 | 快　捷　键 | 描　述 |
|---|---|---|
| Print Setup | — | 打印机设置 |
| Print | 【Ctrl+P】 | 打印当前文件 |
| Print Preview | — | 打印预览 |
| — | 1~9 | 打开最近用过的文件 |
| Exit | — | 退出 Keil uVision2 仿真软件，提示是否保存文件 |

② 编辑菜单和编辑器命令（Edit），如表 10-2 所示。

表 10-2　编辑菜单和编辑器命令

| 菜　单 | 快　捷　键 | 描　述 |
|---|---|---|
| — | 【Home】 | 移动光标到本行的开始 |
| — | 【End】 | 移动光标到本行的末尾 |
| — | 【Ctrl+Home】 | 移动光标到文件的开始 |
| — | 【Ctrl+End】 | 移动光标到文件的结束 |
| — | 【Ctrl+ ←】 | 移动光标到词的左边 |
| — | 【Ctrl+ →】 | 移动光标到词的右边 |
| — | 【Ctrl+A】 | 选择当前文件的所有文本内容 |
| Undo | 【Ctrl+Z】 | 取消上次操作 |
| Redo | 【Ctrl+Shift+Z】 | 重复上次操作 |
| Cut | 【Ctrl+X】 | 剪切选取文本 |
| — | 【Ctrl+Y】 | 剪切当前行的所有文本 |
| Copy | 【Ctrl+C】 | 复制选取文本 |
| Paste | 【Ctrl+V】 | 粘贴 |
| Indent Selected Text | — | 将选取文本右移一个制表符距离 |
| Unindent Selected Text | — | 将选取文本左移一个制表符距离 |
| Toggle Bookmark | 【Ctrl+F2】 | 设置/取消当前行的标签 |
| Goto Next Bookmark | 【F2】 | 移动光标到下一个标签处 |
| Goto Previous Bookmark | 【Shift+F2】 | 移动光标到上一个标签处 |
| Clear All Bookmarks | — | 清除当前文件的所有标签 |
| Find | 【Ctrl+F】 | 在当前文件中查找文本 |
| — | 【F3】 | 向前重复查找 |
| — | 【Shift+F3】 | 向后重复查找 |
| — | 【Ctrl+F3】 | 查找光标处的单词 |
| Replace | 【Ctrl+H】 | 替换特定的字符 |
| Find in Files | — | 在多个文件中查找 |
| Goto Matching Brace | — | 寻找匹配大括号、圆括号、方括号 |

③ 选择文本命令。在 Keil uVision2 仿真软件中，可以通过按住【Shift】键和相应的光标操作键来选择文本。如果按【Ctrl+ →】组合键是移动光标到下一个词，那么按【Ctrl+Shift+ →】组合键就是选择当前光标位置到下一个词的开始位置间的文本。

当然，也可以用鼠标来选择文本，操作如下：

要选择任意数量的文本，可在文本上拖动鼠标。

a. 一个词——双击此词。

b. 一行文本——移动鼠标到此行最左边，直到鼠标变成右指向的箭头，然后单击。

c. 多行文本——移动鼠标到此行最左边，直到鼠标变成右指向的箭头，然后相应拖动。

d. 一个矩形框中的文本——按住【Alt】键然后相应地拖动鼠标。

④ 视图菜单（View），如表 10-3 所示。

表 10-3　视 图 菜 单

| 菜　单 | 快 捷 键 | 描　述 |
|---|---|---|
| Status Bar | — | 显示/隐藏状态条 |
| File Toolbar | — | 显示/隐藏文件菜单条 |
| Build Toolbar | — | 显示/隐藏编译菜单条 |
| Debug Toolbar | — | 显示/隐藏调试菜单条 |
| Project Window | — | 显示/隐藏工程窗口 |
| Output Window | — | 显示/隐藏输出窗口 |
| Source Browser | — | 打开资源浏览器 |
| Disassembly Window | — | 显示/隐藏反汇编窗口 |
| Watch/Call Stack Window | — | 显示/隐藏观察和堆栈窗口 |
| Memory Window | — | 显示/隐藏存储器窗口 |
| Code Coverage Window | — | 显示/隐藏代码报告窗口 |
| Performance Analyzer Window | — | 显示/隐藏性能分析窗口 |
| Symbol Window | — | 显示/隐藏字符变量窗口 |
| Serial Window # 1 | — | 显示/隐藏串口 1 的观察窗口 |
| Serial Window # 2 | — | 显示/隐藏串口 2 的观察窗口 |
| Toolbox | — | 显示/隐藏自定义工具条 |
| Periodic Window Update | — | 程序运行时刷新调试窗口 |
| Workbook Mode | — | 工作本框架模式 |
| Options | — | 设置颜色、字体、快捷键和编辑器的选项 |

⑤ 菜单和工程命令（Project），如表 10-4 所示。

表 10-4　菜单和工程命令

| 菜　单 | 快 捷 键 | 描　述 |
|---|---|---|
| New Project | — | 创建新工程 |
| Import uVision1 Project | — | 转化 uVisionl 的工程 |
| Open Project | — | 打开一个已经存在的工程 |
| Close Project | — | 关闭当前的工程 |
| Target Environment | — | 定义工具包含文件和库的路径 |
| Targets，Groups，Files | — | 维护工程的对象文件组和文件 |
| File Extensions | — | 选择不同文件类型的扩展名 |

续表

| 菜　单 | 快捷键 | 描　述 |
|---|---|---|
| Select Device for Target | — | 选择对象的 CPU |
| Remove | — | 从工程中移走一个组或文件 |
| Options | 【Alt+F7】 | 设置对象组或文件的工具选项 |
| Clear Group and File... | — | 清除文件组和文件属性 |
| Build Target | 【F7】 | 编译修改过的文件并生成应用 |
| Rebuild Target | — | 重新编译所有的文件并生成应用 |
| Translate | 【Ctrl+F7】 | 编译当前文件 |
| Stop Build | — | 停止生成应用的过程 |

⑥ 调试菜单和调试命令（Debug），如表 10-5 所示。

表 10-5　调试菜单和调试命令

| 菜　单 | 快捷键 | 描　述 |
|---|---|---|
| Start/Stop Debugging | 【Ctrl+F5】 | 开始/停止调试模式 |
| Go | 【F5】 | 运行程序直到遇到一个中断 |
| Step | 【F11】 | 单步执行程序遇到子程序则进入 |
| Step over | 【F10】 | 单步执行程序跳过子程序 |
| Step out of | 【Ctrl+F11】 | 执行到当前函数的结束 |
| Run to Cursor Line | — | 运行到光标行 |
| Stop Running | 【Esc】 | 停止程序运行 |
| Breakpoints | — | 打开断点对话框 |
| Insert/Remove Breakpoint | — | 设置/取消当前行的断点 |
| Enable/Disable Breakpoint | — | 使能/禁止当前行的断点 |
| Disable All Breakpoints | — | 禁止所有的断点 |
| Kill All Breakpoints | — | 取消所有的断点 |
| Show Next Statement | — | 显示下一条指令 |
| Enable/Disable Trace Recording | — | 使能/禁止程序运行轨迹的标识 |
| View Trace Records | — | 显示程序运行过的指令 |
| Memory Map | — | 打开存储器空间配置对话框 |
| Performance Analyzer | — | 打开设置性能分析的窗口 |
| Inline Assembly | — | 对某一个行重新汇编可以修改汇编代码 |
| Function Editor | — | 编辑调试函数和调试配置文件 |

⑦ 外围设备菜单（Peripherals），如表 10-6 所示。

表 10-6　外围设备菜单

| 菜　单 | 快捷键 | 描　述 |
|---|---|---|
| Reset CPU | — | 复位 CPU |
| Interrupt | — | 打开片上外围器件的设置对话框 |
| I/O-Ports | — | 对话框的种类及内容依赖于选择的 CPU |

| 菜　单 | 快　捷　键 | 描　述 |
|---|---|---|
| Serial | — | 串口观察 |
| Timer | — | 定时器观察 |

⑧ 工具菜单（Tool）。利用工具菜单，可以配置、运行 Gimpel PC-Lint，Siemens Easy-Case 和用户程序。通过 Customize Tools Menu 菜单，可以添加想要添加的程序，如表 10-7 所示。

表 10-7　工 具 菜 单

| 菜　单 | 快　捷　键 | 描　述 |
|---|---|---|
| Setup PC-Lint | — | 配置 Gimpel Software 的 PC-Lint 程序 |
| Lint | — | 用 PC-Lint 处理当前编辑的文件 |
| Lint all C Source Files | — | 用 PC-Lint 处理工程中所有的 C 源代码文件 |
| Setup Easy-Case | — | 配置 Siemens 的 Easy-Case 程序 |
| Start/Stop Easy-Case | — | 运行/停止 Siemens 的 Easy-Case 程序 |
| Show File(Line) | — | 用 Easy-Case 处理当前编辑的文件 |
| Customize Tools Menu | — | 添加用户程序到工具菜单中 |

⑨ 软件版本控制系统菜单（SVCS）。用此菜单来配置和添加软件版本控制系统的命令，如表 10-8 所示。

表 10-8　软件版本控制系统菜单

| 菜　单 | 快　捷　键 | 描　述 |
|---|---|---|
| Configure Version Control | — | 配置软件版本控制系统的命令 |

⑩ 视窗菜单（Window），如表 10-9 所示。

表 10-9　视 窗 菜 单

| 菜　单 | 快　捷　键 | 描　述 |
|---|---|---|
| Cascade | — | 以互相重叠的形式排列文件窗口 |
| Tile Horizontally | — | 以不互相重叠的形式水平排列文件窗口 |
| Tile Vertically | — | 以不互相重叠的形式垂直排列文件窗口 |
| Arrange Icons | — | 排列主框架底部的图标 |
| Split | — | 把当前的文件窗口分割为几个 |
| Close All | — | 激活指定的窗口对象 |

⑪ 帮助菜单（Help），如表 10-10 所示。

表 10-10　帮 助 菜 单

| 菜　单 | 快　捷　键 | 描　述 |
|---|---|---|
| Vision Help | — | 打开在线帮助 |
| About Vision | — | 显示版本信息和许可证信息 |

## 10.1.2　使用 Keil uVision2 仿真软件编写和调试程序

① 建立一个新工程。单击"工程"菜单，在弹出的下拉菜单中选择"新建工程"命

令，如图 10-4 所示。

② 然后选择要保存的路径，输入工程文件的名字，如保存到 MSC51 目录里，工程文件的名称为 text，如图 10-5 所示，然后单击"保存"按钮。

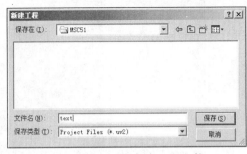

图 10-4　新建工程　　　　　　　图 10-5　保存工程文件

③ 这时会弹出一个对话框，要求选择单片机的型号，用户可以根据使用的单片机来选择，Keil uVision2 仿真软件几乎支持所有的 51 系列单片机，这里还是以用得比较多的 Atmel 的 89C51 来说明，如图 10-6 所示，选择 89C51 之后，右边栏是对这个单片机的基本的说明，然后单击"确定"按钮。

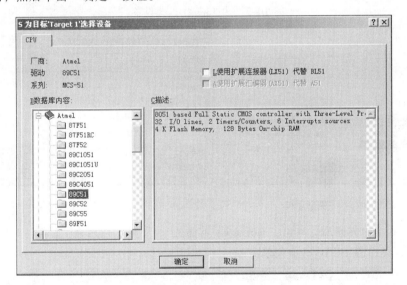

图 10-6　为目标选择设备

④ 完成上一步骤后，显示界面如图 10-7 所示。到现在为止，还没有编写一句程序，下面开始编写第一个程序。

⑤ 在图 10-8 中，单击"文件"菜单，再在弹出的下拉菜单中选择"新建工程"命令。

新建文件后，光标在编辑窗口里闪烁，这时可以键入用户的应用程序，但这里建议首先保存该空白的文件，单击"文件"菜单，在弹出的下拉菜单中选择"另存为"命令，界面如图 10-9 所示，在"文件名"文本框中，键入欲使用的文件名，同时，必须键入正确的扩展名。注意，如果用 C 语言编写程序，则扩展名必须为.c；如果用汇编语言编写程序，则扩展名必须为.asm。然后，单击"保存"按钮。

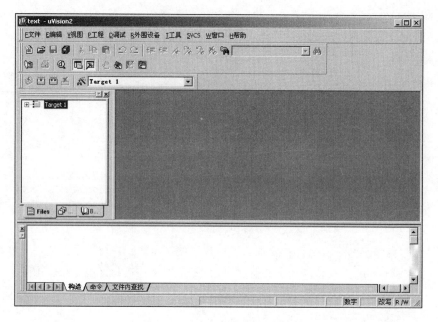

图 10-7　为 Target1 选择设备

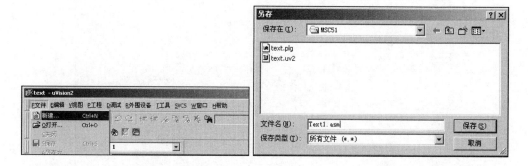

图 10-8　新建文件　　　　　　　　图 10-9　保存新空白文件

⑥ 回到编辑界面后，单击"Target 1"前面的"+"号，然后在"Source Group 1"命令上右击，弹出图 10-10 所示菜单。

图 10-10　增加文件到组"Source Group 1"

然后选择"增加文件到组'Source Group 1'"命令,打开图 10-11 所示对话框。

选中 Text1.asm,然后单击 Add 按钮。注意到"Source Group 1"文件夹中多了一个子项"Text1.asm",子项的多少与所增加的源程序的多少相同。

⑦ 输入源程序,Keil uVision2 仿真软件会自动识别关键字,并以不同的颜色提示用户加以注意,这样会使用户少犯错误,有利于提高编程效率,如图 10-12 所示。

图 10-11　选择源程序文件

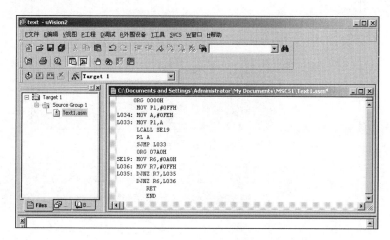

图 10-12　输入源程序

⑧ 程序输入完毕后,单击"工程"菜单,再在弹出的下拉菜单中选择"构造目标"命令(或者使用快捷键【F7】),开始编译源程序,构造目标。在构造目标中,生成 HEX文件是一个关键环节。如果目标属性中已选择了输出生成 HEX 文件,则会生成相应的xxx.hex 目标文件,如图 10-13 所示。(这里请慎用"重新构造所有目标"命令。)

图 10-13　构造目标

如果目标属性中没有选择输出生成 HEX 文件，则移动光标到 Target1 上，右击打开图 10-14 所示下拉列表并选择 Options for Target 'Target 1'命令，打开属性对话框。然后再移动光标到属性对话框上的 Output 按键，弹出图 10-15 所示的对话框，在 Create HEX file 对话框中选中生成 HEX 文件后退出对话框。

图 10-14　打开属性对话框

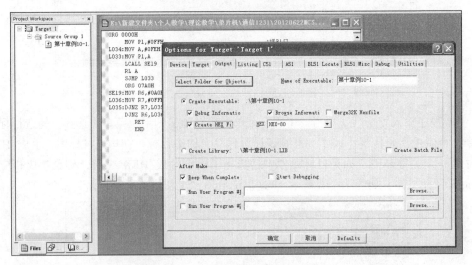

图 10-15　打钩选择产生 HEX 文件

重新单击"工程"菜单，再在弹出的下拉菜单中选择"构造目标"命令构造目标，则会生成图 10-13 所示的 xxx.hex 目标文件。

⑨ 编译成功后，再单击"调试"菜单，可在弹出的下拉菜单中使用调试命令进行调试。

"开始/停止调试"（或者使用快捷键【Ctrl+F5】）。

"运行到"（或者使用快捷键【F5】）即"全速运行"。

"单步"（或者使用快捷键【F10】）。

"运行到光标行"（或者使用快捷键【Ctrl+F10】）。

"停止运行"（或者使用【Esc】键）。

单击"视图"菜单，再在弹出的下拉菜单中选择"监视 & 调用堆栈窗"命令，或选择"M 存储器窗口"选项，就会弹出如图 10-16 所示的软件调试界面。

图 10-16　软件调试界面

可在"存储器窗口"中的地址输入栏内输入待显示的存储区的起始地址。内部可直接寻址，RAM data 表示为 D:xx，指示内部 RAM 从 00H～FFH 地址和所存储的数据，如图 10-17 所示。

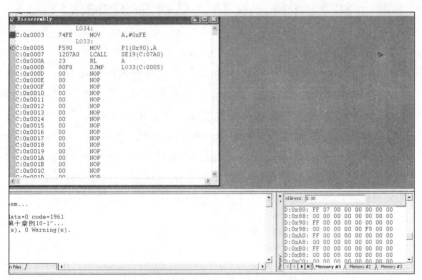

图 10-17　内部 RAM 地址和所存储的数据

间接寻址 RAM 区 idate 表示为 I:xx，MCS-51 系列单片机的 idate 有 128 字节，MCS-52 系列单片机的 idate 有 256 字节，所以 Keil uVision2 仿真软件 idate 的地址为 00H～FFH。外部 RAM 区 xdata 表示为 X:xxxx，地址为 0000H～FFFFH。

代码 code 表示为 C:xxxx。Keil uVision2 仿真软件中的代码 code 指示的是内部和外部 ROM，地址范围为 0000H～FFFFH，如图 10-18 所示。在图 10-18 中，从 C:0000H～000CH 可以看到存有数据，这些数据就是例 10-1 程序生成的 HEX 文件时以十六进制的形式存在代码 code 区。

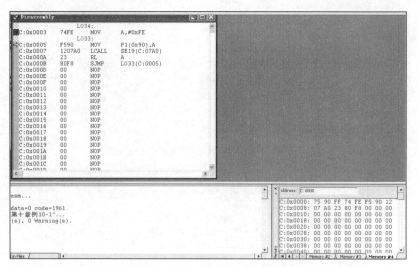

图 10-18　以代码 code 区表示单片机的内部和外部 ROM 地址

　　程序运行时，每一步都是可预测的。所谓程序调试，就是事先在理论上分析出程序运行时的每一步数据变化和实际程序运行时的数据变化是否一致来判断程序运行是否正确，一致说明程序调试正确；不一致说明程序调试不正确。程序实际运行时的数据可通过 D:xx、I：xx、X:xxxx、C:xxxx 等窗口和 Register 窗口直接查找。

# 10.2　Proteus 仿真软件使用介绍

　　Proteus 仿真软件是英国 Labcenter Electronics 公司开发的 EDA 工具软件。Proteus 仿真软件与 Keil uVision 软件的区别是，Proteus 仿真软件具有模拟电路仿真、数字电路仿真、单片机及其外围电路组成的系统的仿真、RS-232 动态仿真，它可以把硬件电路画出来，且这个电路图就相当于实物连接，具有电气特性，可以用 Proteus 仿真软件将程序编译后写入到可编程器件里进行软硬件仿真，整个过程非常直观。而 Keil uVision 仿真软件主要用于单片机软件的调试和仿真，在程序进行调试和仿真时，我们看到的仅是数据存储器和程序存储器上的数字变化，通过这些数字的变化来判断程序调试和仿真的对错，其过程并不直观。同样，Proteus 仿真软件经过多年的发展，已发展到 Proteus 7.7 版本，本节主要介绍 Proteus 6.9 的使用。

## 10.2.1　Proteus 6.9 仿真软件

　　Proteus 仿真软件有两大核心，一个是 ISIS 智能原理图输入系统，一个是 Proteus VSM 虚拟系统模型。使用 Proteus 仿真的基础是要绘制准确的原理图并进行合理的设置，绘制原理图使用 ISIS 原理图输入系统。下面介绍 Proteus 6.9 仿真软件的基本应用。

　　① 单击 Proteus 6.9 的图标启动 ISIS 原理图工具程序，就可以打开设计文档（默认模板），看到图 10-19 所示的原理图编辑界面。默认绘图格点为 100 th(1th=0.001in=0.002 54cm)。

　　还可以单击 File 菜单，在弹出的下拉菜单中选择 New Design 命令，弹出 Create New Design 对话框，进行模板选择，如图 10-20 所示。

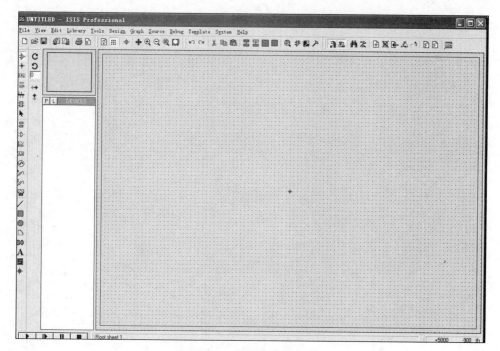

图 10-19　原理图编辑界面

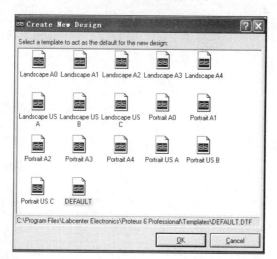

图 10-20　Create New Design 对话框

② 选择"Landscape A4"图标，单击 OK 按钮，添加模板如图 10-21 所示。然后单击"保存"按钮保存设计，并命名文件为 mydesign。

③ 单击 Library 菜单，在弹出的下拉菜单中选择 Pick Device/Symbol 命令，选择要摆放的元件，如图 10-22 所示。

选取元件对话框功能齐全，如要选择 AT89C51 芯片，则可以在 Keywords 文本框中输入 AT89C51，在元件列表区、元件预览区等会直接显示元件信息；若不知道元件的具体名称，在 Category 中选择 Microprocessor ICs，在对应的 Sub-category 中选择 8051 Family，在元件列表区出现 AT89C51 芯片，再选择 AT89C51 芯片。

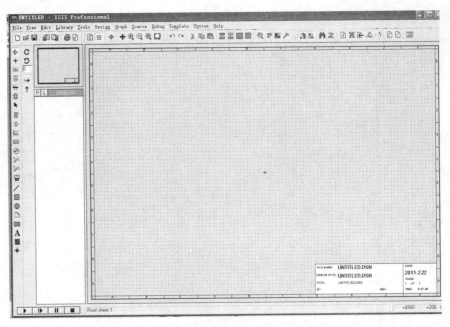

图 10-21　添加模板

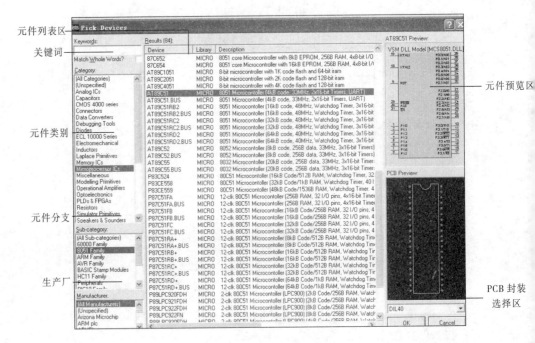

图 10-22　选取元件

④ 单击 OK 按钮，元件名出现在左侧的 Devices 列表中，如图 10-23 所示。

⑤ 在 Devices 列表中选择 AT89C51，在绘图区域单击摆放元件，如图 10-24 所示。

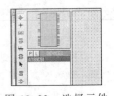

图 10-23　选择元件

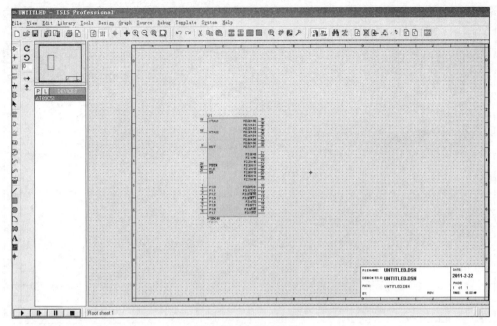

图 10-24　摆放元件

⑥ 摆放其他元件，其中 74LS07 无须添加，如图 10-25 所示。

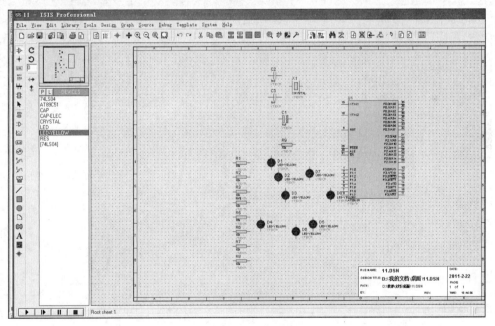

图 10-25　摆放其他元件

⑦ 默认情况下，摆放的元件方向固定。可以使用左上角的旋转与翻转命令，改变元件方向。单击 C1，选择逆时针旋转按钮，旋转元件，如图 10-26 所示。

⑧ 在左侧工具栏中单击 图标，列表框中显现可用的终端，选择 POWER 命令摆放电源端，选择 GROUND 命令摆放接地端，如图 10-27 所示。

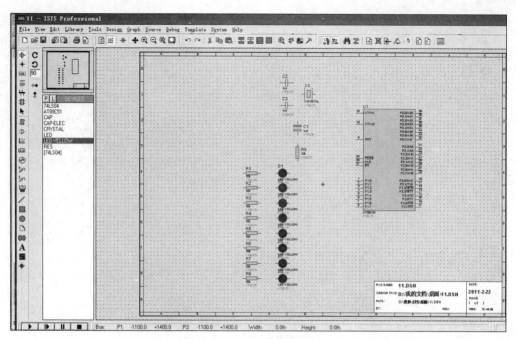

图 10-26　改变元件方向

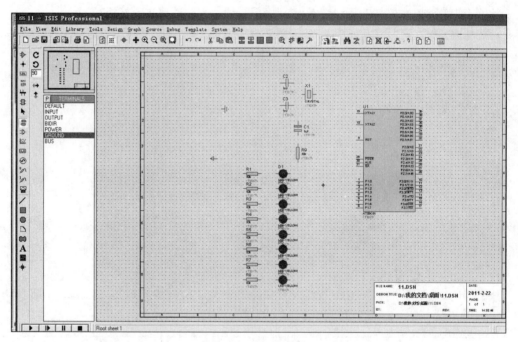

图 10-27　添加终端

⑨ Proteus 仿真软件可支持自动布线，也可支持手动走线，连接走线后电路图，如图 10-28 所示。

⑩ 在电源终端上右击，再单击，弹出 Edit Terminal Label 对话框，在其中输入对应的电压值，如图 10-29 所示。

⑪ 为电路配置电源，即选择 Design 菜单，在弹出的下拉菜单中选择 Configure Power Rail 命令，弹出 Power Rail Configuration 对话框，如图 10-30 所示。

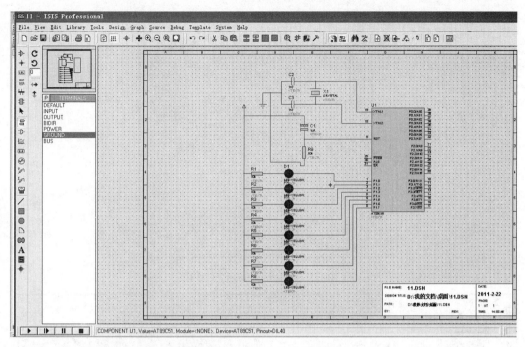

图 10-28　连接走线后电路图

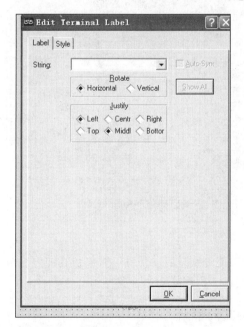

图 10-29　Edit Terminal Label 对话框

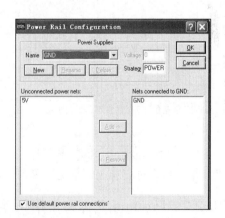

图 10-30　Power Rail Configuration 对话框

⑫ 选择 Unconnected power nets 列表框中的 5 V 命令,单击 Add 按钮,右侧列表框显示 5 V。

⑬ 右击选中 AT89C51 芯片,再单击芯片,弹出 Edit Component 对话框,如图 10-31 所示。

⑭ 单击 Program File 后的浏览按钮,添加目标程序文件。

⑮ 单击 OK 按钮,然后单击 ISIS 编辑环境下方的启动仿真按钮 ▶ ,运行仿真,可

观察 8 个数码管的亮灭情况，如图 10-32 所示。

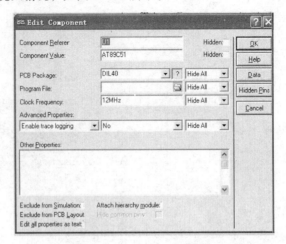

图 10-31　Edit Component 对话框

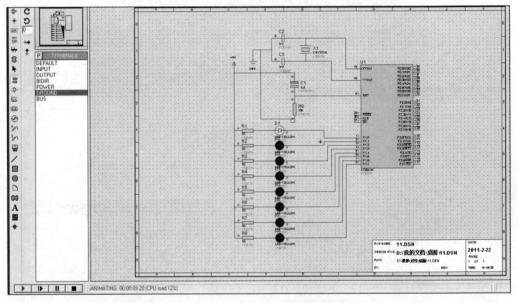

图 10-32　仿真结果

⑯ ▶ ⏭ ⏸ ⏹ 这 4 个按钮的功能分别是启动仿真、暂停仿真和停止仿真。单步仿真可查看运行情况。单击停止仿真按钮，仿真停止。

## 10.2.2　Proteus 元件库常用元件的中英文对照表

表 10-11 为 Proteus 元件库常用元件的中英文对照表。

表 10-11　Proteus 元件库常用元件的中英文对照表

| 元件名称 | 中 文 名 称 | 说　　　明 |
|---|---|---|
| 7407 | 驱动门 | — |
| 74LS00 | 与非门 | — |
| 74LS04 | 非门 | — |

| 元件名称 | 中文名称 | 说　明 |
|---|---|---|
| 74LS08 | 与门 | — |
| AND | 与门 | — |
| NAND | 与非门 | — |
| NOR | 或非门 | — |
| NOT | 非门 | — |
| OR | 或门 | — |
| 74LS390 | TTL 双十进制计数器 | — |
| 7SEG | 4 针 BCD-LED | 输出从 0～9，对应于 4 根线的 BCD 码 |
| 7SEG 3-8 | 译码器电路 | BCD-7SEG 转换电路 |
| AMMETER-MILLI | 电流（mA）计 | — |
| VOLTMETER | 电压计 | — |
| BATTERY | 电池/电池组 | — |
| BUS | 总线 | — |
| Capacitors | 电容器集合 | — |
| CAP | 电容器 | — |
| CAPACITOR | 电容器 | — |
| CAPACITOR POL | 有极性电容器 | — |
| CAPVAR | 可调电容器 | — |
| CLOCK | 时钟信号源 | — |
| CRYSTAL | 晶振 | — |
| LOGICTOGGLE | 逻辑触发 | — |
| D-FLIPFLOP | D 触发器 | — |
| FUSE | 熔丝 | — |
| LAMP | 灯 | — |
| POWER | 电源 | — |
| DIODE | 二极管 | — |
| 1N914 | 二极管 | — |
| DIODE SCHOTTKY | 稳压二极管 | — |
| BRIDGE 1 | 整流桥（二极管） | — |
| BRIDGE 2 | 整流桥（集成块） | — |
| LED | 发光二极管 | — |
| PHOTO | 感光二极管 | — |
| DIODE VARACTOR | 变容二极管 | — |
| Resistors | 各种电阻器 | — |
| POT-LIN | 3 引线可调电阻器 | — |
| RES | 电阻器 | — |
| RESISTOR | 电阻器 | — |

| 元件名称 | 中文名称 | 说明 |
|---|---|---|
| LM016L | 2 行 16 列液晶 | 可显示 2 行 16 列英文字符，有 8 位数据总线 D0～D7，RS，R/W，EN，3 个控制端口（共 14 线），工作电压为 5 V。没背光，和常用的 1602B 功能和引脚一样（除了调背光的 2 个引脚） |
| SWITCH | 按钮 | 手动按一下一个状态 |
| SW-PB | 按钮 | — |
| SWITCH-SPDT | 2 选通 1 按钮 | — |
| MASTERSWITCH | 按钮 | 手动闭合，立即自动打开 |
| MOTOR | 电动机 | — |
| Electromechanical | 电动机 | — |
| ALTERNATOR | 交流发电机 | — |
| MOTOR AC | 交流电动机 | — |
| MOTOR SERVO | 伺服电动机 | — |
| Inductors | 变压器 | — |
| Switches & Relays | 开关、继电器、键盘 | — |
| Miscellaneous | 各种器件 | — |
| Modelling Primitives | 各种仿真器件 | 是典型的基本元件模拟，不表示具体型号，只用于仿真，没有 PCB |
| Optoelectronics | 各种发光器件 | 发光二极管、LED、液晶等 |
| Analog ICs | 模拟电路集成芯片 | — |
| Connectors | 排座，排插 | — |
| ECL 10000 Series | 各种常用集成电路 | — |
| Analog ICs | 模拟电路集成芯片 | — |
| ANTENNA | 天线 | — |
| BELL | 铃、钟 | — |
| BUFFER | 缓冲器 | — |
| BUZZER | 蜂鸣器 | — |
| CIRCUIT BREAKER | 熔丝 | — |
| INDUCTOR | 电感器 | — |
| INDUCTOR IRON | 带铁芯电感器 | — |
| INDUCTOR3 | 可调电感器 | — |
| Transistors | 晶体管（三极管、场效应管） | — |
| NPN | 三极管 | — |
| PNP | 三极管 | — |
| NPN-PHOTO | 感光三极管 | — |
| JFET N | N 型沟道场效应管 | — |
| JFET P | P 型沟道场效应管 | — |
| LAMP NEDN | 辉光启动器 | — |
| MICROPHONE | 传声器（麦克风） | — |

续表

| 元件名称 | 中 文 名 称 | 说　　　明 |
|---|---|---|
| MOSFET | MOS 管 | — |
| OPAMP | 集成运放 | — |
| PELAY–DPDT | 双刀双掷继电器 | — |
| PLUG AC FEMALE | 三相交流插头 | — |
| SOURCE CURRENT | 电流源 | — |
| SOURCE VOLTAGE | 电压源 | — |
| SPEAKER | 扬声器 | — |
| SW | 开关 | — |
| SW–DPDY | 双刀双掷开关 | — |
| SW–SPST | 单刀单掷开关 | — |

# 习　题

**问答题**

1. 使用 Keil uVision2 仿真软件时，如何建立一个新工程？如何建立一个新文件？

2. 使用 Keil uVision2 仿真软件时，建立一个新工程和建立一个新文件有什么区别？

3. 使用 Keil uVision2 仿真软件进行仿真调试时，如何查看单片机的 P0、P1、P2、P3 这 4 个口？

4. 使用 Proteus 仿真软件时，如何调用模板？

5. 使用 Proteus 仿真软件时，如何建立仿真电路？

6. 使用 Proteus 仿真软件时，如何设置参数？

7. 使用 Proteus 仿真软件时，如何将 *.HEX 目标程序添加到单片机芯片中？

# 第11章

## MCS-51系列单片机应用系统设计及开发

通过前面各章的学习，读者已经掌握了单片机的硬件结构、工作原理、程序设计方法、模拟量输入/输出通道、串行通信接口技术及系统扩展方法等。在掌握单片机最小系统和基本的应用模块的基础上，可以进行单片机应用系统的综合设计与开发。本章重点讲解 MCS-51 系列单片机应用系统设计及开发的步骤、方法，以及 MCS-51 系列单片机应用系统中的抗干扰问题。

### 知识目标

① 了解 MCS-51 系列单片机应用系统中的总体方案设计步骤。
② 了解 MCS-51 系列单片机应用系统中的硬件、软件设计方法。
③ 掌握 MCS-51 系列单片机应用系统中的调试方法。
④ 了解 MCS-51 系列单片机应用系统中的抗干扰设计。

### 技能目标

① 能根据项目要求编写系统总体设计方案。
② 能按照总体设计方案，将任务分解成硬件设计和软件设计。
③ 能调试系统和处理系统干扰。

### 实物图示例

多单片机应用系统如图 11-1 所示。

图 11-1  多单片机应用系统图

## 11.1　单片机应用系统设计的一般步骤和方法

### 11.1.1　设计步骤

　　单片机不同应用系统的开发过程基本相似，其一般步骤可以分为需求分析、总体方案设计、硬件设计与调试、软件设计与调试、系统功能调试与性能测试、产品验收和维护等。单片机应用系统设计过程流程图如图 11-2 所示。

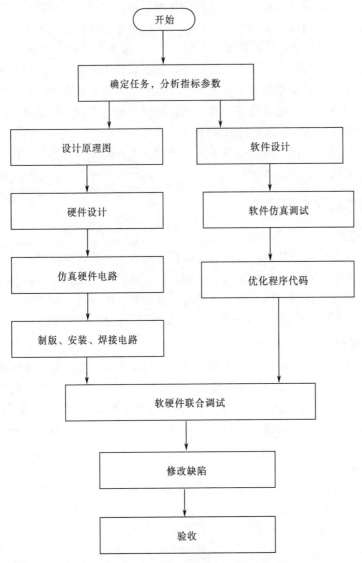

图 11-2　单片机应用系统设计过程流程图

#### 1. 需求分析

　　需求分析就是要明确所设计的单片机应用系统要"做什么"和"做的结果怎样"。需求分析包括的主要内容如下：输入信号、输出信号、系统结构、控制精度、系统接口、扩充设计以及可靠性设计等方面。

需求分析阶段的结果是形成可操作的设计需求任务书。任务书应包含单片机系统所应具有的功能特性和性能指标等主要内容。如果是自主开发产品，还应附有市场调研和可行性论证等内容；如果是委托开发，则应该与委托方讨论拟制的需求任务书是否满足对方的需求。

### 2. 总体方案设计

总体方案设计就是要从宏观上解决"怎样做"的问题。按照由简到繁的原则，一般先进行总体设计。系统的总体设计方案要解决的是：系统采用何种方法、以怎样的结构组成，以及功能模块的具体划分，彼此间的关系，指标的分解等问题。其主要内容应包括：技术路线或设计途径、采用的关键技术、系统的体系结构、主要硬件的选型和加工技术、软件平台和开发语言、测试条件和测试方法、验收标准和条文等。

系统的总体方案反映了整个系统的综合情况，要从正确性、可行性、先进性、可用性和经济性等角度来评价系统的总体方案。只有当拟定的总体方案能满足上述基本要求后，设计好的目标系统才有可能符合这样的基本要求。总体方案通过之后，才能为各子系统的设计与开发提供一个指导性的文件。

如果是委托开发，设计需求任务书和总体方案设计的主要内容往往以技术文件的形式附于合同书之后。

## 11.1.2 硬件设计与调试

### 1. 基本任务

一个单片机应用系统的硬件设计包含两部分内容：一是系统扩展，即当单片机内部的功能单元不能满足应用系统的要求时必须进行片外扩展，选择适当的芯片，设计相应的电路；二是系统的配置，即按照系统功能要求配置外围设备，如通信接口、键盘、显示器、打印机、A/D 转换器、D/A 转换器等，要设计合理的接口电路。

### 2. 设计原则

在硬件设计时，要尽量应用最新单片机，采用新技术。要注意通用性的问题，尽可能选择典型电路，并符合单片机常规用法，为硬件系统的标准化、模块化打下良好的基础。系统扩展与外围设备的配置水平应充分满足应用系统的功能要求，并留有适当余地，以便进行二次开发。硬件系统设计应尽量朝"单片"（片上系统 SOC）方向发展，以提高系统的稳定性。

### 3. 注意事项

① 存储器扩展。

② I/O 端口的扩展。

③ 输入通道的设计。

④ 输出通道的设计。

⑤ 人机界面的设计。

⑥ 通信电路的设计。

⑦ 印制电路板的设计与制作。

⑧ 负载容限的考虑。

⑨ 信号逻辑电平兼容性的考虑。

⑩ 电源系统的配置。

⑪ 抗干扰的实施。

## 11.1.3　软件设计与调试

### 1．主要步骤和方法

软件设计随单片机应用系统的不同而不同，软件设计的流程图如图 11-3 所示。

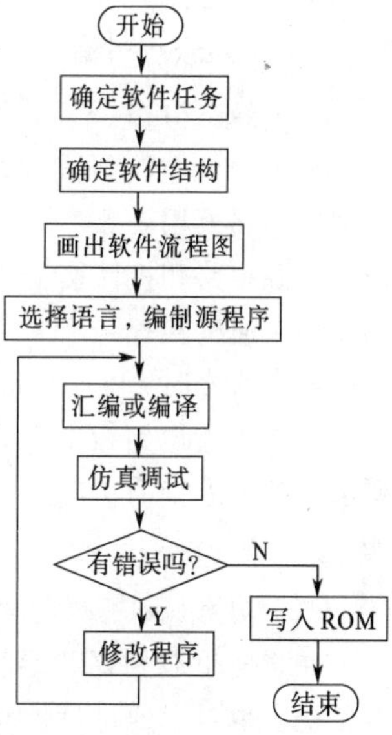

### 2．注意事项

（1）总体规划

软件所要完成的任务已在总体设计时规定，在具体软件设计时，要结合硬件结构，进一步明确软件所承担的一个个任务细节，确定具体实施的方法，合理分配资源。

（2）程序设计技术

合理的软件结构是设计一个性能优良的单片机应用系统软件的基础。在程序设计中，应培养结构化程序设计风格，各功能程序实行模块化、子程序化。

（3）程序设计

在选择好软件结构和所采用的程序设计技术后，便可着手进行程序设计，将设计任务转化为具体的程序。

图 11-3　软件设计的流程图

在设计过程中，先画出简单的功能性流程图（粗框图），然后对功能性流程图进行细化和具体化，对存储器、寄存器、标志位等工作单元进行具体的分配和说明，将功能性流程图中每一个粗框图的操作转变为具体的存储器单元、工作寄存器或 I/O 端口的操作，从而给出详细的程序流程图（细框图）。

编写程序时，应注意系统硬件资源的合理分配与使用，子程序的入/出口参数的设置与传递。采用合理的数据结构、控制算法，以满足系统要求的精度。在存储空间分配时，应将使用频率最高的数据缓冲器设在内部 RAM；标志应设置在片内 RAM 位操作区（20H ~ 2FH）中；指定用户堆栈区，堆栈区的大小应留有余量；余下部分作为数据缓冲区。

在编写程序过程中，根据程序流程图逐条用符号指令来描述，即得汇编语言源程序。应按 MCS-51 汇编语言的标准符号和格式书写，在完成系统功能的同时应注意保证设计的可靠性，如数字滤波、软件陷阱、保护等。必要时可作若干功能性注释，提高程序的可读性。

（4）软件装配

各程序模块编辑之后，需进行汇编或编译、调试，当满足设计要求后，将各程序模块按照软件结构设计的要求连接起来，即为软件装配，从而完成软件设计。在软件装配时，应注意软件接口。

### 小经验

在软件编码过程中应注意对程序代码的优化，一般要从以下几方面考虑：

① 灵活地选择变量的存储类型是提高程序运行效率的重要途径，要合理分配存储器资源，对经常使用和频繁计算的数据，应该采用内部存储器。

② 灵活分配变量的全局和局部类型。

③ 合理分配模块间函数调用的参数，可以利用指针作为传递参数，使各模块有很好的独立性和封装性。

### 11.1.4　单片机应用系统的调试

#### 1．硬件部分的调试

（1）静态检查

根据硬件电路图核对元器件的型号、规格、极性、集成芯片的插接方向是否正确。用逻辑笔、万用表等工具检查硬件电路连线是否与电路图一致，有无短路、虚焊等现象。严防电源短路和极性接反。检查数据总线、地址总线和控制总线是否存在短路的故障。

（2）通电检查

通电检查时，可以模拟各种输入信号分别送入电路的各有关部分，观察 I/O 端口的动作情况，查看电路板上有无元件过热、冒烟、异味等现象，各相关设备的动作是否符合要求，整个系统的功能是否符合要求。

#### 2．软件部分的调试

（1）仿真调试

在程序下载到存储器前，可以通过仿真器先对程序进行仿真调试，检查软件流程是否正确。也可以通过打桩或断点对程序进行调试。

（2）程序下载调试

仿真调试正常后，可以把程序下载到 Flash 中，进行现场调试。此刻可以按业务功能模块来进行软件调试。看看是否满足各业务需求。

 **小经验**

软硬件调试成功，脱机运行不一定成功，有可能会出现以下故障：

① 系统不工作。主要原因是晶振不起振；或者 EA 引脚没有接高电平。

② 系统工作时好时坏。这主要是由干扰引起的。

# 11.2　单片机抗干扰设计

如何提高电子产品的抗干扰能力和电磁兼容性？在研制带处理器的电子产品时，如何提高抗干扰能力和电磁兼容性？

## 11.2.1　特别要注意抗电磁干扰的系统

① 微控制器时钟频率特别高，总线周期特别短的系统。

② 系统含有大功率、大电流驱动电路，如产生火花的继电器，大电流开关等。

③ 含微弱模拟信号电路以及高精度 A/D 转换器的系统。

## 11.2.2　增加系统的抗电磁干扰能力可采取的措施

（1）选用频率低的微控制器

（2）减小信号传输中的畸变

（3）减小信号线间的交叉干扰

（4）减小来自电源的噪声

（5）注意印制电路线板与元器件的高频特性

（6）元件布置要合理分区

（7）用好去耦电容器

降低噪声与电磁干扰的一些经验：

① 能用低速芯片就不用高速芯片，高速芯片应用在关键地方。

② 可用串电阻器的办法，降低控制电路上下沿跳变速率。

③ 使用满足系统要求的最低频率时钟。

④ 时钟产生器尽量靠近到用该时钟的器件。石英晶振外壳要接地。

⑤ 用地线将时钟区圈起来，时钟线尽量短。

a. I/O 驱动电路尽量靠近印制电路板边，让其尽快离开印制电路板。对进入印制电路板的信号要加滤波，从高噪声区来的信号也要加滤波，同时用串终端电阻器的办法，减小信号反射。

b. 闲置不用的门电路输入端不要悬空，闲置不用的集成运放同相输入端接地，反相输入端接输出端。

c. 印制电路板尽量使用 45° 折线而不用 90° 折线布线，以减小高频信号对外的发射与耦合。

d. 时钟、总线、片选信号要远离 I/O 线和接插件。

e. 元件引脚尽量短，去耦电容器引脚尽量短。

f. 关键的线要尽量粗，并在两边加上保护地；高速线要短要直。

g. 对噪声敏感的线不要与大电流，高速开关线平行。

# 习　　题

## 一、问答题

1. 如何根据项目要求编写系统总体设计方案？

2. 简述单片机应用系统中硬件设计的步骤。

3. 简述单片机应用系统中软件设计的步骤。

4. 在单片机应用系统设计过程中，怎样进行有效调试？

5. 单片机应用系统中有哪些干扰因素，怎样消除？

## 二、综合应用题

按照单片机应用系统设计的步骤与方法，自行设计一个数字钟。要求实现的功能如下：

① 自动计时，由 6 位 LED 显示器显示时、分、秒。

② 具备校准功能，可以设置当前时间。

③ 具备定时起闹功能。

（1）独立键盘与静态数码管显示程序

```
;------------------------------------------------
;程序定义部分
;------------------------------------------------
BANK0_REG EQU    00H        ;选择第 0 组寄存器定义
BANK1_REG EQU    08H        ;选择第 1 组寄存器定义
BANK2_REG EQU    10H        ;选择第 2 组寄存器定义
BANK3_REG EQU    18H        ;选择第 3 组寄存器定义
LED_MAX_BITS EQU 04H        ;LED 最大位数(程序按 2 个数码管显示 1 个单元的数据进行
                            ;编程,因此本例 LED 最大位数就为 4)
LED_DIS_BUF EQU    60H      ;显示单元的首地址(本子程序已经保留了显示多个单元的程
                            ;序编辑,目前要显示的单元只有 1 个 60H,所以 60H 单元也
                            ;是显示单元的首地址)
LED_SCL    EQU    P1.0      ;发脉冲
LED_SDA    EQU    P1.1      ;发数据
SIXTY      EQU    60H       ;存放第 1 组显示数据
SIXTY_ONE EQU    61H       ;存放第 2 组显示数据
XZ_K0      BIT    P1.0      ;独立键盘选择键
ZY_K1      BIT    P1.1      ;独立键盘加 1 键
JY_K2      BIT    P1.2      ;独立键盘减 1 键
K0_FLAG    BIT    38H       ;选择键标志
K1_FLAG    BIT    39H       ;加 1 键标志
K2_FLAG    BIT    3AH       ;减 1 键标志
SIXTY_ONE_FLAG BIT  3CH    ;61 单元标志,用于第 2 组显示数据的操作标识
PUSHDATA    EQU   42H       ;记忆选择键按下次数的寄存单元
;------------------------------------------------------------
;程序开始及主程序跳转
;------------------------------------------------------------
      ORG 0000H
;------------------------------------------------------------
LJMP   START
      ORG  0100H
START:
;------------------------------------------------
;主程序初始设置
;------------------------------------------------
MOV    PSW,#BANK0_REG       ;选择第 1 组工作寄存器
MOV    SP,#70H              ;将堆栈指针推至 70H
LCALL  LED_CLR_FULL         ;开始先灭灯
MOV    SIXTY,#00            
MOV SIXTY_ONE,#00H          
```

```
       MOV PUSHDATA,#00H
;--------------------------------------------------
;主程序循环体部分
;--------------------------------------------------
WAIT:
LCALL   LED_SHOW            ;调用显示子程序
LCALL   SINGLE _KEY         ;调用独立键盘主子程序
LJMP    WAIT
;----------------------------------------
;表格及主程序群
;----------------------------------------
DIS_TAB:                    ;共阳极 LED 段选码表格
DB 0C0H,0F9H,0A4H,0B0H,99H,92H,82H,0F8H,80H
DB 90H,88H,83H,0C6H,0A1H,86H,8EH,0FFH
;----------------------------------------
;LED 显示子程序
;输出子程序 1= LED_DISP_DATA;
;中间变量子程序 1= LED_CLR_FULL;
;中间变量子程序 1= PUB_DELAY
;--------------------------------
LED_SHOW:
LCALL   LED_CLR_FULL        ;先消除原来的显示
LCALL   LED_DISP_DATA       ;显示 60H 的内容
LCALL   PUB_DELAY           ;1s 延时
     RET
;--------------------------------
;发送 1 字节数据子程序
;输入: ACC;  输出: LED_SCL、LED_SCL; 中间变量: C 位
;--------------------------------
LED_DISP_BYTE:
PUSH ACC
CLR    LED_SCL             ;该指令与后面的 SETB LED_SCL 和 CLR  LED_SCL 合成脉冲
MOV    R7,#8
LED_DISP_BYTE1:
RLC    A                   ;将 A 中存放的字段码一位一位地移到 C。
MOV    LED_SDA,C           ;发送 1 位到 P1.1
NOP
NOP
SETB   LED_SCL             ;从 P1.0 送出一脉冲
NOP
NOP
CLR    LED_SCL
DJNZ R7,LED_DISP_BYTE1     ;连续送出 8 位
POP    ACC
RET
;--------------------------------
;发送最大字节子程序
;输入:A;输出:无;输出子程序: LED_DISP_BYTE;中间变量:R0、R6、DPTR
;--------------------------------
LED_DISP_DATA:
PUSH    PSW                 ;将 PSW 压入栈区
PUSH    ACC                 ;将 ACC 压入栈区
```

```
        PUSH    DPH                    ;将 DPTR 压入栈区
        PUSH    DPL
        MOV     PSW,#BANK2_REG         ;选择第 2 组工作寄存器
        MOV     A,#LED_DIS_BUF         ;将显示首地址 60H 赋值给 A
        ADD     A,#LED_MAX_BITS/2-1    ;通过计算,确定显示单元首地址,本例有 60H、61H 这 2
                                       ;个单元,所以计算的结果就是 A=61H;显示从 61H 单元开
                                       ;始,意味 61H 应存放低位数,60H 存放高位数
        MOV     R6,#LED_MAX_BITS/2     ;计算显示单元的数量,本例有 2 个单元,所以 R6=2,下
                                       ;面程序执行的循环次数就为 2 次
        MOV     R0,A                   ;将要显示的首地址赋值给 R0,准备后面将 60H 单元里的
                                       ;显示数据取出
        MOV     DPTR,#DIS_TAB          ;将段选码表首地址赋值给数据指针
LED_DISP_DATA_A:
        MOV     A,@R0                  ;将显示数据取出
        ANL     A,#0FH                 ;将显示数据拆分,先拆分出低位
        MOVC    A,@A+DPTR              ;取出低位显示段位码
        LCALL   LED_DISP_BYTE          ;调用发送 1 字节数据子程序
        MOV     A,@R0                  ;再取一次显示数据
        SWAP    A                      ;高低位互换
        ANL     A,#0FH                 ;拆分出高位
        MOVC    A,@A+DPTR              ;取出高位显示段位码
        LCALL   LED_DISP_BYTE          ;调用发送 1 字节数据子程序
        DEC     R0                     ;R0 减 1,指向下一显示单元
        DJNZ    R6,LED_DISP_DATA_A     ;显示到最后一位结果
        POP     DPL                    ;将 DPTR 弹出栈区
        POP     DPH
        POP     ACC                    ;将 ACC 弹出栈区
        POP     PSW                    ;将 PSW 弹出栈区
        RET
        ;------------------------------------
        ;清除 LED 上的显示内容
        ;输入: A=FFH;输出: 无
        ;输出子程序: LED_DISP_BYTE;中间变量: R6
        ;------------------------------------
LED_CLR_FULL:
        PUSH    PSW
        PUSH    ACC
        PUSH    DPH
        PUSH    DPL
        MOV     PSW,#BANK2_REG         ;上面几条指令与前面子程序的含义相同,不再重复说明
        MOV     R6,#4                  ;本例要清 4 个数码管,则数据改为 4
LED_CLR_A:
        MOV     A,#0FFH                ;共阳数码管熄灭对应的段选码
        LCALL   LED_DISP_BYTE          ;调用发送 1 字节数据子程序
        DJNZ    R6,LED_CLR_A
        POP     DPL                    ;下面几条指令与前面子程序的含义相同,不再重复说明
        POP     DPH
        POP ACC
        POP PSW
        RET

        ;------------------------------------
```

```
;1s 延时
;输入：无；输出：无；中间变量子程序：PUB_DELAY_10MS;中间变量：B
;----------------------------------------
PUB_DELAY:
PUSH   B
MOV    B,#100
PDX_1:
LCALL  PUB_D10MS    ;子程序中主要含有这一 1 ms 的调用指令，调用 100 次，再加上子程
                    ;序里其他的指令，整个子程序延时约 10ms×100=1s
DJNZ   B,PDX_1
POP    B
RET
;----------------------------------------
;10ms 延时
;输入：无；输出：无；中间变量子程序：PUB_DELAY_1MS;中间变量：A
;----------------------------------------
PUB_D10MS:
PUSH   ACC
MOV A,#10
PUB_D10MS_A:
LCALL  PUB_DELAY_1MS  ;子程序中主要含有这一 1 ms 的调用指令，调用 10 次，再加上
                      ;子程序里其他的指令，整个子程序延时约 10ms
DEC    A
JNZ    PUB_D10MS_A
POP ACC
RET
;--------------------------------------------------------
;1ms 延时
;输入：无；输出：无；中间变量：A
;--------------------------------------------------------
PUB_DELAY_1MS:
PUSH   ACC
CLR    A
PD1_0:            ;标号 PD1_0 所代表的 1 重循环程序的完成时间为 5 个机器周期，故按
                  ;每个机器周期为 1μs，则循环 200 次，整个循环程序完成的时间为 200×
                  ;5μs=1 000μs=1ms，即使加上子程序中的其他几条指令，整个子程
                  ;序延时为 1 007μs，约为 1ms
NOP
NOP
INC    A
CJNE   A,#199,PD1_0
POP    ACC
RET
;--------------------------------------------------------
;独立键盘主子程序
;输入子程序 1：KEY_TEST，输入子程序 2= KEY-SCAN;输入:无;输出子程序 1= SELECT1,
;输出子程序 2= ADD1,输出子程序 3= SUB1;输出:无;中间变量:R1=CY 位,R2=K0-FLAG
;位,R3=K1-FLAG 位,R4=K2-FLAG 位
;----------------------------------------
SINGLE_KEY:                              ;键盘子程序开始
LCALL  KEY_TEST                          ;判断有无键被按下的判断子程序
JC RETEST
```

```
           LJMP  RETURE1
    RETEST:LCALL  KEY_SCAN    ;设置对应键被按下的标志
           JB  K0_FLAG,PRO_K0
           JB  K1_FLAG,PRO_K1
           JB  K2_FLAG,PRO_K2
           LJMP  RETURE1
    PRO_K0:LCALL  SELECT1     ;选择子程序
           SJMP  RETURE1
    PRO_K1:LCALL  ADD1        ;加1子程序
           LJMP  RETURE1
    PRO_K2:LCALL  SUB1        ;减1子程序
           SJMP  RETURE1
    RETURE1:RET
    ;--------------------------------
    ;测键入子程序
    ;输入:X1=XZ-K0,X2=ZY-K1,X2=JY-K2;输出:Y1=(C);中间变量: 无
    ;--------------------------------
    KEY_TEST:
       JNB  JY_K2,KEY_TEST_OK
       JNB  ZY_K1,KEY_TEST_OK
       JNB  XZ_K0,KEY_TEST_OK
       CLR  C
       RET
    KEY_TEST_OK:
       SETB C
       RET
    ;--------------------------------
    ;键盘扫描程序，每扫描一次，重新设置
    ;对应键按下标志
    ;输入 X1=XZ_K0, X2=ZY_K1, X2= JY_K2, 输出 Y1= K0_FLAG, Y2= K1_FLAG, Y3= K2_FLAG;
    ;中间变量: 无
    ;--------------------------------
    KEY_SCAN:
    CLR  K0_FLAG
    CLR  K1_FLAG
    CLR  K2_FLAG
    JNB  XZ_K0,KEY_SCAN_K0
    JNB  ZY_K1,KEY_SCAN_K1
    JNB  JY_K2,KEY_SCAN_K2
    SJMP  KEY_SCAN_END
    KEY_SCAN_K0:
    SETB  K0_FLAG
    SJMP  KEY_SCAN_END
    KEY_SCAN_K1:
    SETB  K1_FLAG
    SJMP  KEY_SCAN_END
    KEY_SCAN_K2:
    SETB  K2_FLAG
    SJMP  KEY_SCAN_END
    KEY_SCAN_END:
    RET
    ;--------------------------------
```

```
;选择子程序
;输入 X= PUSHDATA
;输出 Y= SIXTY_ONE_FLAG
;-----------------------------
SELECT1:
CLR SIXTY_ONE_FLAG;清 61H 单元标志清 0
INC   PUSHDATA        ;PUSHDATA 增 1，表示第 1 次按下选择键 K0，PUSHDATA 增 2，表示
                     ;第 2 次按下选择键
MOV  A,PUSHDATA
CJNE A,#01H,ONE
SETB SIXTY_ONE_FLAG ;61H 单元标志置 1
SJMP BACK_B
ONE: CJNE  A,#02H,BACK_B
MOV  PUSHDATA,#00H
BACK_B:
JNB   XZ_K0,$        ;等待选择键 K0 恢复，确保一次有效的按键为一按一放
RET
;-----------------------------
;加 1 键修改子程序
;输入: X1=SIXTY-ONE-FLAG;  输出: Y1=SIXTY, Y2= SIXTY -ONE; 中间变量: R1=A
;-----------------------------
ADD1:
JB  SIXTY_ONE_FLAG,ADD1_1 ;61H 单元标志为 1，接下来给 61H 单元加 1；61H 单元标
                         ;志为 0，接下来给 60H 单元加 1
MOV  A,SIXTY
INC  A
MOV  SIXTY,A
LJMP  ADD1_END
ADD1_1:
MOV  A,SIXTY_ONE
INC  A
MOV SIXTY_ONE,A
ADD1_END:RE
;-----------------------------
;减 1 键修改子程序
;输入: X1= SIXTY-ONE-FLAG;  输出: Y1= SIXTY, Y2= SIXTY -ONE; 中间变量:
;R1=A
;-----------------------------
SUB1:JB  SIXTY_ONE_FLAG,SUB1_1 ;61H 单元标志为 1，接下来给 61H 单元减 1；61H
                              ;单元标志为 0，接下来给 60H 单元减 1
    MOV  A,SIXTY
    DEC  A
    MOV   SIXTY,A
    LJMP  SUB1_END
SUB1_1:
    MOV   A,SIXTY_ONE
    DEC   A
    MOV   SIXTY_ONE,A
    LJMP  SUB1_END
SUB1_END:
    RET
END
```

（2）矩阵键盘加独立键盘与液晶显示

```
;-----------------------------------------------------------
;程序定义部分
;-----------------------------------------------------------
COM EQU    20H              ;命令寄存器
DAT EQU    21H              ;数据寄存器
LCD_PORT EQU   P0           ;LCD 数据端口的定义
HD_LCD_RS EQU  P2.0         ;定义 RS 为 P2.0
HD_LCD_RW EQU  P2.1         ;定义 RW 为 P2.1
HD_LCD_E EQU   P2.2         ;定义 E 为 P2.2
LCD_0 EQU 30H               ;在单片机内部 RAM 上定义 16 个单元( 本程序从 30H~3FH )，
                            ;让其与 LCD1602 的第 1 行显示相对应，以存放需要显示字符
                            ;在代码表中的编号，以便程序能根据编号，通过查表方式取
                            ;出字符代码
LCD_1      EQU 31H
LCD_2      EQU 32H
LCD_3      EQU 33H
LCD_4      EQU 34H
LCD_5      EQU 35H
LCD_6      EQU 36H
LCD_7      EQU 37H
LCD_8      EQU 38H
LCD_9      EQU 39H
LCD_A      EQU 3AH
LCD_B      EQU 3BH
LCD_C      EQU 3CH
LCD_D      EQU 3DH
LCD_E      EQU 3EH
LCD_F      EQU 3FH
YZKZ       EQU 61H          ;将 61H 设置为预置单元
SSKZ       EQU 60H          ;将 60H 设置为实时单元
XZ_K0      BIT P3.0         ;独立键盘选择键的定义
ZY_K1      BIT P3.1         ;独立键盘加 1 键的定义
JY_K2      BIT P3.2         ;独立键盘减 1 键的定义
K0_FLAG    BIT 38H          ;选择键标志
K1_FLAG    BIT 39H          ;加 1 键标志
K2_FLAG    BIT 3AH          ;减 1 键标志
FLAG       BIT 3BH          ;矩阵键盘有键标志
YZ_FLAG    BIT 3CH          ;键盘预设置标志
HWXZ_FLAG  BIT 3DH          ;矩阵键盘高位选择标志
PUSHDATA   EQU 42H          ;独立键盘选择键按下次数的寄存单元
PUSHDATA1  EQU 43H
BM_ZC      EQU 44H          ;矩阵键盘键值
;-------------------------------------------
;程序开始
;-------------------------------------------
     ORG 0000H
;-------------------------------------------
;程序初始设置
;-------------------------------------------
     MOV    SP,#70H
```

```
        MOV     PUSHDATA,#00H
        MOV     PUSHDATA1,#00
        MOV     LCD_PORT,#0FFH      ;准备读口操作
        LCALL   INT                 ;LCD 显示界面初始化
        MOV     LCD_0,#0AH          ;固定显示 S（S 的代码在字符代码表中排在第 10 位）
        MOV     LCD_1,#0BH          ;固定显示 K（K 的代码在字符代码表中排在第 11 位）
        MOV     LCD_2,#0CH          ;固定显示 Z（Z 的代码在字符代码表中排在第 12 位）
        MOV     LCD_3,#0DH          ;固定显示：（：的代码在字符代码表中排在第 13 位）
        MOV     LCD_5,#0EH          ;固定显示.（. 的代码在字符代码表中排在第 14 位）
        MOV     LCD_7,#0FH          ;固定显示 V（V 的代码在字符代码表中排在第 15 位）
        MOV     LCD_8,#10H          ;固定显示 Y（Y 的代码在字符代码表中排在第 16 位）
        MOV     LCD_9,#0BH          ;固定显示 K（同上）
        MOV     LCD_A,#0CH          ;固定显示 Z（同上）
        MOV     LCD_B,#0DH          ;固定显示：（同上）
        MOV     LCD_D,#0EH          ;固定显示.（同上）
        MOV     LCD_F,#0FH          ;固定显示 V（同上）
        MOV     SSKZ,#00H           ;实时单元清 0
        MOV     YZKZ,#00H           ;预置单元清 0
        MOV     COM,#80H            ;准备 DDRAM 地址设置命令 80H（LCD1602 第一行初
                                    ;始地址）
        LCALL   LCD_W_CMD           ;调用写命令子程序
        MOV     DPTR,#TAB           ;字符代码表首地址送数据指针准备查表取显示码
        MOV     R2,#16              ;完成 16 次取取显示码及显示
        MOV     R1,#30H             ;LCD1602 第一行第一位对应的存放代码表编号的地
                                    ;址单元
WRIN:
        MOV     A,@R1               ;间接取代码表编号送 A
        MOVC    A,@A+DPTR           ;查表取显示代码送 A
        MOV     DAT,A               ;将显示代码存进数据寄存器
        LCALL   LCD_W_DAT           ;调用写数据子程序
        LCALL   DELAY               ;调延时子程序
        INC     R1                  ;R1 加 1 指向第一行下一位对应的存放代码表编号的
                                    ;地址单元
        DJNZ    R2,WRIN
;--------------------------------------------------
;主程序循环体部分
;--------------------------------------------------
WAIT:
        LCALL   SINGLE _KEY         ;调用独立键盘主子程序
        LCALL   BMKSCAN             ;调用矩阵键盘识别 0~9 数据子程序
        LCALL   LCD SHOW            ;调用 LCD 显示主子程序,将 60H 和 61H 单元的数据做
                                    ;十进制
        LJMP    WAIT
;--------------------------------
;表格及主程序群
;--------------------------------
TAB:                                ;字符代码表
     DB   30H,31H,32H,33H,34H,35H,36H,37H,38H,39H
     DB   53H,4BH,5AH,3AH,2EH,56H,59H
; --------------------------------
;独立键盘子程序
;输入子程序 1: KEY_TEST,输入子程序 2= KEY-SCAN; 输入: 无; 输出子程序 1= SELECT1,
```

```
;输出子程序 2= ADD1,输出子程序 3= SUB1;输出:无;中间变量:R1=CY 位,R2=K0-FLAG
;位，R3=K1-FLAG 位，R4=K2-FLAG 位
;--------------------------------
SINGLE _KEY:
            LCALL   KEY_TEST
            JC RETEST
            LJMP   RETURE1
RETEST:     LCALL   KEY_SCAN
            JB   K0_FLAG,PRO_K0
            JB   K1_FLAG,PRO_K1
            JB   K2_FLAG,PRO_K2
            LJMP   RETURE1
PRO_K0:     LCALL   SELECT1                    ;选择子程序
            SJMP   RETURE1
PRO_K1:     LCALL   SUB1
            JMP   RETURE1
PRO_K2:     ALL   ADD1
            JMP   RETURE1
RETURE1:    CLR   C
            RET
;----------------------------------------
;测键入子程序
;输入: X1= XZ-K0, X2= ZY-K1, X2= JY-K2; 输出: Y1=(C);
;中间变量: 无
;----------------------------------------
KEY_TEST:
            JNB    JY_K2,KEY_TEST_OK
            JNB    ZY_K1,KEY_TEST_OK
            JNB    XZ_K0,KEY_TEST_OK
            CLR    C
            RET
KEY_TEST_OK:
            SETB   C
            RET
----------------------------------------
;键盘扫描子程序，每扫描一次，重新设置
;对应键按下标志。
;输入 X1=XZ_K0,X2=ZY_K1,X2= JY_K2,输出 Y1=K0_FLAG,Y2=K1_FLAG,Y3=K2_FLAG;
;中间变量: 无
;----------------------------------------
KEY_SCAN:
            CLR    K0_FLAG
            CLR    K1_FLAG
            CLR    K2_FLAG
            JNB    XZ_K0,KEY_SCAN_K0
            JNB    ZY_K1,KEY_SCAN_K1
            JNB    JY_K2,KEY_SCAN_K2
            LJMP   KEY_SCAN_END
KEY_SCAN_K0:
            SETB   K0_FLAG
            SJMP   KEY_SCAN_END
KEY_SCAN_K1:
```

```
                SETB    K1_FLAG
                SJMP    KEY_SCAN_END
KEY_SCAN_K2:
                SETB    K2_FLAG
                SJMP    KEY_SCAN_END
                KEY_SCAN_END:
                RET
;------------------------------------
;选择子程序
;输入 X=PUSHDATA
;输出 Y=SIXTY_ONE_FLAG
;------------------------------------
SELECT1:
                CLR     YZ_FLAG         ;清 0 预设置标志
                INC     PUSHDATA        ;PUSHDATA 增 1，表示第 1 次按下选择键，接
                                        ;下来要给预设置标志置 1；PUSHDATA 增 2
                                        ;则表示第 2 次按下选择键，接下来是让预置
                                        ;值转变成当前值
                MOV     A,PUSHDATA
                CJNE    A,#01H,ONE
                SETB    YZ_FLAG         ;预设置标志置 1
                SJMP    BACK_B
ONE:            CJNE    A,#02H,BACK_B
                MOV     SSKZ,YZKZ       ;预置值转变成当前值
                MOV     PUSHDATA,#00H   ;返回当前值操作
                SJMP    BACK_B
BACK_B:
STAY:           JNB XZ_K0,STAY          ;等待选择键 K0 恢复，确保一次有效的按键为
                                        ;一按一放
                RET
;------------------------------------
;加 1 键修改子程序
;输入: X1=SIXTY-ONE-FLAG;  输出: Y1=SIXTY, Y2=SIXTY-ONE; 中间变量: R1=A
;------------------------------------
ADD1:
        JNB  YZ_FLAG,ADD1_1             ;预设置标志为 1，接下来给预置单元加 1；预设置
                                        ;标志单元标志为 0，接下来给实时单元加 1
        MOV  A,YZKZ
        CJNE A,#99,ADD1_1_1             ;加 1 不能超过 99 的限制
        LJMP ADD1_END
ADD1_1_1:
        INC  A
        MOV  YZKZ,A
        LJMP  ADD1_END
ADD1_1:
        MOV  A,SSKZ
        CJNE A,#99,ADD1_1_2             ;加 1 不能超过 99 的限制
        LJMP ADD1_END
ADD1_1_2:
        INC  A
        MOV  SSKZ,A
        LJMP  ADD1_END
```

```
                ADD1_END: RET
;----------------------------------------
;减 1 修改子程序
;输入: X1=SIXTY-ONE-FLAG;
;输出: Y1=SIXTY, Y2=SIXTY -ONE; 中间变量: R1=A
;----------------------------------------
SUB1:
                JNB   YZ_FLAG,SUB1_1   ;预设置标志为 1，接下来给预置单元减 1；预设置标
                                       ;志单元标志为 0，接下来给实时单元减 1
                MOV   A,YZKZ
                CJNE  A,#0,SUB1_1_1    ;减 1 不能低过 0 的限制
                LJMP  SUB1_END
SUB1_1_1:
                DEC   A
                MOV   YZKZ,A
                LJMP  SUB1_END
SUB1_1:
                MOV   A,SSKZ
                CJNE  A,#0,SUB1_1_2    ;减 1 不能低过 0 的限制
                LJMP  SUB1_END
SUB1_1_2:
                DEC   A
                MOV   SSKZ,A
                LJMP  SUB1_END
SUB1_END:
                RET
;----------------------------------------
;矩阵键盘识别 0~9 数据主子程序
;输入子程序 1: LCALL KEYS1; 输入: P1
;输出子程序: BMSCAN_KEY
;输出: 无; 中间变量: R1、R2、A、B、C
;----------------------------------------
BMKSCAN:
                LCALL  KEYS1            ;调用本主子程序内部的判断是否有键按下的子子程
                                        ;序，给 P1 口送 F0H 数，然后回读 P1 口数值
                CJNE   A,#0F0H,KEY1     ;第 1 次判断回读数值是否等于 F0H, 等于 F0H 则说
                                        ;明没有键被按下，不等于 F0H 则说明有键被按下
                AJMP   KEY6
KEY1:   ACALL  D10MS                    ;调用延时子程序去抖动
                LCALL  KEYS1            ;重新调用本主子程序内部的判断是否有键按下的
                                        ;子子程序
                CJNE   A,#0F0H,KEY2     ;第 2 次判断回读数值是否等于 F0H, 等于 F0H 则说
                                        ;明没有键按下；不等于 F0H 则说明有键被按下，接
                                        ;下来确定被按下键的键码
                AJMP   KEY6
KEY2:   MOV    B,A                      ;存列值
                MOV    P1,#0FH
                MOV    A,P1              ;读行值
                ANL    A,B              ;列值和行值相与得键码值
                MOV    B,A              ;存键码
                MOV    R1,#10           ;预备 10 次标准键码比较
                MOV    R2,#0            ;R2 记录键码比较的次数，当实际键码值与标准键码
```

```
                                          ;值相等时，比较结束，R2 记录的数值即为矩阵键盘
                                          ;的键值
        MOV     DPTR,#K1TAB               ;键码表首地址
KEY3:   MOV     A,R2
        MOVC    A,@A+DPTR                 ;取标准键码值
        CJNE    A,B,KEY5                  ;实际键码值与标准键码值比较，不等则返回取下一个
                                          ;键码值；相等则进入等待按键释放判断
        MOV     P1,#0F0H
KEY4:   MOV     A,P1
        CJNE    A,#0F0H,KEY4              ;等待按键释放
        MOV     A,R2                      ;R2 所存键值送 A
        MOV     BM_ZC,A                   ;将编码键值存于 RAM44H 单元
        LCALL   BMJPJZQD                  ;调用矩阵键盘对预置单元置数子程序
        AJMP    KEY6
KEY5:   INC     R2
        DJNZ    R1,KEY3
        RET
K1TAB:
        DB 81H,41H,21H,11H                ;键码表
        DB 82H,42H,22H,12H
        DB 84H,44H,24H,14H
        DB 88H,48H,28H,18H
KEYS1:  MOV     P1,#0F0H                  ;读 P1 口前先写 1
        MOV     A,P1                      ;读取键状态(矩阵键盘有键被按下，P1 口数据会改变)
KEY6:   RET
;------------------------------------------
;矩阵键盘对预置单元置数子程序
;输入子程序：BM_WXZ
;输入：YZ_FLAG 、HWXZ_FLAG 、YZKZ 、BM_ZC;
;输出子程序：无；输出：YZKZ；中间变量：A、B
;------------------------------------------
BMJPJZQD:
        JNB     YZ_FLAG,BMJPJZQD_END     ;键盘预设置标志 YZ_FLAG 是通过独立键盘
                                          ;选择键K0 在前面独立键盘子程序中确定的。
                                          ;如为 0 则矩阵键盘不起作用，如为 1 则说明
                                          ;正处于预设置状态，矩阵键盘可直接修改预
                                          ;置单元的数据
        LCALL   BM_WXZ                    ;调用矩阵键盘高位标志确定子程序
        JNB     HWXZ_FLAG,BM_JPJZ        ;根据矩阵键盘高位标志判别对预置单元高低
                                          ;位置数，为 0 置低位，为 1 置高位
        MOV     YZKZ,#0                   ;预置单元清0(每次高位置数先清0,再置数)
        MOV     A,BM_ZC                   ;前面判断的被按下键盘键值送 A
        MOV     B,#10                     ;放大 10 倍转成高位数(因为实时单元和预置
                                          ;单元的数值被限制为 0~9,高位数实际就为
                                          ;十进制数的十位数)
        MUL     AB
        MOV     YZKZ,A
        LJMP    BMJPJZQD_END
BM_JPJZ:
        MOV     A,BM_ZC
        ADD     A,YZKZ
        MOV     YZKZ,A
BMJPJZQD_END:
```

```
                          RET
;-------------------------------------------------
;矩阵键盘高位标志确定子程序
;输入子程序: 无; 输入: PUSHDATA1; 输出子程序: 无; 输出: HWXZ_FLAG;
;中间变量: A
;-------------------------------------------------
BM_WXZ:
                CLR     HWXZ_FLAG        ;清 0 矩阵键盘高位选择标志
                INC     PUSHDATA1        ;PUSHDATA1 增 1, 表示第 1 次按下矩阵键盘
                                         ;按键, 接下来要给矩阵键盘高位选择标志置 1;
                                         ;PUSHDATA1 增 2 则表示第 2 次按下矩阵键盘
                                         ;按键, 接下来是保持矩阵键盘高位选择标志
                                         ;为 0, 并使 PUSHDATA1 回 0。
                MOV     A,PUSHDATA1
                CJNE    A,#01H,HWXZ_ONE
                SETB    HWXZ_FLAG        ;矩阵键盘高位选择标志置 1
                SJMP    BACK_BM
HWXZ_ONE:       CJNE    A,#02H,BACK_BM
                MOV     PUSHDATA1,#00H
BACK_BM:
                RET
;-------------------------------------------------
;延时子程序
中间变量: R6、R7
;-------------------------------------------------
DELAY:
                MOV     R6,#00H
                MOV     R7,#00H
DELAY1:
                NOP
                DJNZ    R7,DELAY1
                DJNZ    R6,DELAY1
                RET
;-------------------------------------------------
;延时 10ms
;中间变量: R6、R7
;-------------------------------------------------
D10MS:          MOV     R7,#14H
DLY:            MOV     R6,#0F8H
DLY1:           DJNZ    R6,DLY1
                DJNZ    R7,DLY
                RET
;-------------------------------------------------
;延时 100us(F=11.059 2MHZ)
;中间变量: A
;-------------------------------------------------
PUB_DELAY_100US:
                PUSH    ACC
                CLR     A
PD5_0:
                NOP
                INC     A
                POP     ACC
                RET
```

```
NOP5:
                    NOP
                    NOP
                    NOP
                    RET
; -------------------------------;
;1602 界面初始化子程序
;输入: COM; 输出子程序: LCD_W_CMD
; -------------------------------
INT:
        MOV    COM,#3CH     ;准备功能设置命令 3CH(8 位总线、双行显示、显示 5x10
                            ;点阵字符)
        LCALL LCD_W_CMD     ;调用写命令子程序
        MOV    COM,#0EH     ;准备显示开关控制命令 0EH(开显示、有光标且光标闪烁)
        LCALL LCD_W_CMD     ;调用写命令子程序
        MOV    COM,#01H     ;准备清显示命令 01H(光标复位到地址 00H 位置)
        LCALL LCD_W_CMD     ;调用写命令子程序
        MOV    COM,#06H     ;准备光标和显示模式设置命令 06H(光标右移)
        LCALL LCD_W_CMD     ;调用写命令子程序
        RET
;-------------------------------
;写指令代码子程序
;输入子程序: LCD_R_STAT;
;输入: 无;
;输出子程序: 无; 输出: LCD_PORT;
;中间变量子程序: PUB_DELAY_100US、NOP5
;中间变量: A、HD_LCD_RS、HD_LCD_RW、HD_LCD_E
;-------------------------------
LCD_W_CMD:
PUSH    ACC                 ;A 压栈
LCD_W_CMD_A:
LCALL LCD_R_STAT            ;调用读 LCD 状态子程序
JNB ACC.7,LCD_W_CMD_B       ;判断最高位,为 1 表示忙,延时后继续调用读数据子程序,
                           ;如为 0 则表示不忙, 接下来进入设置 3 个控制端口为写命令
                           ;状态并发送命令
            LCALL PUB_DELAY_100US
            SJMP  LCD_W_CMD_A
LCD_W_CMD_B:
            CLR    HD_LCD_RW
            LCALL NOP5
            CLR    HD_LCD_RS
            LCALL NOP5
            SETB  HD_LCD_E
            LCALL NOP5
            MOV    A,COM
            MOV    LCD_PORT,A
            LCALL NOP5
            CLR    HD_LCD_E             ;关闭使能端 E
            LCALL NOP5
            SETB  HD_LCD_RW            ;设置为读忙或读数据状态
            POP    ACC                  ;A 出栈
            RET
; -------------------------------
;写显示数据子程序
```

```
            ;输入子程序: LCD_R_STAT;
            ;输入: 无;
            ;输出子程序: 无; 输出: LCD_PORT;
            ;中间变量子程序: PUB_DELAY_100US、NOP5
            ;中间变量: A、HD_LCD_RS、HD_LCD_RW、HD_LCD_E
            ;-----------------------------------
            LCD_W_DAT:
                    PUSH  ACC              ;A 压栈
            LCD_W_DAT_A:
                    LCALL LCD_R_STAT       ;调用读 LCD 状态子程序
                    JNB   ACC.7,LCD_W_DAT_B ;判断最高位，为 1 表示忙，延时后继续调
                                           ;用读数据子程序，如为 0 则表示不忙，接
                                           ;下来进入设置 3 个控制端口为写数据状
                                           ;态并发送数据

                    LCALL PUB_DELAY_100US
                    SJMP  LCD_W_DAT_A
            LCD_W_DAT_B:
                    CLR   HD_LCD_RW
                    LCALL NOP5
                    SETB  HD_LCD_RS
                    LCALL NOP5
                    SETB  HD_LCD_E
                    LCALL NOP5
                    MOV   A,DAT
                    MOV   LCD_PORT,A
                    LCALL NOP5
                    CLR   HD_LCD_E         ;关闭使能端 E
                    LCALL NOP5
                    SETB  HD_LCD_RW        ;设置为读忙或读数据状态
                    POP   ACC              ;A 出栈
                    RET
            ; -----------------------------------
            ;读 LCD 状态子程序
            ;输入子程序: 无;
            ;输入: LCD_PORT;
            ;输出子程序: 无; 输出: A;
            ;中间变量子程序: NOP5
            ;中间变量: 无
            ; -----------------------------------
            LCD_R_STAT:
                    SETB  HD_LCD_RW        ;与后面的指令一起设置为读忙状态
                    LCALL NOP5
                    CLR   HD_LCD_RS
                    LCALL NOP5
                    SETB  HD_LCD_E
                    LCALL NOP5
                    MOV   A,LCD_PORT       ;将 LCD1602 数据回读到 A
                    LCALL NOP5
                    CLR   HD_LCD_E         ;关闭使能端 E
                    LCALL NOP5
                    CLR   HD_LCD_RW        ;设置为写命令或写数据状态
                    RET
            ;-----------------------------------
            ;LCD 显示主子程序
```

```
;输入子程序: 无;
;输入: COM、LCD_4、LCD_6、LCD_C、LCD_E;
;输出子程序: LCD_W_CMD、LCD_W_DAT;
;输出: LCD_PORT;
;中间变量子程序: DELAY
;中间变量: A
;--------------------------------
LCD SHOW:
            LCALL SEPR              ;调用实时控制单元十进制分解子程序
            LCALL YZSEPR            ;调用预置单元十进制分解子程序
            MOV    COM,#84H         ;准备 DDRAM 地址设置命令 84H(LCD1602
                                    ;第 1 行第 5 个地址)
            LCALL LCD_W_CMD         ;调用写命令子程序
            MOV    DPTR,#TAB        ;字符代码表首地址送数据指针准备查表取显
                                    ;示码
            MOV    A,LCD_4          ;将 LCD_4(34H 单元)所存的显示代码编号送 A
            MOVC   A,@A+DPTR        ;查表取显示代码送 A
            MOV    DAT,A            ;显示代码送数据寄存器
            LCALL LCD_W_DAT         ;调用写数据子程序
            LCALL DELAY

            MOV    COM,#86H         ;准备 DDRAM 地址设置命令 84H(LCD1602
                                    ;第 1 行第 7
                                    ;个地址)
            LCALL  LCD_W_CMD        ;同上
            MOV    DPTR,#TAB        ;同上
    MOV    A,LCD_6                  ;将 LCD_6(36H 单元)所存的显示代码编号送 A
    MOVC   A,@A+DPTR                ;同上
    MOV    DAT,A                    ;同上
    LCALL  LCD_W_DAT                ;同上
    LCALL  DELAY

    MOV    COM,#8CH                 ;准备 DDRAM 地址设置命令 84H(LCD1602 第 1 行第
                                    ;13 个地址)
    LCALL  LCD_W_CMD
    MOV    DPTR,#TAB
    MOV    A,LCD_C                  ;将 LCD_C(3CH 单元)所存的显示代码编号送 A
    MOVC   A,@A+DPTR
    MOV    DAT,A
    LCALL  LCD_W_DAT
    LCALL  DELAY

    MOV    COM,#8EH                 ;准备 DDRAM 地址设置命令 84H(LCD1602 第 1 行第
                                    ;14 个地址)
    LCALL  LCD_W_CMD
    MOV    DPTR,#TAB
    MOV    A,LCD_E                  ;将 LCD_E(3EH 单元)所存的显示代码编号送 A
    MOVC   A,@A+DPTR
    MOV    DAT,A
    LCALL  LCD_W_DAT
    LCALL  DELAY
    RET
;--------------------------------
;实时控制显示分解子程
```

```
            ;输入: SSKZ;
            ;输出: LCD_4、LCD_6;
            中间变量: A、B
            ;-----------------------------------
SEPR:   MOV   A,SSKZ              ;实时控制单元数据送A
        MOV   B,#10
        DIV   AB
        MOV   LCD_4,A             ;除数为十位的显示编号，送34H单元
        MOV   LCD_6,B             ;商为个位的显示编号，送36H单元
        RET
            ;-----------------------------------
            ;预置显示分解子程序
            ;输入: YZKZ;
            ;输出: LCD_C、LCD_E;
            ;中间变量: A、B
            ;-----------------------------------
YZSEPR:   MOV   A,YZKZ            ;预置单元数据送A
          MOV   B,#10
          DIV   AB
          MOV   LCD_C,A           ;除数为十位的显示编号，送3CH单元
          MOV   LCD_E,B           ;除数为十位的显示编号，送3EH单元
          RET
          END
```

### 书中所用图形符号说明

本书使用了 Proteus 仿真软件，软件中使用的图形符号是美国标准符号，因此书中使用图形符号除了国家标准符号外还有美国标准符号。国家标准和美国标准有些符号不相同，表 B-1 列出了书中不相同的引用图形符号。

表 B-1　图形符号对照表

| 元器件名称 | 国家标准符号 | 美国标准符号 |
|---|---|---|
| 电源端子 | | |
| 接地 | | |
| 电解电容器 | | |
| 晶振 | | |
| 单极开关 | | |
| 按钮开关 | | |
| 二极管 | | |
| 晶体管 | | |
| 发光二极管 | | |
| 或门 | | |
| 与门 | | |
| 非门 | | |
| 与非门 | | |
| 或非门 | | |

# 参 考 文 献

[1] 凌艺春. 电子基本知识及技能[M]. 北京：中国电力出版社，2006.

[2] FLOYD T. 数字基础[M]. 北京：科学出版社，2000.

[3] 李广弟. 单片机基础[M]. 北京：北京航空航天大学出版社，2002.

[4] 刘华东. 单片机原理与应用[M]. 2 版. 北京：电子工业出版社，2007.

[5] 曹巧媛. 单片机原理及应用[M]. 2 版. 北京：电子工业出版社，2002.

[6] 周润景，袁伟亭，景晓松. Proteus 在 MCS-51&ARM7 系统中的应用百例[M].
    北京：电子工业出版社，2006.

[7] 燕居怀，张明海. 单片机原理及应用[M]. 北京：中国电力出版社，2010.

[8] 马忠梅，李元章，王美刚，等. 单片机的 C 语言应用程序设计[M]. 北京：北京
    航空航天大学出版社，2007.

[9] 李朝青. 单片机学习辅导测验及解答讲义[M]. 北京：北京航空航天大学出版社，
    2003.

[10] 高宇. 单片机原理与应用[M]. 北京：北京大学出版社，2007.

[11] 黄继昌. 电子元器件应用手册[M]. 北京：人民邮电出版社，2004.